21世纪高等学校规划教材

机械设计基础课程设计指导书

（第二版）

主　编　黄晓荣

副主编　朱劲松

编　写　李妍缘　卢吉平

主　审　刘典雅

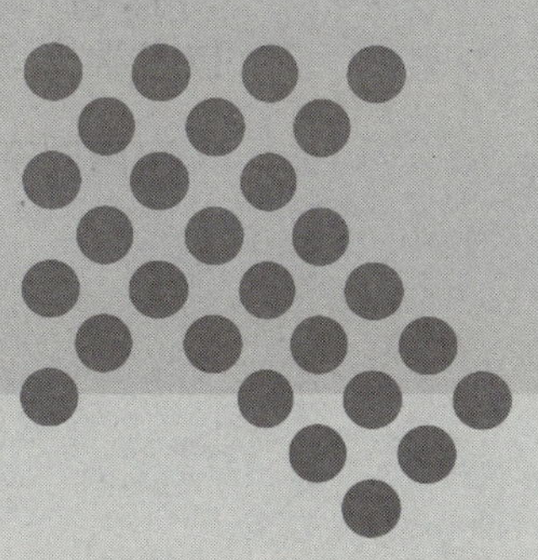

中国电力出版社

CHINA ELECTRIC POWER PRESS

内 容 提 要

本书为21世纪高等学校规划教材。

本书是依据教育部制定的“高职高专教育机械设计基础课程教学基本要求”，结合高职高专院校机械类、机电类和动力类专业对机械设计基础课程设计的具体要求编写的。本书主要针对单级圆柱齿轮减速器，详尽地介绍了机械设计基础课程设计的全过程，对单级蜗杆减速器的设计也作了有针对性的指导。本书提供了课程设计中所需的各种资料及最新国家标准，内容简明扼要，叙述层次清楚，设计过程循序渐进，资料翔实可靠。本书可作为机械设计基础课程的配套用书。

本书为高职高专院校机械类、机电类和动力类专业学生进行机械设计基础课程设计用书，可供相应专业的电大、职大、函大使用，也可供上述专业的教师指导学生课程设计时参考。

图书在版编目（CIP）数据

机械设计基础课程设计指导书/黄晓荣主编.—2版.
北京：中国电力出版社，2009.7（2020.8重印）
21世纪高等学校规划教材
ISBN 978-7-5083-8820-5

Ⅰ.机… Ⅱ.黄… Ⅲ.机械设计-课程设计-高等学校：技术学校-教学参考资料 Ⅳ.TH122-41

中国版本图书馆CIP数据核字（2009）第070536号

中国电力出版社出版、发行
（北京市东城区北京站西街19号 100005 http://www.cepp.sgcc.com.cn）
北京雁林吉兆印刷有限公司印刷
各地新华书店经售
*
2006年1月第一版
2009年7月第二版 2020年8月北京第九次印刷
787毫米×1092毫米 16开本 10.75印张 258千字
定价 **30.00** 元

前　言

本书是依据教育部制定的“高职高专教育机械设计基础课程教学基本要求”，结合高职高专院校机械类、机电类和动力类专业对机械设计基础课程设计的具体要求编写，是机械设计基础课程的配套教材。

本书第一版于2006年1月出版发行。三年多来，本书三次印刷，发行近万册。教材使用覆盖面较宽，受到了用书院校广大师生及社会读者的好评，大家普遍反映：本指导书体系合理，层次清楚，语言简洁，资料翔实，标准规范，和工程实际结合紧密，实用性强，是一本可以切实满足该课程设计需要的指导书。

本书是编写者多年教学实践和教改实践经验凝聚的结晶。在第二版修订中，更新了部分内容，突出了实用性及与工程实际的密切结合。

参加本书编写的有：黄晓荣（前言、第一章第一节～第四节、第二、四、五章及附录8），朱劲松（第一章第五节、三章及附录6、7），李妍缘（第六、七章），卢吉平（附录1～附录5）。本书由黄晓荣担任主编，朱劲松任副主编。

本书的第二版修订由郑州电力高等专科学校黄晓荣完成。

本书承郑州电力高等专科学校刘典雅教授认真审阅，并对本书的编写提出了许多宝贵意见，在此深表感谢。

由于编者水平所限，书中错漏之处在所难免，敬请广大读者批评指正。

编　者

2009年3月

第一版前言

本书是依据教育部制定的“高职高专教育机械设计基础课程教学基本要求”，结合高职高专院校机械类、机电类和动力类专业对机械设计基础课程设计的具体要求而编写的，是机械设计基础课程的配套教材。

本书以传动装置中广泛使用的单级圆柱齿轮减速器为对象，对减速器设计的每一步骤的计算方法和程序以及应注意的问题，都作了简明叙述，除文字说明外，还配置了适量的图例和图表，对蜗杆减速器的设计特点也作了有针对性的阐述。力求使学生借助于本书并在老师的指导下，独立地进行本课程设计。

在内容上，本书围绕本课程设计的需要，除主要介绍减速器设计的方法和程序外，还提供了必要的国家最新标准、规范及有关资料，内容翔实可靠，方便设计；收入的课程设计题目，可供指导老师下达设计任务书时选用；装配图常见错误及更正，可供学生设计时借鉴。

本书为高职高专院校机械类、机电类和动力类专业机械设计基础课程设计用书，也适合电大、职大、函大等相应专业进行机械设计基础课程设计时使用。

参加本书编写的有：郑州电力高等专科学校黄晓荣（第二、四、五章及附录8），朱劲松（第一、三章及附录6、7），李妍缘（第六、七章），卢吉平（附录1～附录5）。本书由黄晓荣担任主编，朱劲松任副主编。

本书承郑州电力高等专科学校刘典雅教授认真审阅，并对本书的编写提出了许多宝贵意见，在此深表感谢。

由于时间仓促及编者水平有限，难免有谬误及不妥之处，恳请同行和广大读者批评指正。

编 者

2005年7月

目　　录

前言
第一版前言
第一章　课程设计综述 ······ 1
第一节　课程设计的目的和要求 ······ 1
第二节　课程设计的选题及设计任务 ······ 1
第三节　减速器简介 ······ 2
第四节　课程设计注意事项 ······ 5
第五节　课程设计题目 ······ 6
第二章　传动系统的总体设计 ······ 10
第一节　传动系统的布置原则 ······ 10
第二节　电动机的选择 ······ 10
第三节　总传动比的计算及其分配 ······ 12
第四节　传动参数的计算 ······ 13
第三章　传动零件的设计 ······ 17
第一节　箱体外传动零件设计注意事项 ······ 17
第二节　箱体内传动零件设计注意事项 ······ 18
第四章　减速器结构设计 ······ 20
第一节　减速器构造 ······ 20
第二节　轴系零件的设计 ······ 24
第三节　传动零件和支承零件的结构设计 ······ 32
第四节　箱体及附件设计 ······ 39
第五章　减速器装配工作图的绘制 ······ 51
第一节　布置装配图 ······ 51
第二节　装配图底图的绘制 ······ 53
第三节　完成减速器装配工作图 ······ 56
第四节　装配图中常见错误与更正 ······ 59
第六章　零件工作图设计 ······ 63
第一节　零件图的内容及要求 ······ 63
第二节　箱体零件工作图 ······ 64
第三节　轴类零件工作图 ······ 66
第四节　圆柱齿轮零件工作图 ······ 69
第五节　圆柱蜗杆、蜗轮零件工作图 ······ 73
第七章　编写设计计算说明书及准备答辩 ······ 76
第一节　设计计算说明书的内容及格式 ······ 76

第二节　编写设计计算说明书时应注意的事项 …… 77
第三节　准备答辩 …… 77
附录 …… 82
附录 1　常用标准规范和公差配合 …… 82
附录 2　电动机 …… 90
附录 3　常用联轴器 …… 95
附录 4　标准连接件 …… 100
附录 5　滚动轴承 …… 115
附录 6　圆柱齿轮精度 …… 120
附录 7　圆柱蜗杆、蜗轮精度 …… 133
附录 8　参考图例 …… 138
参考文献 …… 164

第一章 课程设计综述

第一节 课程设计的目的和要求

一、目的

本课程设计是“机械设计基础”课程的一个重要教学环节，也是对学生进行较全面的机械设计训练。其目的是：

（1）培养学生综合运用本课程及有关先修课程（机械制图、工程力学、金属材料等）的理论和实践知识，分析、解决工程实际问题的能力。

（2）通过本课程设计实践，初步培养学生树立正确的设计思想，掌握通用机械零、部件及机械传动装置设计的一般方法。

（3）培养学生设计的基本技能，如应用计算机进行辅助设计、绘图、查阅资料、熟悉标准和规范的能力，为专业设计和将来从事机械工程技术工作打下基础。

二、要求

本课程设计对学生总的要求是保质、保量、按时完成设计任务。具体要求：

（1）做好设计准备工作，包括收集和准备设计资料、绘图工具及用品。

（2）设计之前要认真研究任务书，分析题目，了解工作条件，明确设计要求和内容，制定出设计计划。

（3）设计中要认真复习所遇到的课程内容，如V带传动，齿轮传动，轴、轴承、联轴器及有关的连接件等。在教师的指导下，提倡独立思考，独立设计，独立制图，独立完成课程设计。

（4）课程设计应在规定教室进行，遵守学习制度和作息时间，按设计计划循序渐进，保质、保量、按时完成设计任务。

第二节 课程设计的选题及设计任务

一、选题原则

课程设计的选题应当与生产实际紧密联系，应具有代表性和典型性，并能充分反映“机械设计基础”课程的基本内容且分量适当。只要满足上述要求的机械传动装置都可以作为课程设计的题目。

目前，工科类院校的机械设计基础（或机械设计）课程设计题目多数是选齿轮减速器。这是因为齿轮减速器广泛应用于机械制造和各行业的机械传动中，是具有代表性、典型性的通用部件。它比较多地反映了机械设计基础课程的教学内容，使学生能够在本课程知识范围内较全面地受到技能训练。

二、设计任务

课程设计的题目往往是以任务书的形式下达给学生的。设计题目可参考本章第五节。

三、设计工作量

（1）每人按生产图纸要求，设计并绘制装配工作图1张，零件工作图2～3张，具体零件由指导教师指定。

（2）每人按规定格式编写设计计算说明书1份（6000字左右）。

（3）写出课程设计小结。

四、设计内容及进程安排

一般课程设计集中在两周内进行，设计内容及进程安排见表1.2.1。

表1.2.1　　课程设计内容及进程安排

阶段	设计内容	具体工作任务	时间（天）	备　注
1	设计准备	1. 阅读和研究设计任务书，明确设计内容和要求 2. 分析设计题目，了解原始数据和工作条件 3. 拟定或分析传动方案	0.5	
2	传动系统总体设计	1. 选择电动机 2. 计算传动系统的总传动比并分配各级传动比 3. 计算传动系统的运动和动力参数	0.5	
3	传动零件设计	1. V带传动设计 2. 齿轮传动或蜗杆传动的设计，确定其主要参数和结构形式	1	安排拆装减速器实物，或参观减速器模型，或观看减速器挂图、教学录像片等，进一步了解和熟悉设计对象，以提高创新设计和结构设计的能力
4	减速器轴系零件设计	1. 减速器轴的结构设计，同时初选滚动轴承型号和联轴器型号等 2. 轴的强度校核计算 3. 滚动轴承寿命计算和键连接的强度计算	1.5	
5	减速器传动零件和支承零件结构设计	1. 齿轮（或蜗杆、蜗轮）结构设计 2. 进行滚动轴承组合设计	1	
6	减速器箱体结构及其附件设计	1. 设计减速器箱体结构尺寸 2. 设计减速器各个附件	1.5	
7	减速器装配工作图的绘制	完成减速器装配工作图	1.5	
8	减速器零件工作图的绘制	1. 绘制齿轮（或蜗轮、带轮）零件工作图 2. 绘制轴（或齿轮轴）零件工作图 3. 绘制箱体零件工作图	1	
9	说明书的编写	编写设计计算说明书	1	
10	设计小结	写设计小结，准备答辩	0.5	

第三节　减速器简介

一、常用减速器的类型及特性

减速器广泛用于各行业的机械传动中，齿轮减速器又是其中最常见的一种类型。常用减速器的类型及特性见表1.3.1。

表 1.3.1　　常用减速器的类型及特性

名称	简图	特性
单级圆柱齿轮减速器		轮齿可用直齿、斜齿或人字齿。直齿用于较低速（$v \leqslant 8$m/s）或载荷较轻的传动，斜齿和人字齿用于较高速（$v = 25 \sim 50$m/s）或载荷较重的传动。箱体常用铸件铸造，轴承常用滚动轴承。传动比范围：直齿 $i \leqslant 4$；斜齿 $i \leqslant 6$
两级展开式圆柱齿轮减速器		高速级常用斜齿，低速级可用直齿或斜齿。由于相对于轴承不对称布置，要求轴具有较大的刚度。高速级齿轮在远离转矩输入端，以减少因弯曲变形所引起的载荷沿齿宽分布不均的现象。两级展开式圆柱齿轮常用于载荷较平稳的场合，应用广泛。传动比范围：$i = 8 \sim 40$
两级同轴式圆柱齿轮减速器		箱体长度较短，轴向尺寸及重量较大，中间轴较长，刚度差，轴承润滑困难。当两个大齿轮浸油深度大致相同时，高速级齿轮的承载能力难以充分利用。仅有一个输入轴和输出轴，传动布置受到限制。传动比范围：$i = 8 \sim 40$
单级锥齿轮减速器		用于输入轴与输出轴的轴线垂直相交的传动。有卧式和立式两种。轮齿加工较复杂，可用直齿、斜齿或曲齿。传动比范围：直齿 $i \leqslant 3$；斜齿 $i \leqslant 5$
两级圆锥—圆柱齿轮减速器		用于输入轴和输出轴的轴线垂直相交且传动比较大的传动。锥齿轮布置在高速级，以减少锥齿轮的尺寸，便于加工。传动比范围：$i = 8 \sim 25$
单级蜗杆减速器	(a) 蜗杆下置式 (b) 蜗杆上置式	传动比大，结构紧凑，但传动效率低，用于中、小功率，输入轴和输出轴的轴线垂直交错的传动。蜗杆下置式的润滑条件较好，应优先选用。当蜗杆圆周速度 $v > 4 \sim 5$ m/s 时，应采用蜗杆上置式，此时蜗杆轴承润滑条件较差。传动比范围：$i = 10 \sim 40$

续表

名　称	简　　图	特　　性
NGW 型单级行星齿轮减速器		比普通圆柱齿轮减速器尺寸小，重量轻，但制造精度要求高，结构复杂，用于要求结构紧凑的动力传动。传动比范围：$i=3\sim12$

二、齿轮减速器的标准化

由于齿轮减速器在机械设备上的广泛应用，我国已制定了减速器的标准系列，齿轮减速器的生产多数已实现了专业化、标准化、系列化。

在标准系列减速器中，规定了主要的尺寸、参数值（a、i、Z、m、β 等）和适用条件。工程应用应优先考虑选用标准减速器，可不必自行设计。各种标准减速器的选择方法及其类型、规格、尺寸和参数可查阅有关手册和资料。本书中，只将标准减速器的中心距列于表1.3.2；公称传动比的荐用值列于表1.3.3，供课程设计时参考。

表 1.3.2　　**圆柱齿轮减速器标准中心距**（GB/T 10090—1988）　　(mm)

类　型	中　心　距(a)											
单级、两级同轴式减速器	90 224 450	100 (236) (475)	112 250 500	125 (265) (530)	140 280 560	(150) (300) (600)	160 315 630	(170) (335) (670)	180 355 710	(190) (375) (750)	200 400 800	(212) (425)
低速级 a_{II} 高速级 a_{I} 总中心距 a	100 71 171	112 80 192	(118) (85) (203)	125 90 215	(132) (95) (227)	140 100 240	(150) (106) (256)	160 112 272	(170) (118) (288)	180 125 305	(190) (132) (322)	200 140 340

注　无括号的数值为第Ⅰ系列，括号中数值为第Ⅱ系列，应优先选用第Ⅰ系列。

表 1.3.3　　**圆柱齿轮减速器公称传动比**（GB 10090—1988）

单级 (DZ)	1.6	1.8	2	2.24	2.5	2.8	3.15	3.55	4	5	5.6	6.3	7.1
两级 (LZ)	6.3 28	7.1 31.5	8 35.5	9 40	10 45	11.2 50	12.5 56	14	16	18	20	22.4	25

注　减速器的实际传动比与公称传动比的相对偏差 Δi，单级减速器 $\lvert\Delta i\rvert\leqslant3\%$；两级减速器 $\lvert\Delta i\rvert\leqslant4\%$。

三、齿轮减速器结构

进行减速器设计之前，各院校可根据各自不同的条件，安排学生观看减速器录像片，或参观模型和实物，或进行减速器拆装实验。以便了解减速器的基本组成、结构以及各附件的功用，为顺利进行课程设计打下基础。

第四节　课 程 设 计 注 意 事 项

一、参考资料与继承创新

任何设计都不可能是设计者不依靠任何资料，凭空想象臆造出来的。因此，课程设计时，必须认真阅读有关的参考资料，分析、参考成功的设计案例，继承和借鉴前人有益的设计经验和成果，但决不能盲目、机械地抄袭资料。要根据具体的设计条件和要求，独立思考，具体分析，大胆地进行改进和创新。只有把参考和创新两者恰当地结合起来，才能做出高质量的设计来。

二、正确使用标准和规范

设计时应尽量使用标准件，这样不仅有利于零件的互换性和加工的工艺性，同时也可以减少设计工作量，节省设计时间，提高经济效益。对于国家标准和部门规范，都要严格遵守和执行。设计中采用标准规范的多少，是评价设计质量优劣的一项指标。

三、正确对待理论计算与结构、工艺要求

一个机械零件的尺寸，往往是不能完全由理论计算确定，而是要综合考虑结构和其他各方面的要求才能决定。例如轴尺寸设计，如图 1.4.1 所示，按强度计算，安装齿轮处的直径为 40mm。如果只根据强度要求，制成如图 1.4.1（a）所示直径为 40mm 的光轴结构，显然是不合理的。如果考虑轴上零件的结构尺寸（装联轴器、滚动轴承等）、装配要求（应为阶梯轴）、轴上零件的固定（采用轴肩、轴环等）以及加工要求（中心孔、退刀槽等），最终安装齿轮处的直径可能就增加到 55mm，如图 1.4.1（b）所示。这一尺寸既满足强度，又满足结构以及其他各方面要求，应是合理的，而不能视为浪费。

因此，零件设计应是一个综合考虑强度、结构、装配和工艺等因素而确定零件尺寸的过程，理论计算只是为合理确定零件尺寸提供了一个方面（如强度、刚度）的依据。

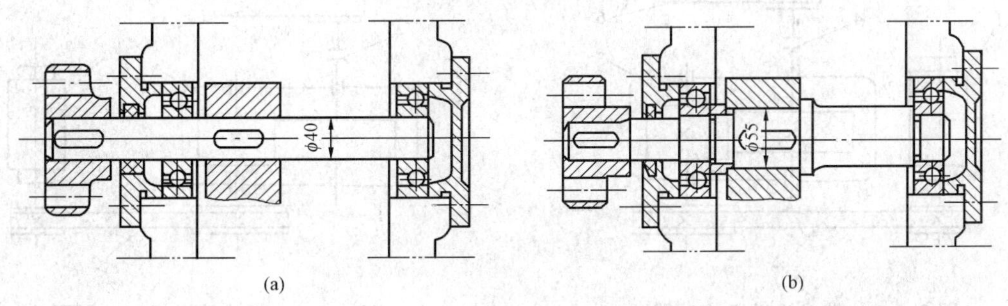

图 1.4.1　轴的结构

（a）直径 40mm；（b）直径 55mm

四、采用“三边”设计法

在机械设计中，一部分零件可由计算强度条件或刚度条件确定出零件的基本尺寸，然后通过草图设计决定其（如齿轮）具体结构和尺寸；另有一部分零件（如轴）则需要先经初步计算和绘制草图，得出初步符合设计条件的基本结构尺寸，然后进行必要的校核计算，根据计算结果，再对结构和尺寸进行修改，甚至反复多次修改。因此，课程设计中计算和绘图要互为依

据，交叉进行。这种边计算、边画图、边修改的“三边”设计法是经常采用的设计方法。

第五节 课程设计题目

一、题目A

设计某带式输送机传动装置，传动简图如图1.5.1所示。

工作条件：输送机连续工作，单向运转，载荷变化不大，空载启动，每天两班制工作，使用期限10年。输送带速度允许误差±5%，滚筒效率为0.97，主要参数与选题方案见表1.5.1。

表1.5.1 主要参数与选题方案

主要参数 \ 方案	1	2	3	4	5	6	7	8
输送带拉力 F (N)	1500	1550	1600	1650	1700	1800	1900	2000
输送带速度 v (m/s)	0.90	0.95	1.0	1.05	1.15	1.20	1.25	1.30
滚筒直径 D (mm)	250	240	230	220	210	200	190	180

二、题目B

设计某带式输送机传动装置，传动简图如图1.5.2所示。

工作条件：输送机连续工作，单向运转，载荷基本平稳，空载启动，每天两班制工作，每年按300个工作日计算，大修期限4年。输送带速度允许误差±5%，滚筒效率为0.97，主要参数与选题方案见表1.5.2。

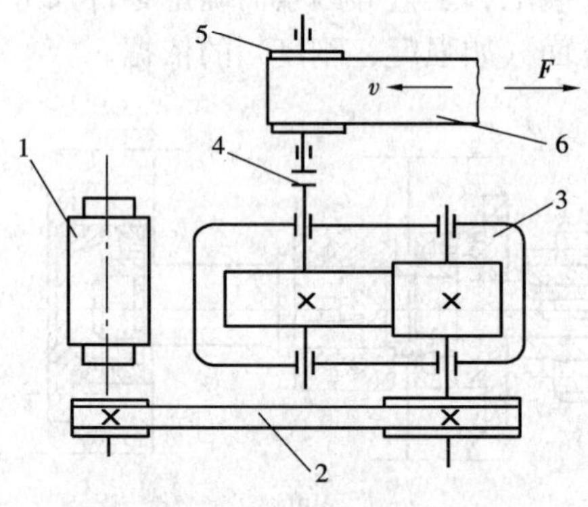

图1.5.1 带式输送机传动简图

1—电动机；2—三角带传动；3—单级圆柱齿轮减速器；4—联轴器；5—滚筒；6—输送带

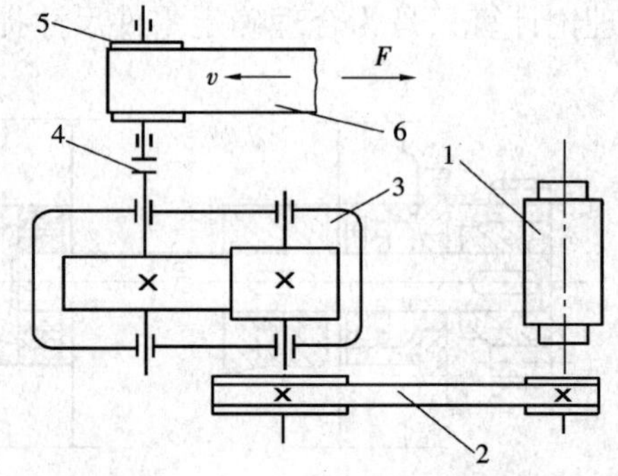

图1.5.2 带式输送机传动简图

1—电动机；2—V带传动；3—单级圆柱齿轮减速器；4—联轴器；5—滚筒；6—输送带

表1.5.2 主要参数与选题方案

主要参数 \ 方案	1	2	3	4	5	6	7	8
滚筒转矩 T_w (N·m)	450	455	460	465	470	475	480	485
滚筒转速 n_w (r/min)	130	125	120	115	110	105	95	90

三、题目C

设计某螺旋输送机传动装置，传动简图如图 1.5.3 所示。

工作条件：螺旋输送机单向运转，有轻微振动，每天两班制工作，每年按 300 个工作日计算，使用期限 5 年。输送机螺旋轴转速允许误差±5%，传动效率为 0.98，主要参数与选题方案见表 1.5.3。

表 1.5.3 主要参数与选题方案

主要参数 \ 方案	1	2	3	4	5	6	7	8
输送机螺旋轴功率 P_w（kW）	3.0	3.2	3.4	3.6	3.8	3.9	4.0	4.2
输送机螺旋轴转速 n_w（r/min）	50	60	65	70	75	80	85	90

四、题目D

设计某带式输送机传动装置，传动简图如图 1.5.4 所示。

工作条件：输送机连续工作，单向运转，载荷有轻微冲击，空载启动，经常满载，每天两班制工作，每年按 300 个工作日计算，大修期限 3 年。输送带速度允许误差±5%，滚筒效率为 0.97，主要参数与选题方案见表 1.5.4。

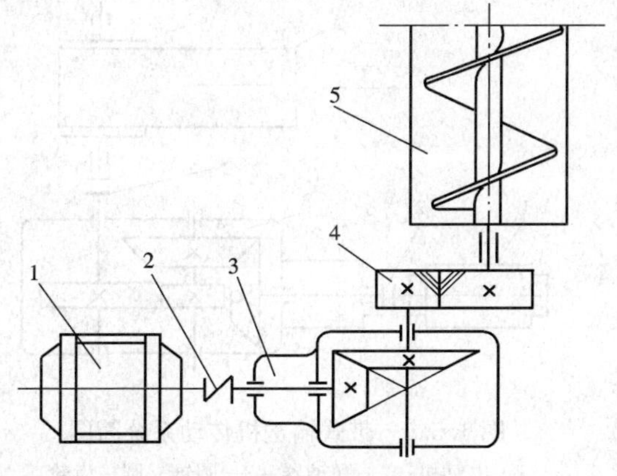

图 1.5.3 螺旋输送机传动简图

1—电动机；2—联轴器；3—圆锥齿轮减速器；4—开式齿轮传动；5—螺旋轴

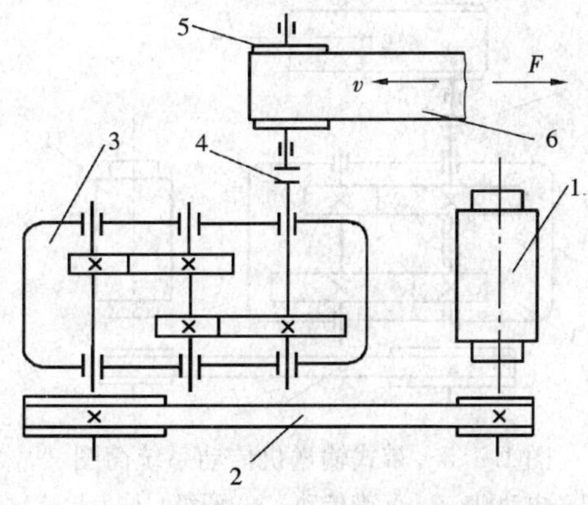

图 1.5.4 带式输送机传动系统简图

1—电动机；2—V 带传动；3—两级圆柱齿轮减速器(展开式)；4—联轴器；5—滚筒；6—输送带

表 1.5.4 主要参数与选题方案

主要参数 \ 方案	1	2	3	4	5	6	7	8	9	10
工作机输入转矩 T（N·m）	800	850	900	950	800	850	900	800	850	900
输送带工作速度 v（m/s）	1.2	1.25	1.3	1.35	1.40	1.45	1.2	1.3	1.35	1.40
滚筒直径 D（mm）	360	370	380	390	400	410	360	370	380	390

五、题目E

设计某带式输送机传动装置，传动简图如图 1.5.5 所示。

工作条件：输送机连续工作，单向运转，载荷有轻微冲击，空载启动，每天两班制工作，每年按300个工作日计算，使用期限5年。滚筒转速允许误差±5%，滚筒效率为0.97，主要参数与选题方案见表1.5.5。

表1.5.5 主要参数与选题方案

主要参数＼方案	1	2	3	4	5	6	7	8	9	10
输送带拉力 F（N）	3000	3000	3200	3300	3400	3500	3600	3800	3800	4000
滚筒直径 D（mm）	300	320	350	350	380	380	400	400	420	420
滚筒转速 n（r/min）	70	65	70	65	55	65	55	50	45	40

六、设计题目F

设计某带式输送机传动装置中用的两级圆锥—圆柱齿轮减速器，带式输送机传动简图如图1.5.6所示。

工作条件：输送机连续工作，单向运转，载荷较平稳，空载启动，输送带速度允许误差±5%，滚筒效率为0.97，每天两班制工作，每年按300个工作日计算，使用期限10年。主要参数与选题方案见表1.5.6。

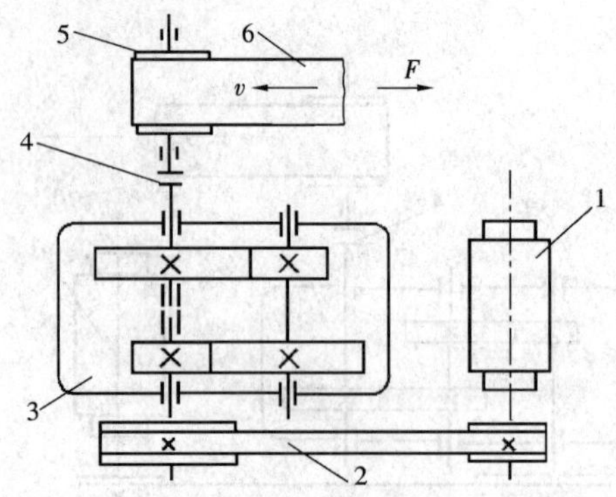

图1.5.5 带式输送机传动系统简图

1—电动机；2—V带传动；3—两级圆柱齿轮减速器；4—联轴器；5—滚筒；6—输送带

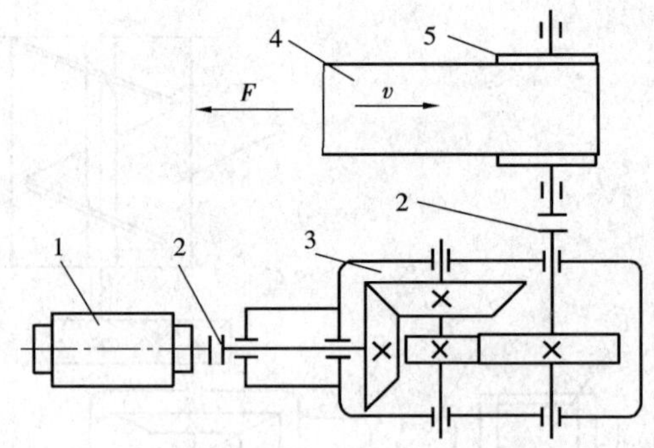

图1.5.6 带式输送机传动系统简图

1—电动机；2—联轴器；3—圆锥—圆柱齿轮减速器；4—输送带；5—滚筒

表1.5.6 主要参数与选题方案

主要参数＼方案	1	2	3	4	5	6	7	8	9	10
输送带拉力 F（N）	2500	2400	2300	2200	2400	2600	2500	2700	2800	2600
输送带速度 v（m/s）	1.4	1.5	1.6	1.9	1.8	1.7	1.3	1.4	1.3	1.6
滚筒直径 D（mm）	250	260	270	290	280	300	260	280	250	260

七、设计题目G

设计某带式输送机用的单级蜗杆减速器，传动简图如图1.5.7所示。

工作条件：输送机连续工作，单向运转，载荷较平稳，空载启动，输送带速度允许误差±5%，滚筒效率为0.97，减速器小批量生产，每天三班制工作，每年按300个工作日计算，使用期限10年。主要参数与选题方案见表1.5.7。

表1.5.7　　主要参数与选题方案

主要参数 \ 方案	1	2	3	4	5	6	7	8	9	10
输送带拉力 F（N）	2500	2400	2300	2200	2400	2600	2500	2300	2400	2600
输送带速度 v（m/s）	1.4	1.5	1.6	1.9	1.8	1.7	1.3	1.4	1.3	1.6
滚筒直径 D（mm）	350	360	370	390	380	400	360	380	350	360

八、设计题目H

设计某车间喷丸处理自动线中链式输送传动装置采用的单级蜗杆减速器，链式输送机传动简图如1.5.8所示。

工作条件：单班制工作，通风情况不良，使用期限5年。主要参数与选题方案见表1.5.8。

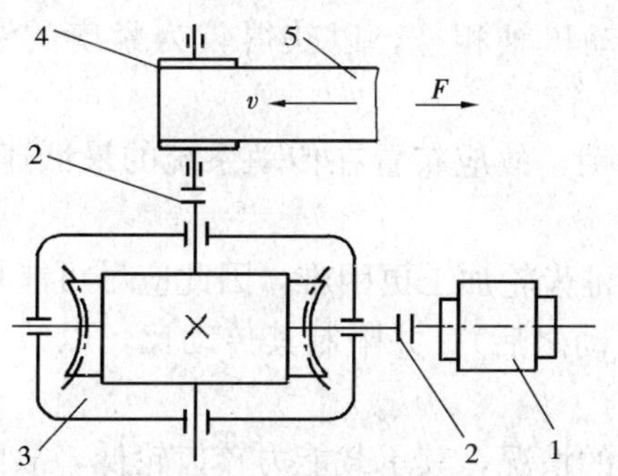

图1.5.7　带式输送机传动简图

1—电动机；2—联轴器；3—单级蜗杆减速器；4—滚筒；5—输送带

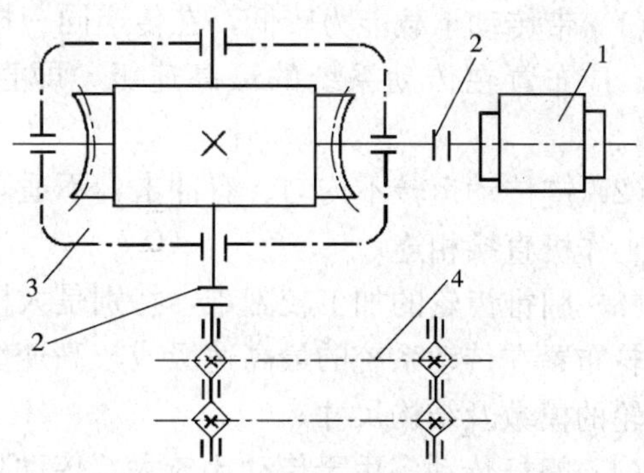

图1.5.8　链式输送机传动简图

1—电动机；2—联轴器；3—单级蜗杆减速器；4—输送链

表1.5.8　　主要参数与选题方案

主要参数 \ 方案	1	2	3	4	5
输送链拉力 F（N）	2500	2600	2800	3000	3200
输送链速度 v（m/s）	0.9	0.8	0.7	0.8	0.65
链轮齿数 Z	9	9	11	13	11
链节 P（mm）	150	160	170	150	160

第二章　传动系统的总体设计

第一节　传动系统的布置原则

传动方案一般用机构运动简图表示，它反映了机器的原动机、传动系统、工作机三者之间的结构、运动和力的传递关系。

本课程设计中，传动的方案多是以命题形式给出（参见第一章第五节），学生不需要做传动方案的选择。但对给定的传动方案，应加以分析，论述其合理性，说明其优缺点并提出改进意见。

一般情况下，有几种传动形式组成的多级传动，传动方案的总体布置应符合下述原则：

（1）带传动承载能力较低，在传递同一扭矩时比其他传动尺寸大。但传动平稳，能缓冲减振，应布置在传动系统的最高速级，即直接与电动机轴相连，以获得较为紧凑的结构尺寸。

（2）链传动运转不均匀、有冲击，不适宜高速传动，故应布置在传动系统的最低速级，即与工作机直接相连。

（3）圆锥齿轮的加工较困难，特别是大模数的圆锥齿轮加工更困难，因此应尽可能将圆锥齿轮布置在传动系统的最高速级或较高速级（带传动之后），并限制其传动比，以减小圆锥齿轮的模数及结构尺寸。

（4）蜗杆传动多用于传动比较大、传动功率不大的情况，其承载能力较齿轮低，故应布置在传动系统的较高速级，以获得较小的结构尺寸，且有利于提高承载能力及效率。

（5）斜齿轮传动的平稳性和承载能力都比直齿轮好，一般对传动平稳性和承载能力均有要求时，多采用斜齿轮传动。

第二节　电 动 机 的 选 择

一、电动机类型的选择

电动机是通用机械传动中应用极为广泛的原动机，是由专业生产厂家批量生产的系列化定型产品。其中Y系列全封闭自扇冷式笼型三项异步电动机（JB/T 8680.1—1998）是按照国际电工委员会（IEC）标准设计的，具有效率高、性能好、振动小等优点。用于空气中不含易燃、易爆或腐蚀性气体的场所；适用于电源电压为380V、无特殊要求的机械上，如机床、泵、风机、运输机、搅拌机、农业机械等。本课程设计题目中的原动机均可选用这种类型的电动机。

Y系列三相异步电动机的主要技术数据见附表2.1；其外形及安装尺寸见附表2.3～附表2.5。

二、电动机额定功率的确定

电动机的功率选择合适与否，对电动机的工作性能和经济性能都有影响。若功率小于工作要求，电动机将长期在过载下工作，发热严重，降低电动机的使用寿命；若功率选的过大，则电动机价格增高，能量又不能充分利用，造成浪费。所以为确定合适的电动机功率，应首先计算出工作机的最大使用功率。

1. 工作机最大使用功率 P_w（kW）

（1）若已知工作机的工作阻力 F（N），圆周速度 v（m/s），则

$$P_w = \frac{Fv}{1000\eta_w} \tag{2.2.1}$$

其中

$$v = \frac{\pi D n_w}{60 \times 1000}$$

式中　D——工作机的工作直径，mm；

n_w——工作机转轴的转速，r/min；

η_w——工作机的传动效率。

（2）若已知工作机的转矩 T（N·m），转速 n_w（r/min）时，则

$$P_w = \frac{Tn_w}{9550\eta_w} \tag{2.2.2}$$

2. 由电动机至工作机的总效率 η（%）

$$\eta = \eta_1 \eta_2 \cdots \eta_w \tag{2.2.3}$$

式中　η_1、η_2、…、η_w——各类传动、轴承和联轴器的效率值，见表 2.2.1。

表 2.2.1　各类传动、轴承及联轴器效率的概值

类　别	传动形式		效　率
圆柱齿轮传动	闭式传动	6、7 级精度（稀油润滑）	0.98～0.99
		8 级精度（稀油润滑）	0.97
		9 级精度（稀油润滑）	0.96
	开式传动	切削加工齿（脂润滑）	0.94～0.96
		铸造成型齿	0.90～0.93
圆锥齿轮传动	闭式传动	7 级精度（稀油润滑）	0.97
		8 级精度（稀油润滑）	0.94～0.97
	开式传动	切削加工齿	0.92～0.95
		铸造成型齿	0.88～0.92
蜗杆传动	单头		0.70～0.75
	双头		0.75～0.82
带传动	平带无压紧轮的开式传动		0.98
	V 带传动		0.96
	同步齿形带传动		0.96～0.98
链传动	滚子链		0.96
滑动轴承（一对）	液体润滑轴承		0.99
	润滑正常		0.97
	润滑不良		0.94

续表

类　别	传　动　形　式	效　率
滚动轴承（一对）	球轴承（稀油润滑）	0.99
	滚子轴承（稀油润滑）	0.98
联轴器	凸缘联轴器	1
	浮动联轴器	0.97～0.99
	齿式联轴器	0.99
	弹性联轴器	0.99～0.995

设计之初，只能按表中数据估算。估算总效率时应注意：

(1) 轴承效率是指一对轴承而言。

(2) 同类型的几对传动副，要分别考虑效率，例如两对齿轮传动，效率为 $\eta_c\eta_c=\eta_c^2$。

(3) 当表中给出的效率数值为一范围时，一般可取中间值；如果加工条件差，加工精度低，润滑不良等取较小值；反之取较大值。

3. 所需要电动机的功率 P'_d (kW)

所需要电动机的功率
$$P'_d=\frac{P_w}{\eta} \tag{2.2.4}$$

4. 确定电动机额定功率 P_d (kW)

根据所需要的电动机功率值 P'_d，直接查附表 2.1，确定电动机的额定功率 P_d。原则上应保证 $P_d \geqslant P'_d$ 即可，通常按 $P_d=(1\sim1.3)P'_d$ 考虑。一般情况下，若工作机启动频繁，工作时间长，可取 $P_d=(1.2\sim1.3)P'_d$，以防止电动机发热；若工作机间歇工作，且载荷稳定时，可取 $P_d=P'_d$，这样比较经济。

三、电动机转速的选择

功率相同的三相异步电动机，其电动机的极数有 2、4、6、8 极，其同步转速分别是 3000、1500、1000、750r/min 四种，并可从产品规格中查到与同步转速相应的满载转速，其满载转速略低于同步转速。低速电动机的极数多，结构尺寸及重量较大，价格较贵，但可使传动装置的总传动比及尺寸减小；而高速电动机正好与低速电动机情况相反。因此，选择电动机转速时，应综合考虑、分析比较电动机和传动系统的性能、尺寸、重量、价格等因素，使整个设计尽量做到既合理又经济。

一般较为常用且市场上供应最多的是同步转速为 1500r/min 和 1000r/min 这两种三相异步电动机，设计时应优先选用。

考虑上述因素，查附表 2.1 即可选定合适的电动机型号，然后查看附表 2.2～附表 2.5，选定电动机的安装形式及安装尺寸，并做好如下记录：所选电动机的型号；性能参数（额定功率、满载转速）和主要尺寸（电动机的中心高，电机轴的外伸端直径，轴上键槽的尺寸）等，以备后面设计使用。

第三节　总传动比的计算及其分配

一、总传动比的计算

总传动比是指电动机的满载转速 n_0 与工作机的转速之比 n_w，即

$$i=\frac{n_0}{n_w} \tag{2.3.1}$$

二、各级传动比的分配

对于串联传动系统，总传动比等于从电动机开始的各级传动比之积，即

$$i=i_1 i_2 i_3\cdots i_w \tag{2.3.2}$$

合理地分配传动比，是传统系统设计的一个重要问题，它直接影响到传动系统的外廓尺寸、重量、润滑情况等许多方面。各级传动比分配时应注意：

(1) 各级传动的传动比应尽量在各自荐用值的范围内选取，特殊情况也不得超过其传动比所允许的最大值。各类传动的传动比荐用值见表 2.3.1。

表 2.3.1　各类传动的传动比

传动类型			传动比的荐用值	传动比的最大值
单级闭式齿轮传动	圆柱齿轮	直齿	3～4	10
		斜齿	3～5	10
	直齿圆锥齿轮		2～3	6
单级开式圆柱齿轮传动			4～6	15
单级蜗杆传动	闭式		7～40	80
	开式		15～60	100（个别情况≤120）
皮带传动	开口平带		2～4	6
	V带		2～4	7
链传动			2～4	7

(2) 传动零件之间不应造成互相干涉。如图 2.3.1 所示，高速级传动比过大，造成高速级大齿轮齿顶圆与低速级的大齿轮轴发生干涉。

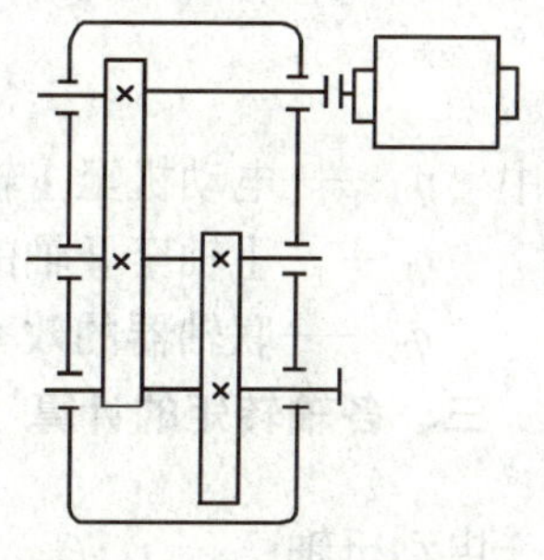

图 2.3.1　传动件结构干涉

(3) 分配传动比应注意使装置的外廓尺寸尽量小。对于由“带—单级齿轮”组成的传动系统，其带传动比应小于齿轮传动比，以便使整个传动系统尺寸较小，结构更加紧凑。若为两级以上的齿轮传动，其高速级的传动比应大于低速级的传动比。

(4) 对于两级齿轮减速器，为使各级齿轮传动润滑良好，应使各级大齿轮具有接近的直径值。若两级减速器的传动比为 i_r，其中高速级传动的传动比 i_f 大约可取

展开式　$$i_f\approx 1.14\sqrt{i_r} \tag{2.3.3}$$

同轴式　$$i_f\approx 1.05\sqrt{i_r} \tag{2.3.4}$$

还应当指出，传动装置的实际传动比受到标准带轮圆整、齿轮齿数等因素的影响，因而与原设计要求的传动比有一定误差。通常传动装置总传动比的误差应限制在±(3%～5%)范围内。

第四节　传动参数的计算

机械传动系统的传动参数，主要是指各轴的转速、功率和转矩。为了进行传动零件的设

计计算，应首先计算出各轴的转速、功率和转矩。

各轴的功率和转速均按输入端的数值计算。方法有两种：一种是由工作机出发，考虑各级传动的效率及传动比，逐级向电动机方向计算；另一种是由电动机出发，逐级向工作机方向计算。前一种方法的优点是计算出的各轴负荷是实际承受的负荷，因而根据它设计出的传动零件的结构较为紧凑，这种方法适合于设计专用减速器。而后一种方法计算出的各轴负荷比实际负荷要大一些，所以设计出的零件尺寸比实际需要稍大些，即具有一定的能力储备，这种方法适合于设计标准系列通用减速器。本课程设计考虑的是通用减速器，故采用后一种计算方法。

如将由电动机至工作机的各轴依次定为 0 轴、Ⅰ轴、Ⅱ轴、…；相邻两轴的传动比为 i_{01}、i_{12}、…；两轴间的传动效率为 η_{01}、η_{12}、…、η_w；各轴间的输入功率为 P_d、$P_Ⅰ$、$P_Ⅱ$、…、P_w；各轴的输入转矩为 T_0、$T_Ⅰ$、$T_Ⅱ$、…；各轴的转速为 n_0、$n_Ⅰ$、$n_Ⅱ$、…、n_w，现以图 2.4.1 为例说明各轴参数的关系。

一、各轴转速的计算

$$\left.\begin{aligned} n_Ⅰ &= n_0/i_{01} \\ n_Ⅱ &= n_Ⅰ/i_{12} \\ n_Ⅲ &= n_Ⅱ/i_{23} \end{aligned}\right\} \tag{2.4.1}$$

二、各轴功率的计算

$$\left.\begin{aligned} P_Ⅰ &= P_d\eta_{01} \\ P_Ⅱ &= P_Ⅰ\eta_{12} \\ P_Ⅲ &= P_Ⅱ\eta_{23} \end{aligned}\right\} \tag{2.4.2}$$

式中 η_{01}——电动机至Ⅰ轴的传动效率；

η_{12}——Ⅰ轴至Ⅱ轴的传动效率；

η_{23}——联轴器的效率。

三、各轴转矩的计算

电动机轴 $T_d = 9550\dfrac{P_d}{n_0}$

$$\left.\begin{aligned} T_Ⅰ &= T_d\eta_{01}i_{01} \\ T_Ⅱ &= T_Ⅰ\eta_{12}i_{12} \\ T_Ⅲ &= T_Ⅱ\eta_{23} \end{aligned}\right\} \tag{2.4.3}$$

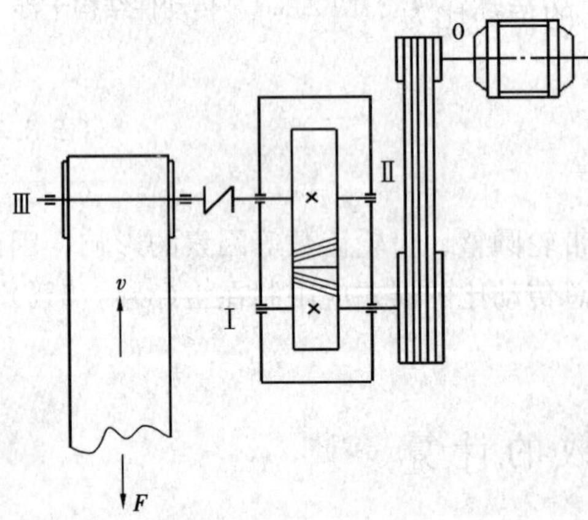

图 2.4.1 带式运输机传动简图

【设计举例】 如图 2.4.1 所示为一带式运输机传动简图，已知卷筒直径 $D=300$mm，运输带的有效拉力 $F=2000$N，卷筒效率（包括一对轴承）$\eta_w=0.95$，运输带的速度 $v=1.6$m/s，室温下长期连续工作，单向运转，载荷平稳，使用三相交流电源。试选择电动机，计算传动装置的总传动比并分配各级传动比，计算传动装置的各传动参数。

解

1. 选择电动机

(1) 选择电动机类型。带式运输机为一般用途机械，根据工作和电源条件，选用Y系列三相异步电动机。

(2) 选择电动机功率。方法如下：

1）工作机使用功率 P_w。按公式（2.2.1）计算，并将 $F=2000\text{N}$、$v=1.6\text{m/s}$、$\eta_w=0.95$ 代入式（2.2.1）得

$$P_w=\frac{Fv}{1000\eta_w}=\frac{2000\times1.6}{1000\times0.95}=3.37\ (\text{kW})$$

2）所需要的电动机功率 P'_d。由图 2.4.1 和表 2.2.1 选取：$\eta_v=0.96$（V带效率）；$\eta_c=0.97$（齿轮传动效率按8级精度）；$\eta_z=0.99$（滚动轴承效率）；$\eta_l=0.99$（弹性联轴器效率）。由式（2.2.3）得由电动机至卷筒轴的传动总效率

$$\eta=\eta_v\eta_c\eta_z^2\eta_l=0.96\times0.97\times0.99^2\times0.99=0.90$$

按式（2.2.4）计算

$$P'_d=\frac{P_w}{\eta}=\frac{3.37}{0.90}=3.74\ (\text{kW})$$

3）选择电动机额定功率 P_d。因带式运输机载荷平稳、室温工作，电动机额定功率 P_d 只需略大于 P'_d 即可，查附表 2.1 取 $P_d=4\text{kW}$。

(3) 选择电动机转速。卷筒轴的工作转速为

$$n_w=\frac{60\times1000v}{\pi D}=\frac{60\,000\times1.6}{3.14\times300}=102\ (\text{r/min})$$

按表 2.3.1 推荐的各类传动比范围：V 带传动比 $i_v=2\sim4$；单级斜齿圆柱齿轮传动比 $i_c=3\sim5$。总传动比的推荐范围为

$$i'=i_vi_c=(2\times3)\sim(4\times5)$$

电动机的转速可选范围为

$$n'_0=i'\times n_w=(6\sim20)\times102=612\sim2040(\text{r/min})$$

符合这一范围的同步转速有 1500、1000、750 r/min 三种。根据计算出的容量，由附表 2.1 查得有三种适用的电动机型号，其技术参数及传动比的比较情况见表 2.4.1。

表 2.4.1　　三种电动机的技术参数及传动比

方　案	电动机型号	额定功率（kW）	电动机转速（r/min）		传动装置的传动比		
			同步转速	满载转速	总传动比	V　带	齿　轮
1	Y160M1—8	4	750	720	7.06	2	3.53
2	Y132M1—6	4	1000	960	9.41	2.4	3.92
3	Y112M—4	4	1500	1440	14.12	3.2	4.41

综合考虑电动机、传动装置尺寸、重量以及传动比分配，比较表 2.4.1 中的三个方案：方案 1 电动机转速低，能使传动装置的传动比较小，但外廓尺寸及重量较大，价格较高；方案 3 电动机价格较便宜，但传动比较大，致使传动装置的结构尺寸也较大；方案 2 的电动机价格和传动比都比较适中，传动装置结构也较紧凑。因此选定电动机型号为 Y132M1—6。

其主要外形尺寸和安装尺寸查附表 2.3 可得表 2.4.2。

表 2.4.2　　Y132M1—6 型电动机外形尺寸和安装尺寸

电动机型号	中心高 H (mm)	外形尺寸 (mm) $L\times\left(\frac{AC}{2}+AD\right)\times HD$	安装尺寸 $A\times B$ (mm)	轴伸尺寸 $D\times E$ (mm)	键槽尺寸 F (mm)
Y132M1—6	132	515×345×315	216×178	38×80	10

2. 计算传动装置总传动比及分配传动比

(1) 传动系统的总传动比。将 Y132M1—6 电动机的满载转速 $n_0=960\text{r/min}$，卷筒轴转速 $n_w=102\text{r/min}$ 带入式 (2.3.1) 得

$$i=\frac{n_0}{n_w}=\frac{960}{102}=9.41$$

(2) 分配传动系统的各级传动比。该传动系统由一级带传动和一级齿轮传动组成，为使 V 带传动的轮廓尺寸不致过大，分配传动比时应保证 $i_v<i_c$，故取 $i_v=2.4$，$i_c=3.92$。

3. 计算传动装置的运动和动力参数

(1) 计算各轴转速。

Ⅰ轴　$$n_{\text{I}}=\frac{n_0}{i_v}=\frac{960}{2.4}=400\ (\text{r/min})$$

Ⅱ轴　$$n_{\text{II}}=\frac{n_{\text{I}}}{i_c}=\frac{400}{3.92}=102\ (\text{r/min})$$

(2) 计算各轴功率。

Ⅰ轴　$P_{\text{I}}=P_d\times\eta_{01}=P_d\times\eta_v=4\times0.96=3.84\ (\text{kW})$

Ⅱ轴　$P_{\text{II}}=P_{\text{I}}\eta_{12}=P_{\text{I}}\eta_z\eta_c=3.84\times0.99\times0.97=3.69\ (\text{kW})$

卷筒轴　$P_w=P_{\text{II}}\eta_{23}=P_{\text{II}}\eta_z\eta_l=3.69\times0.99\times0.99=3.62\ (\text{kW})$

(3) 计算各轴转矩。

电动机轴　$$T_d=9550\times\frac{P_d}{n_0}=9550\times\frac{4}{960}=39.79\ (\text{N}\cdot\text{m})$$

Ⅰ轴　$$T_{\text{I}}=9550\times\frac{P_{\text{I}}}{n_{\text{I}}}=9550\times\frac{3.84}{400}=91.68\ (\text{N}\cdot\text{m})$$

Ⅱ轴　$$T_{\text{II}}=9550\times\frac{P_{\text{II}}}{n_{\text{II}}}=9550\times\frac{3.69}{102}=345.5\ (\text{N}\cdot\text{m})$$

工作机主轴　$$T_w=9550\times\frac{P_w}{n_w}=9550\times\frac{3.62}{102}=339\ (\text{N}\cdot\text{m})$$

将以上计算参数整理成表 2.4.3，以备传动零件设计时查用。

表 2.4.3　　传动系统计算参数

轴　号	功率 P (kW)	转矩 T (N·m)	转速 n (r/min)	传动比	效率 η
电动机轴 (0 轴)	4	39.79	960	2.4	0.96
Ⅰ轴	3.84	91.68	400	3.92	0.96
Ⅱ轴	3.69	345.5	102	1	0.98
卷筒轴	3.62	339	102		

第三章　传动零件的设计

电动机的选择及传动装置中各传动参数计算完成之后，即可进行各级传动零件的设计。传动零件的设计主要包括选择传动零件的材料、热处理方法，主要参数及尺寸的计算。一般是先设计减速器箱体外的传动零件（带传动等），再设计箱体内的传动零件（齿轮、蜗轮等）。由于传动零件的设计方法已在教材中详细讲述过，此处不作赘述，仅就设计计算时应注意的问题作简要提示。

第一节　箱体外传动零件设计注意事项

减速器箱体外常用的传动形式有普通V带传动、链传动、开式齿轮传动、联轴器等。

一、普通V带传动设计

(1) 一般情况，普通V带传动应放在较高速级，即电动机与减速器输入轴之间。

(2) 前面总体设计中，已提供了传动装置各轴的转速、功率和转矩，根据这些参数，即可进行V带传动设计。设计内容包括：确定V带的型号、长度、中心距、根数，带轮的基本直径和结构形式以及计算压轴力等。而V带轮的轮毂尺寸只能待轴设计完成之后，根据配合段轴的直径才能确定。

(3) 设计V带传动时，应考虑带轮尺寸与其相关零件尺寸的相互关系，如小带轮孔径应与电动机轴径一致，小带轮外圆半径应小于电动机的中心高，如图3.1.1所示。大带轮外圆直径也不能过大，若超过了减速器的高度，装配后将与减速器底座的固定发生干涉，结构上是不合理的，如图3.1.2所示。

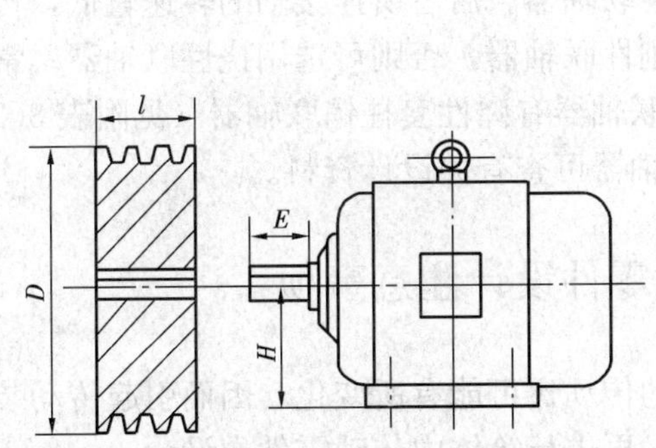

图3.1.1　小带轮与电动机尺寸的关系

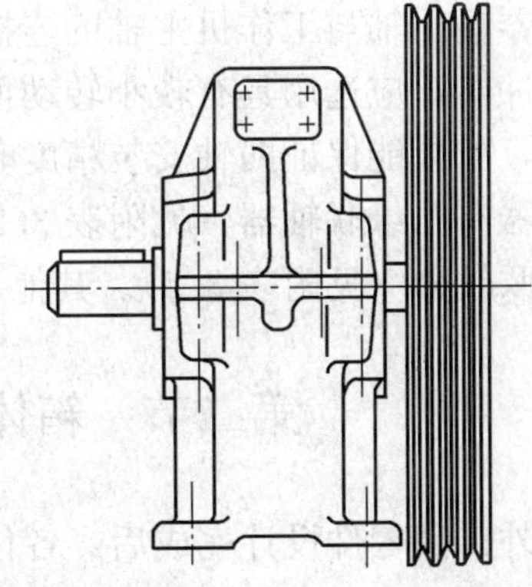

图3.1.2　大带轮尺寸过大

(4) 带轮的轮毂长度与带轮宽度不一定相同。一般轮毂长度L按与其配合的轴直径d_0的大小确定，通常取$L=(1.5\sim2)d_0$。在设计带轮的结构尺寸及确定减速器输入轴的外伸长度时要注意这一点。

(5) 在带轮直径最后确定之后应验算带传动的实际传动比，并以此修正减速器内传动零件的传动比和输入转矩。

二、链传动设计

(1) 一般情况，链传动应放在低速级，即减速器输出轴与工作机之间。

(2) 开始做链传动设计时，只能确定出链条的节数、节距、排数、中心距、链轮的材料、直径和轮缘宽度等。链轮的轮毂尺寸只能待轴设计完成之后，根据配合段轴的直径才能确定。

(3) 在保证链传动拉拽能力的情况下，应尽量选取较小的链节距。大链轮尺寸不宜过大，链轮齿数不宜过多。必要时可选用双排链，以减小节距与链轮尺寸。

(4) 设计链传动时，还应考虑到链传动的润滑、张紧与维护等。

(5) 其他注意的问题类似带传动。

三、开式齿轮传动设计

(1) 开式齿轮传动一般布置在较低速级，常采用直齿轮。

(2) 开式齿轮传动失效形式，多为齿面磨损和轮齿折断，所以开式齿轮一般只需计算轮齿的弯曲强度，考虑磨损的影响，将求得的模数加大10%～20%。

(3) 开式齿轮多为悬臂布置，为减少轮齿载荷集中程度，齿宽系数应取得小些。

(4) 开式齿轮传动工作条件差，要选用具有较好的减摩性和耐磨性的材料。大齿轮材料的选择还应考虑毛坯的制造方法。

(5) 注意检查齿轮尺寸与传动装置和工作机是否协调，防止因尺寸过大而影响整体结构。

四、联轴器的选择

联轴器是标准部件，分为刚性和挠性两大类。前者结构简单，刚性好，传力大，安装精度要求高；后者可以缓冲减振，且对两轴的安装精度要求不高。作为使用者的设计，是按联轴器所需传递的转矩、轴的转速和安装轴头的几何尺寸要求，从标准中选择合适的类型及型号。一般机械传动中有两处用到联轴器：一是用在电动机轴与减速器输入轴的连接上，二是用在减速器输出轴与工作机主轴的连接上。前者由于所连接轴的转速较高，为了减小启动载荷，缓和冲击，应选用具有较小转动惯量的挠性联轴器。后者所连接轴的转速较低，传递的转矩较大，如果能保证两轴安装精度时可选用刚性联轴器，否则可选用挠性联轴器。常用的刚性联轴器有凸缘联轴器（见附表3.2）；挠性联轴器有弹性套柱销联轴器（见附表3.3）和弹性柱销联轴器（见附表3.4）。其他形式的联轴器可查有关设计资料。

第二节　箱体内传动零件设计注意事项

箱体外传动零件设计完成后，各传动零件的传动比可能有所变化，因而引起传动装置运动参数的变化。这时应先对相应的参数修改后，再进行箱体内传动零件的设计。

箱体内的传动零件包括圆柱齿轮、锥齿轮以及蜗杆、蜗轮。设计时均由强度条件先确定出模数、齿数、中心距等主要参数。几何尺寸及结构形式，结构尺寸有待轴设计完成后，根据配合段轴的尺寸才能确定。

一、圆柱齿轮传动设计

(1) 齿轮强度条件的应用。齿轮强度是根据齿轮可能发生的失效形式决定的。在闭式传动中，当齿面硬度 HB≤350 时，轮齿的失效形式主要是齿面点蚀，应按齿面接触强度条件设计，再校核轮齿的弯曲疲劳强度；当齿面硬度 HB>350 时，轮齿的失效形式主要是轮齿折断，应按轮齿弯曲疲劳强度设计，再校核其齿面接触疲劳强度。

(2) 齿轮材料及热处理方法的选择。选择时应考虑毛坯的制造方法。一般情况下，齿顶圆直径 $d_a \leq 500$mm 时，采用锻造毛坯；$d_a > 500$mm 时，采用铸造毛坯；当小齿轮的齿根圆直径与轴径接近时，齿轮与轴亦可制成一体，但在选择齿轮材料时，应兼顾到轴的工作要求。同一减速器内各配对齿轮应尽量采用相同的材料和不同的热处理方法。这样既可以满足配对齿轮硬度差的要求，又减少了材料品种，便于组织生产。

(3) 正确理解齿轮强度计算公式中各符号、系数的含义。对于圆柱齿轮，大齿轮的齿宽 b_2 按公式 $b=\phi_a a$ 计算，为方便安装，小齿轮齿宽 b_1 取 $b+(5\sim10)$mm。计算数据均应圆整。

(4) 正确处理强度计算所得参数和啮合几何尺寸之间的关系。由强度计算得到的模数必须取标准值（模数标准见教材）；中心距应尽量符合表 1.3.2 的要求。为此，对有关的参数（如齿数和初选的螺旋角）可以进行调整，以求得既满足强度要求又符合啮合几何关系的合理值。

(5) 齿轮的啮合尺寸和结构尺寸。啮合尺寸必须精确，一般应准确到小数点后 2～3 位；角度要精确到秒；结构尺寸均应圆整，以方便制造和测量。

二、锥齿轮传动设计

(1) 锥齿轮传动设计同样应以其齿面接触疲劳强度和齿根弯曲疲劳强度条件为依据。

(2) 锥齿轮是以大端模数为标准，故几何尺寸计算时，要用大端模数。

(3) 分度圆直径、锥距、分度圆锥角等要精确计算，不得圆整。齿宽 $b=\psi_R R$（ψ_R 为齿宽系数，R 为锥距），计算出的数据要圆整，并使大小齿轮宽度相等。两轴交角为 90°时，分度圆锥角 δ_1 和 δ_2 可以由传动比计算，其中小锥齿轮齿数 z_1 可取 17～25，δ 的计算应精确到角度秒，i 的计算应达到小数点后第四位。

三、蜗杆传动设计

(1) 由于蜗杆传动齿面间相对滑动严重，轮齿的胶合和磨损比较突出，选择材料时要初步估算相对滑动速度 v_s，根据 v_s 选择蜗杆和蜗轮的材料。

(2) 蜗杆的几何尺寸计算基准仍是分度圆直径，但分度圆直径 d_1 等于 mq 而不是 mz。蜗杆的螺旋升角尽量取右旋，以便于加工。

(3) 蜗杆传动的啮合尺寸必须求出精确的值，尺寸要精确到小数点后 2～3 位，角度要精确到秒。蜗杆和蜗轮的结构尺寸应进行适当圆整，以便于制造和测量。

(4) 蜗杆传动中，蜗杆位置是选择上置式还是下置式，应由蜗杆分度圆的圆周速度来决定。一般 $v<(4\sim5)$m/s 时，选择下置式蜗杆传动。

(5) 小尺寸的蜗轮采用整体结构；较大尺寸的蜗轮，为节省贵重有色金属，采用组合结构。同时要考虑蜗轮结构的工艺问题。

第四章　减速器结构设计

第一节　减　速　器　构　造

一般而言，无论何种类型的齿轮减速器，其基本结构都是由轴系部件、箱体及附件三大部分组成。图4.1.1～图4.1.3分别为单级圆柱齿轮减速器、锥齿轮减速器、蜗杆减速器立体图，图4.1.4为两级圆柱齿轮减速器立体图（展开式），图中标出了组成各减速器的主要零、部件名称及铸造箱体的部分结构尺寸代号。减速器结构尺寸及相关零件的尺寸关系经验

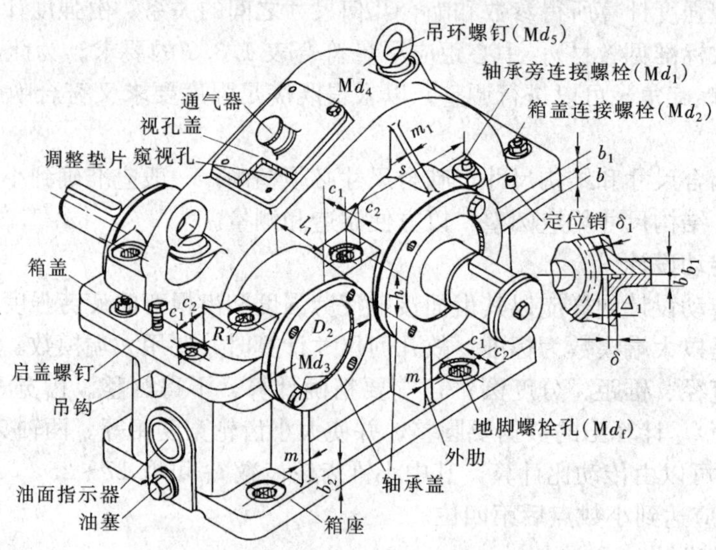

图4.1.1　单级圆柱齿轮减速器

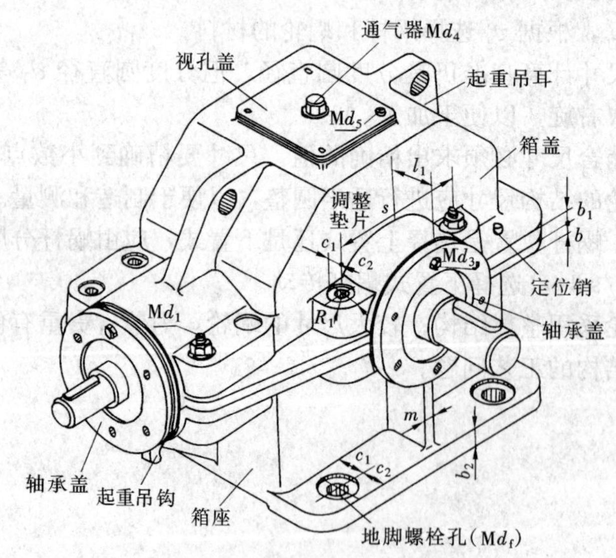

图4.1.2　单级锥齿轮减速器

值见表 4.1.1～表 4.1.4，供设计时参考。

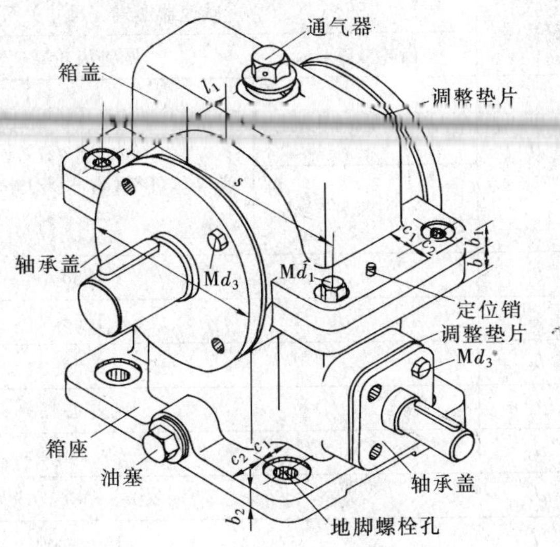

图 4.1.3　单级蜗杆减速器

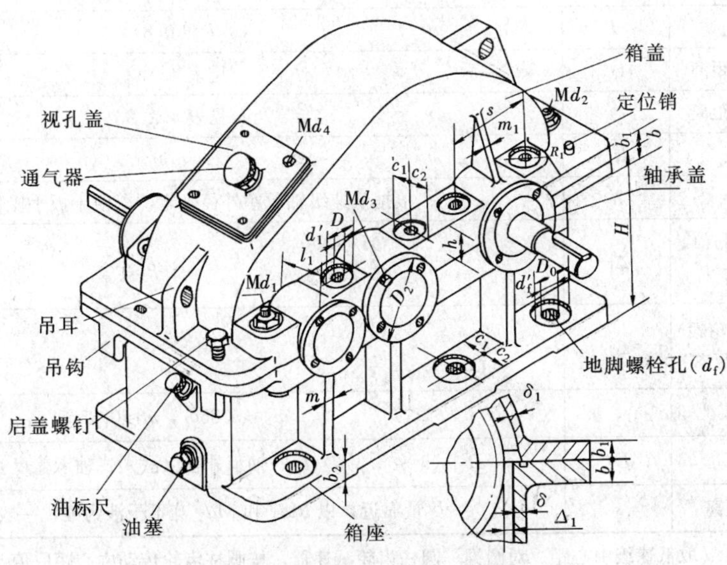

图 4.1.4　两级圆柱齿轮减速器（展开式）

表 4.1.1　　**铸造减速器箱体的主要结构尺寸**[①]

名　称	符号	减速器形式、尺寸关系（mm）			
		齿轮减速器		圆锥齿轮减速器	蜗杆减速器
箱座壁厚	δ	单级	$0.025a+1\geqslant 8$	$0.0125(d_{1m}+d_{2m})\geqslant 8$ 或　$0.01(d_1+d_2)\geqslant 8$ d_1、d_2——小、大锥齿轮的大端分度圆直径 d_{1m}、d_{2m}——小、大锥齿轮的平均分度圆直径	$0.04a+3\geqslant 8$
		两级	$0.025a+3\geqslant 8$		

续表

<table>
<tr><th rowspan="2">名　称</th><th rowspan="2">符　号</th><th colspan="4">减速器形式、尺寸关系（mm）</th></tr>
<tr><th colspan="2">齿轮减速器</th><th>圆锥齿轮减速器</th><th>蜗杆减速器</th></tr>
<tr><td rowspan="2">箱盖壁厚</td><td rowspan="2">δ_1</td><td>单级</td><td>[illegible]</td><td rowspan="2">$0.01(d_{1m}+d_{2m})+1\geqslant 8$
或 $0.0085(d_1+d_2)+1\geqslant 8$</td><td rowspan="2">蜗杆在上：$\approx\delta$
蜗杆在下：$=0.85\delta\geqslant 8$</td></tr>
<tr><td>两级</td><td>$0.02a+3\geqslant 8$</td></tr>
<tr><td>箱盖凸缘厚度</td><td>b_1</td><td colspan="4">$1.5\delta_1$</td></tr>
<tr><td>箱座凸缘厚度</td><td>b</td><td colspan="4">$1.5\delta_1$</td></tr>
<tr><td>箱座底凸缘厚度</td><td>b_2</td><td colspan="4">$2.5\delta_1$</td></tr>
<tr><td>地脚螺栓直径及数目</td><td>d_f、n</td><td colspan="4">见表 4.1.3</td></tr>
<tr><td>轴承旁连接螺栓直径</td><td>d_1</td><td colspan="4">$0.75d_f$</td></tr>
<tr><td>箱盖与箱座连接螺栓直径</td><td>d_2</td><td colspan="4">$(0.5\sim 0.6)d_f$</td></tr>
<tr><td>连接螺栓 d_2 的间距</td><td>l</td><td colspan="4">150～200</td></tr>
<tr><td>轴承端盖螺钉直径、数目</td><td>d_3、Z</td><td colspan="4">$(0.4\sim 0.5)d_f$②</td></tr>
<tr><td>检视孔螺钉直径</td><td>d_4</td><td colspan="4">$(0.3\sim 0.4)d_f$</td></tr>
<tr><td>定位销直径</td><td>d</td><td colspan="4">$(0.7\sim 0.8)d_2$</td></tr>
<tr><td>d_f、d_1、d_2 至外箱壁距离</td><td>c_1</td><td colspan="4">见表 4.1.2</td></tr>
<tr><td>d_f、d_2 至凸缘边缘距离</td><td>c_2</td><td colspan="4">见表 4.1.2</td></tr>
<tr><td>轴承旁凸台半径</td><td>R_1</td><td colspan="4">c_2</td></tr>
<tr><td>凸台高度</td><td>h</td><td colspan="4">根据低速级轴承座外径确定，以便于扳手操作为准</td></tr>
<tr><td>齿轮顶圆（蜗轮外圆）与内箱壁间的距离</td><td>Δ_1</td><td colspan="4">$>1.2\delta$</td></tr>
<tr><td>齿轮（锥齿轮或蜗轮轮毂）端面与内箱壁间的距离</td><td>Δ_2</td><td colspan="4">$>\delta$</td></tr>
<tr><td>箱盖、箱座肋厚</td><td>m_1、m</td><td colspan="4">$m_1\approx 0.85\delta_1$，$m\approx 0.85\delta$</td></tr>
<tr><td>轴承端盖外径</td><td>D_2</td><td colspan="4">$D+(5\sim 5.5)d_3$，D—轴承外径（嵌入式轴承盖尺寸见表 4.3.1）</td></tr>
<tr><td>轴承旁连接螺栓距离</td><td>s</td><td colspan="4">尽量靠近，以 Md_1 和 Md_2 互不干涉为准，一般取 $s=D_2$</td></tr>
</table>

注　多级传动时，a 取低速级中心距。对圆锥—圆柱齿轮减速器，按圆柱齿轮传动中心距取值。

① 见图 4.1.1～图 4.1.6。

② 亦可查表 4.1.4。

表 4.1.2　　减速器凸台及凸缘螺栓的配置尺寸　　(mm)

<table>
<tr><th>符　号</th><th>M8</th><th>M10</th><th>M12</th><th>M14</th><th>M16</th><th>M18</th><th>M20</th><th>M22</th><th>M24</th><th>M27</th><th>M30</th></tr>
<tr><td>$C_{1\min}$</td><td>14</td><td>16</td><td>18</td><td>20</td><td>22</td><td>24</td><td>26</td><td>30</td><td>34</td><td>38</td><td>40</td></tr>
<tr><td>$C_{2\min}$</td><td>12</td><td>14</td><td>16</td><td>18</td><td>20</td><td>22</td><td>24</td><td>26</td><td>28</td><td>32</td><td>35</td></tr>
<tr><td>D_0</td><td>18</td><td>22</td><td>26</td><td>30</td><td>33</td><td>36</td><td>40</td><td>43</td><td>48</td><td>53</td><td>61</td></tr>
<tr><td>$R_{0\max}$</td><td colspan="4">5</td><td colspan="4">8</td><td colspan="3">10</td></tr>
<tr><td>$r_{\max}$</td><td colspan="5">3</td><td colspan="3">5</td><td colspan="3">8</td></tr>
</table>

注　见图 4.1.5、图 4.1.6。

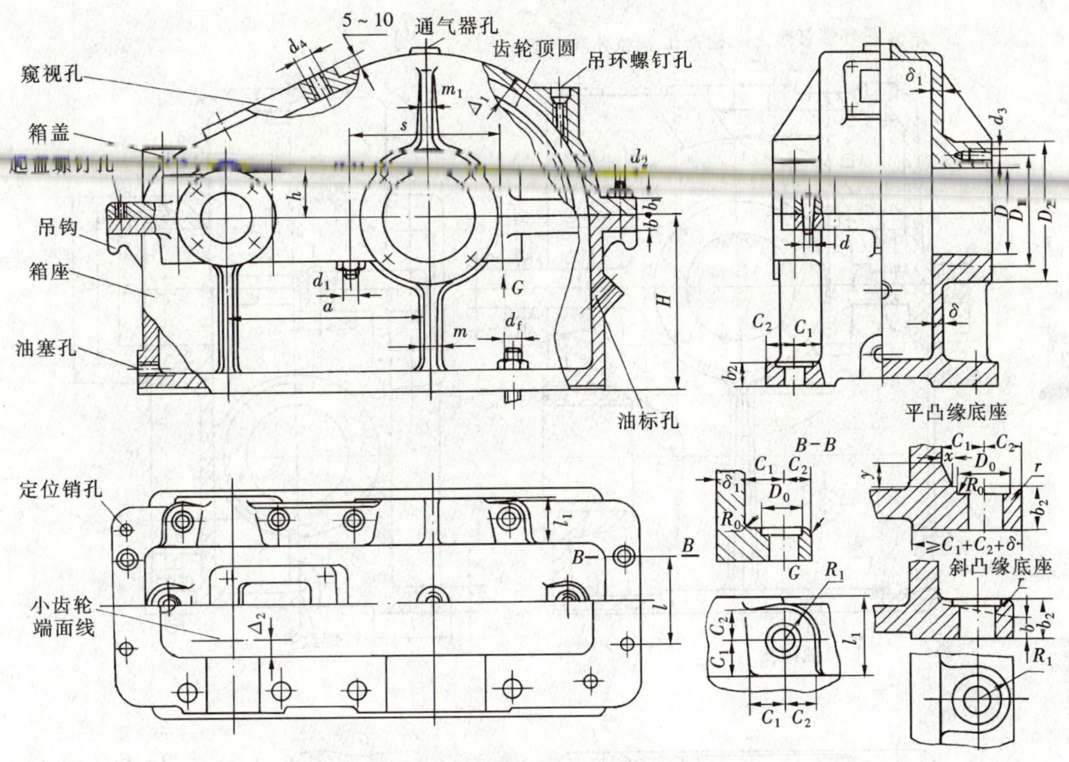

图 4.1.5 圆柱齿轮减速器箱体结构尺寸

表 4.1.3 地脚螺栓尺寸 (mm)

单级减速器			两级减速器		
中心距 a	螺栓直径 d_f	螺栓数目 n	总中心距 a_Σ	螺栓直径 d_f	螺栓数目 n
100	M16	4	250	M20	6
150	M16	6	350	M20	6
200	M16	6	425	M20	6
250	M20	6	500	M24	8
300	M24	6	600	M24	8
350	M24	6	650	M30	8
400	M30	6	750	M30	8
450	M30	6	850	M360	8
500	M36	6	1000	M36	8

表 4.1.4 轴承端盖固定螺钉直径与数目

轴承座孔的直径 D (mm)	螺钉直径 d_3 (mm)	螺钉数目 Z	轴承座孔的直径 D (mm)	螺钉直径 d_3 (mm)	螺钉数目 Z
45～65	8	4	110～140	12	6
70～80	10	4	150～230	16	6
85～100	10	6	230 以上	20	8

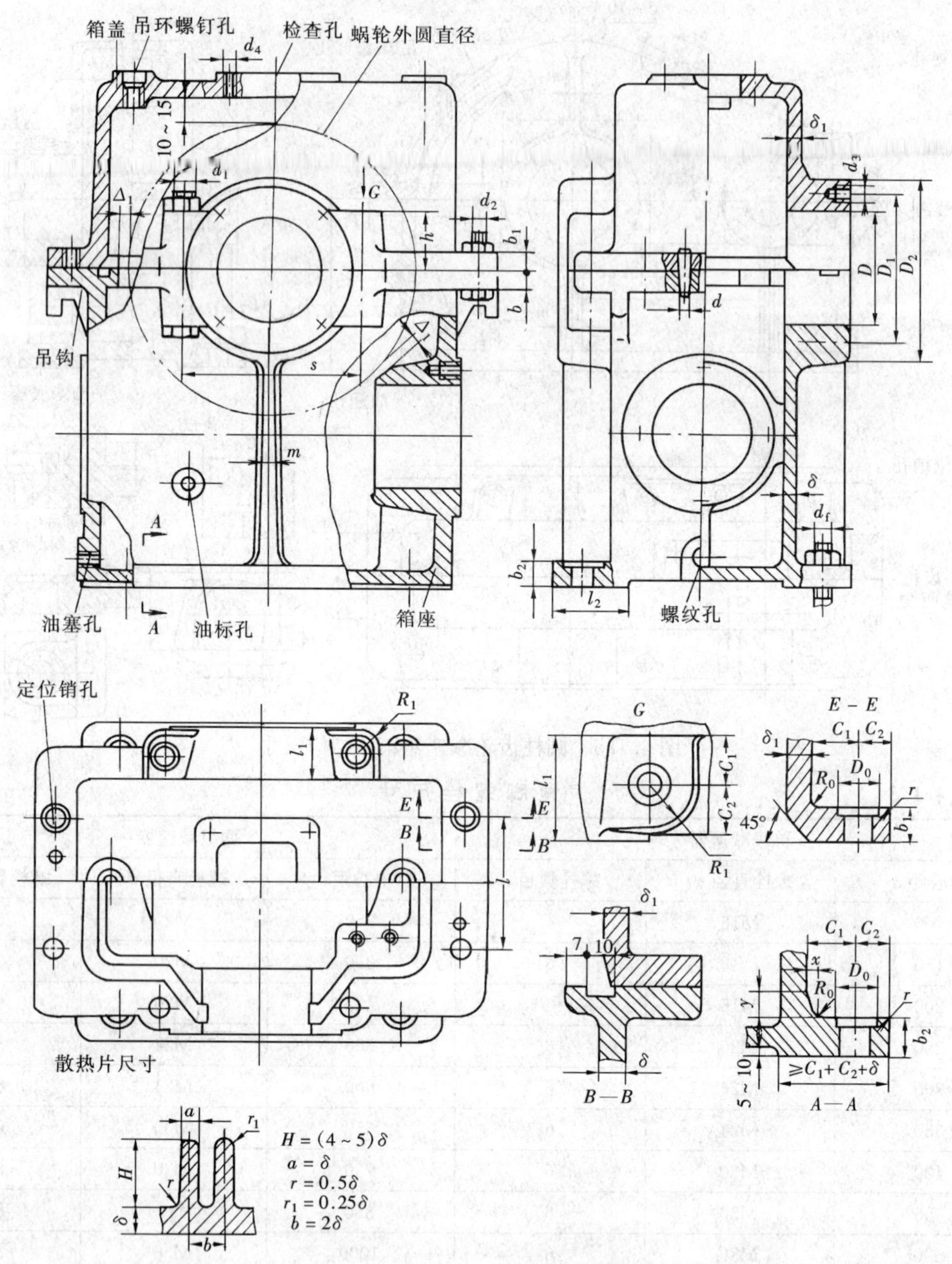

图 4.1.6 蜗杆减速器箱体结构尺寸

第二节 轴系零件的设计

轴系零件的设计不可避免地要考虑轴与轴上各传动零件的配合问题。轴上各传动零件之间、传动零件与箱壁之间的位置尺寸，其大小按表 4.2.1 提供的减速器零件的位置尺寸考虑，同时参见图 4.2.1 和图 4.2.2。表 4.2.1 中的尺寸数据均是在保证强度和刚度的前提下，考虑结构尽量紧凑，制造方便等要求由经验确定的，由此算出的数值应适当圆整或根据具体情况加以修改。

表 4.2.1　　减速器零件的位置尺寸（见图 4.2.1 和图 4.2.2）

代号	名称	推荐尺寸
b	齿轮的宽度	由设计确定
H	锥齿轮的厚度	由设计确定
B	轴承宽度	按轴颈直径初选轴承型号后查轴承样本确定
Δ_1	径向距离（旋转零件顶圆至箱体内壁间的径向距离）	$\Delta_1 \geqslant 1.2\delta$，$\delta$为箱体壁厚（$\delta$的取值见表 4.1.1）
Δ_2	轴向距离（旋转零件的最外端面至箱体内壁的轴向距离）	$\Delta_2 \geqslant 10$（确定 Δ_2 值时应考虑铸造和安装精度）
L	轴承座孔宽度	L 的选择参见黄晓荣等合编的《机械设计基础》表 12.3.2
l	轴的支承间距	由所绘制的装配草图确定。针对图 4.2.1 的单级齿轮减速器 $l=b+2\Delta_2+2l_2+B$（mm）
l_1	箱外旋转零件的中面到最近支承点的距离	$l_1=L-(l_2+B/2)+l_3+l_4+l_5/2$（mm）
l_2	滚动轴承的端面至箱体内壁的距离	用箱体内的油润滑轴承时：$l_2 \approx 5 \sim 10$（mm）； 用润滑脂润滑轴承时，按挡油环的轴向尺寸确定 l_2，初步可取 $l_2 \approx 10 \sim 15$（mm）
l_3	轴承盖凸缘厚和螺钉头厚	按轴承端盖结构、尺寸和固紧轴承的方法确定 一般取 $l_3=15 \sim 40$（mm）
l_4	箱体外的旋转零件的内端面至轴承端盖螺钉头顶面的距离	$l_4 \approx 15 \sim 20$（mm）
l_5	带轮轮毂宽或联轴器等零件沿轴段长度	按轴上零件的固定方法和轮毂的长度确定，约可取 $l_5 \approx (1.2 \sim 1.5)d$，$d$ 为轴直径

注　1. 蜗杆减速器的蜗轮至箱体内壁的轴向间隙 Δ_2，应以轮毂端面为准。

2. 蜗杆支承间距可取为（0.9～1）d_2，d_2 为蜗轮分度圆直径，应保证轴承装置的内端面距蜗轮最大外圆之间的径向间隙 Δ_1，不小于表中规定的值。

3. 蜗杆减速器的外壁宽度 B_2 应大于蜗杆轴承端盖凸缘的外径 D_2，其内壁宽度 B_3 应大于蜗杆轴承座的镗孔直径 D_3。

轴系设计的主要内容包括：初步估算轴的最小直径；确定轴的结构尺寸，同时选择轴上配合的标准零部件的型号及规格（如联轴器和轴承等）；根据轴的结构设计，计算确定出轴上各配合零件的位置及支承间距；进而做轴系零件（包括轴、轴承和键连接等）的强度校核或寿命计算。

一、估算轴的最小直径

设计之初，一般是仅考虑轴的扭转强度，确定出一个轴的最小直径，而后逐段进行轴的结构设计。轴设计的最小直径往往是轴外伸端直径。如果轴的外伸端上是装 V 带轮，该轴径确定时要考虑与 V 带轮结构匹配的问题。如果轴的外伸端上是装联轴器，并通过联轴器与电动机（或工作机主轴）相连，则轴的计算直径和电动机轴径均应在所选联轴器孔径允许范围内，这就要求在轴设计的同时要选择联轴器。选择原则和联轴器型号的确定，参考教材有关内容。

二、轴的结构设计

轴的结构，既要满足强度的要求，又必须满足轴上零件的定位要求，还能够方便安装和

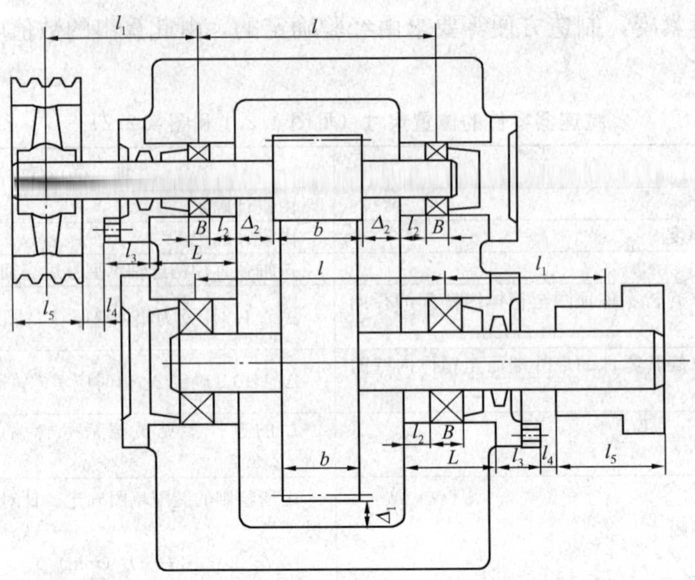

图 4.2.1　齿轮减速器位置尺寸

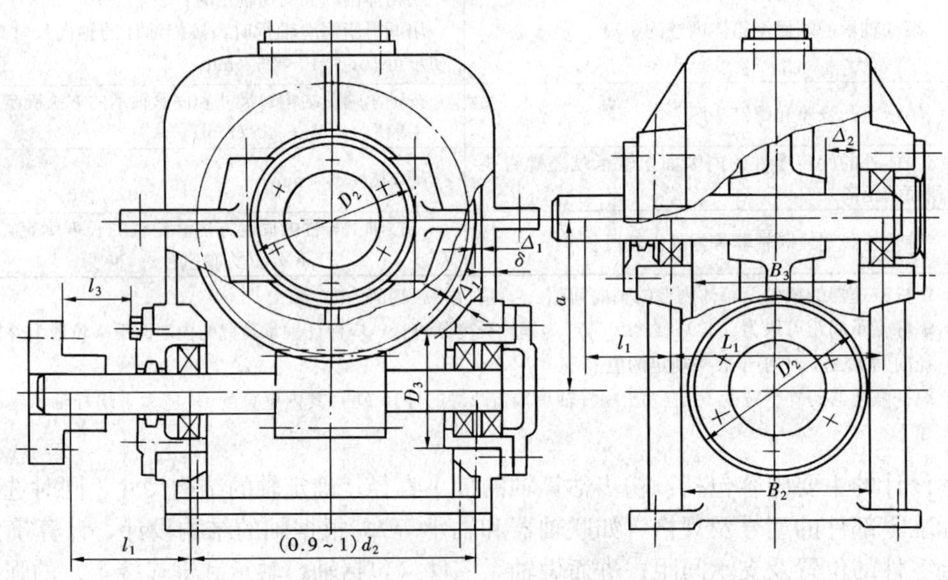

图 4.2.2　蜗杆减速器位置尺寸

拆卸轴上零件，即具有良好的工艺性，一般均为阶梯轴。阶梯轴的结构包括轴向和径向两个方面的尺寸。

1. 轴的径向尺寸设计

径向尺寸反映了轴直径的变化，主要考虑轴上零件的受力、安装、固定以及对轴表面粗糙度、加工精度等方面的要求，各段轴直径的确定应尽可能符合标准尺寸（见附表 1.2)。此外还应注意：

(1) 当直径变化是为了固定轴上零件或承受轴向力时，其变化要大些，通常取 5～10mm，如图 4.2.3 所示（该图以中线为界，上下对称，表示两种结构方案)。图 4.2.3 中直

径 d 与 d_1、d_4 与 d_5 之间的直径变化就应该大些。在确定直径变化大小时，应保证定位轴肩或定位轴环高度 h 大于该处轴上零件的倒角和轴的圆角半径 2～3mm。零件的倒圆与倒角尺寸见表 4.2.2。

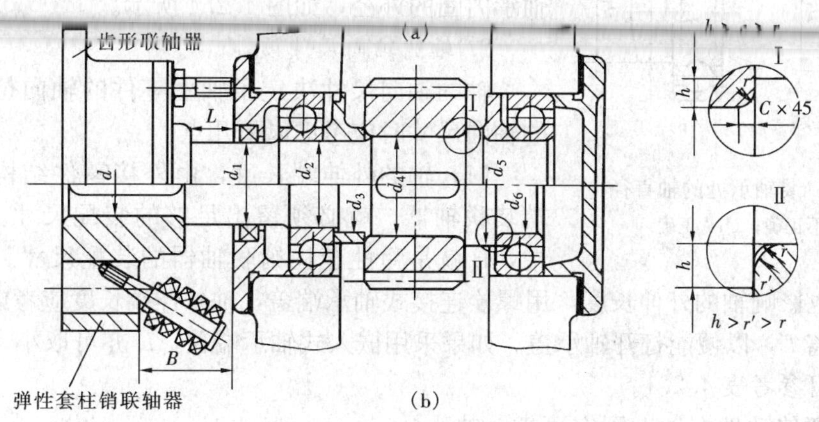

图 4.2.3 轴的结构形状

(a) 方案 a；(b) 方案 b

(2) 当轴径变化是为了装配方便或区别加工表面，不承受轴向力也不固定轴上零件时，相邻直径应变化较小，以减少切削加工量。一般可取 1～3mm。图 4.2.3 中 d_1 和 d_2 的变化仅仅是为轴承装配方便。方案 b 在 d_2 与 d_4 之间增加 d_3，以区别它们的精度和粗糙度的不同，所以，方案 b 优越于方案 a。

表 4.2.2 配合表面的倒圆和倒角（GB 6403.4—1986） (mm)

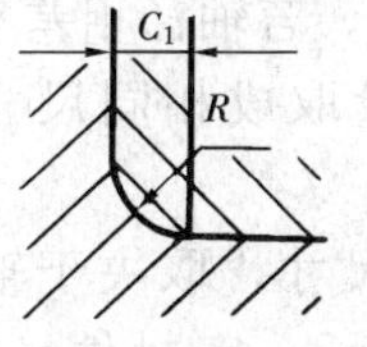

内角倒圆 R
外角倒角 C_1
$C_1>R$

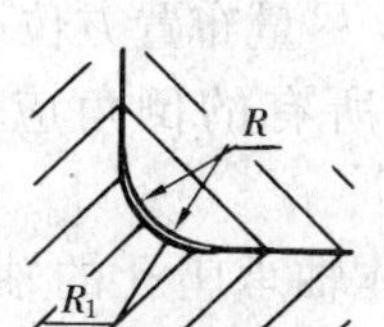

内角倒圆 R
外角倒圆 R_1
$R_1>R$

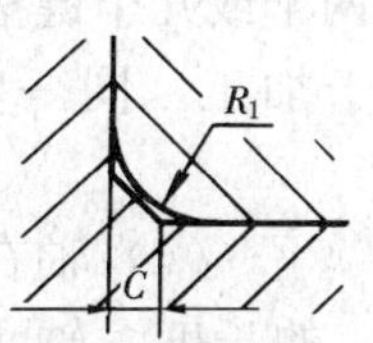

内角倒角 C
外角倒圆 R_1
$C>0.58R_1$

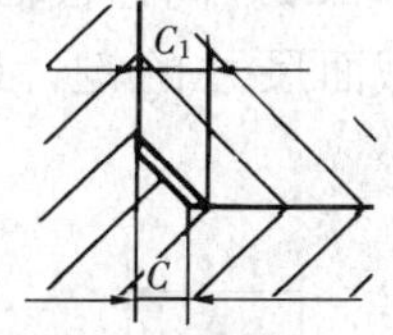

内角倒角 C
外角倒角 C_1
$C_1>C$

与直径 ϕ 相应的倒角倒圆推荐值

ϕ	～3	＞3～6	＞6～10	＞10～18	＞18～30	＞30～50	＞50～80	＞80～120	＞120～180	＞180～250	＞250～320
C 或 R	0.2	0.4	0.6	0.8	1.0	1.6	2.0	2.5	3.0	4.0	5.0

注 倒圆与倒角的尺寸系列如下：

R 为 0.1，0.2，0.3，0.4，0.5，0.6，0.8，1.0，1.2，1.6，2.0，2.5，3.0；

C 为 4.0，5.0，6.0，8.0，10，12。

(3) 设计与轴承配合段的轴径，同时应初选轴承。首先是根据轴上载荷的性质，确定轴承类型。同一轴上采用的轴承，尽量取同一型号，以保证轴承座孔尺寸相同，便于一次镗孔加工，提高精度。

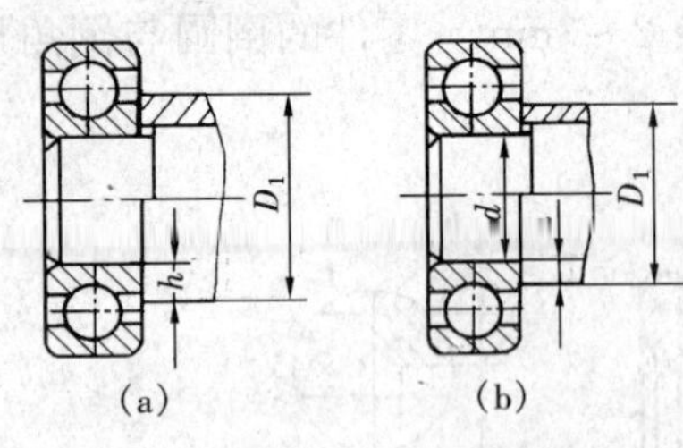

图 4.2.4 装轴承处的轴直径
(a) 不正确；(b) 正确

(4) 当轴径变化是为了固定滚动轴承时，还应考虑到轴承的拆卸。为方便轴承拆卸，定位的轴肩必须低于轴承内圈的外径，如图 4.2.4 所示。

2. 轴的轴向尺寸设计

轴的轴向尺寸决定了轴上零件的轴向位置，确定轴的轴向尺寸时应考虑以下几点：

(1) 轴的外伸端长度，由外接零件结构而定。如轴端装联轴器，就必须留出足够的装配尺寸。在图 4.2.3 中，B 就是弹性套柱销联轴器的装配尺寸。采用不同的轴承端盖，也影响轴的外伸长度，用螺栓连接式轴承端盖，轴外伸端长度应考虑拆装端盖螺钉的空间距离 L，以便能打开轴承盖。如果采用嵌入式轴承端盖，L 亦可取小一些，这些尺寸的推荐值可参考表 4.2.1。

(2) 保证传动件在轴上固定可靠。轴上零件有定位要求的配合轴段，应使轮毂的宽度大于与之配合轴段的长度，即配合轴段的端面与轮毂端面间留有一定的距离，如图 4.2.5 所示，一般 Δl 取 1～3mm。

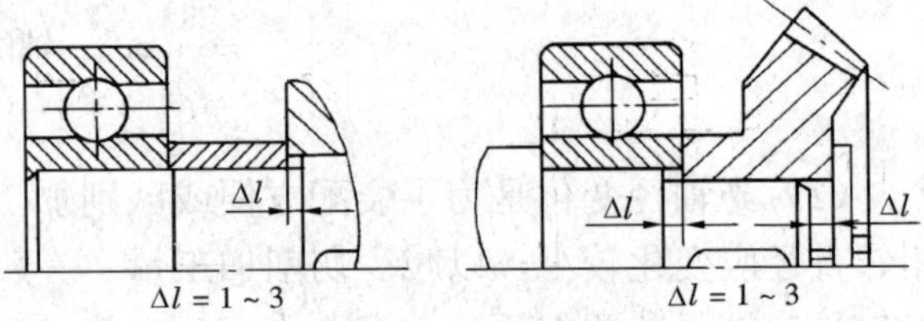

图 4.2.5 阶梯轴与轮毂端面间关系

(3) 要力求轴具有良好的加工工艺性和装配工艺性。有配合键的轴段，键槽布置应靠近轴上零件装入端，以便于装配时轮毂上的键槽与键对中，键的长度可比轴毂配合长度短 5～10mm，如图 4.2.3 中齿轮与轴配合处所示，键的长度并按标准值圆整（见附表 1.2 或附表 4.12）。同一根轴上有两个或几个键槽时，尽量布置方位一致。若轴径相差不大，可采用同截面尺寸的键，以便于加工。同一轴上所有的倒角应尽量取成相同尺寸，一般为 45°。

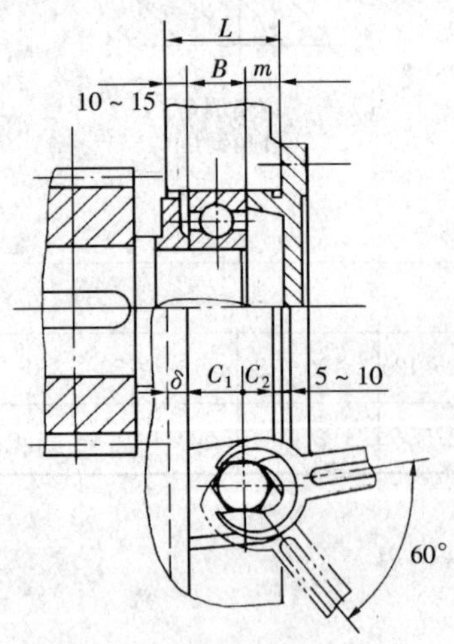

图 4.2.6 轴在箱体轴承座孔中的长度

(4) 轴在箱体轴承座孔的轴向尺寸，取决于轴承座孔的长度。轴承座孔中一般安装有轴承、密封件、挡油环、轴承端盖等零件，如图 4.2.6 所示。一般取 $m=(0.1\sim 0.15)D_2$，D_2 为轴承外径，B 为轴承宽度，轴承座孔长度 $L=B+m+(10\sim 15\text{mm})$。一般情况下，减速器箱体采用剖分式结构，其轴承座孔长度的确定还需考虑箱盖与箱座连接螺栓尺寸影响，即考虑连接螺栓拧紧时扳手的空间位置尺寸。保证 $L\geqslant\delta+C_1+C_2+(5\sim 10\text{mm})$，$\delta$、$C_1$、$C_2$ 值查表 4.1.1 和表 4.1.2。

(5) 考虑与轴上零件的配合和定位要求，轴的部分表面需要磨削加工或切制螺纹。磨削加工需采用顶针装夹，轴端需钻中心孔；磨削的轴段应留砂轮越程槽；切削螺纹的部分应留退刀槽。中心孔尺寸、砂轮越程槽尺寸、螺纹退刀槽尺寸分别查表 4.2.3～表 4.2.6。

表 4.2.3　　中心孔（摘自 GB/T 4459.5—1999）　　(mm)

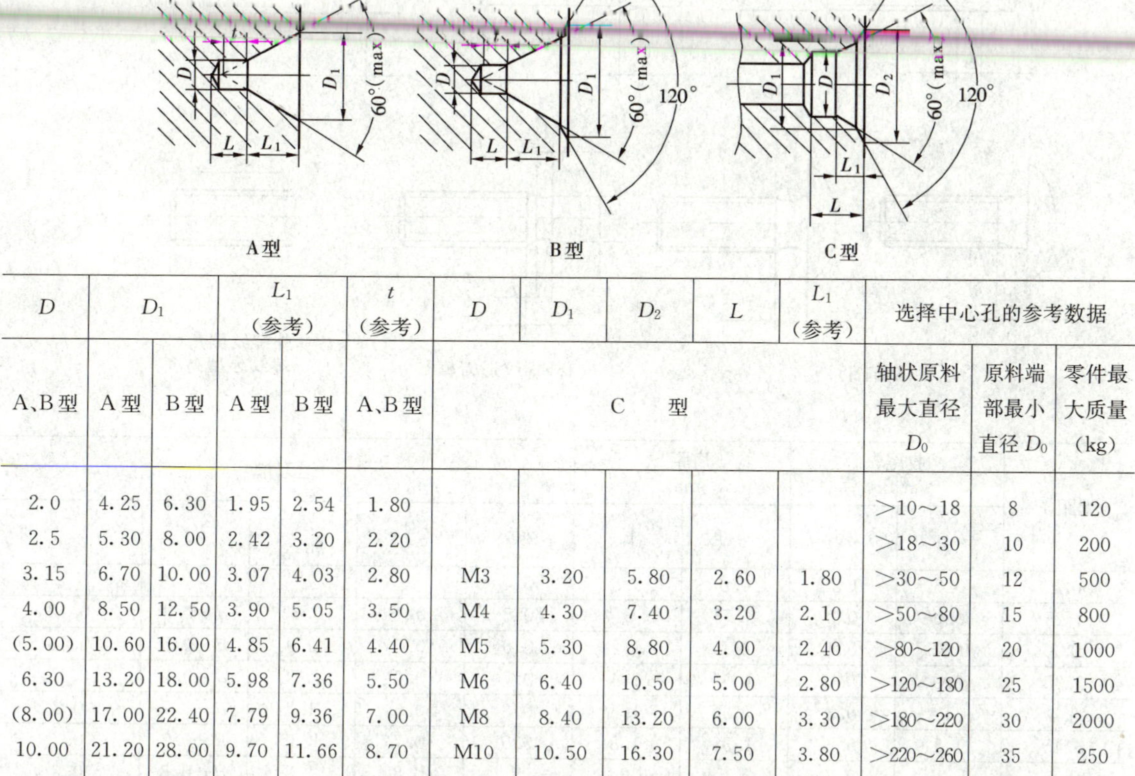

D	D_1		L_1（参考）		t（参考）	D	D_1	D_2	L	L_1（参考）	选择中心孔的参考数据		
A、B型	A型	B型	A型	B型	A、B型	C型					轴状原料最大直径 D_0	原料端部最小直径 D_0	零件最大质量 (kg)
2.0	4.25	6.30	1.95	2.54	1.80						>10～18	8	120
2.5	5.30	8.00	2.42	3.20	2.20						>18～30	10	200
3.15	6.70	10.00	3.07	4.03	2.80	M3	3.20	5.80	2.60	1.80	>30～50	12	500
4.00	8.50	12.50	3.90	5.05	3.50	M4	4.30	7.40	3.20	2.10	>50～80	15	800
(5.00)	10.60	16.00	4.85	6.41	4.40	M5	5.30	8.80	4.00	2.40	>80～120	20	1000
6.30	13.20	18.00	5.98	7.36	5.50	M6	6.40	10.50	5.00	2.80	>120～180	25	1500
(8.00)	17.00	22.40	7.79	9.36	7.00	M8	8.40	13.20	6.00	3.30	>180～220	30	2000
10.00	21.20	28.00	9.70	11.66	8.70	M10	10.50	16.30	7.50	3.80	>220～260	35	250

注　1. 标注示例：直径 D=4mm 的 A 型中心孔——中心孔 A4/8.5 GB/T 4459.5—1999。

2. A 型是不带护锥中心孔；B 型是带护锥中心孔；C 型是带螺纹中心孔。

3. 括号内尺寸尽量不用。

表 4.2.4　　回转面和端面砂轮越程槽（摘自 GB 4603.5—1986）　　(mm)

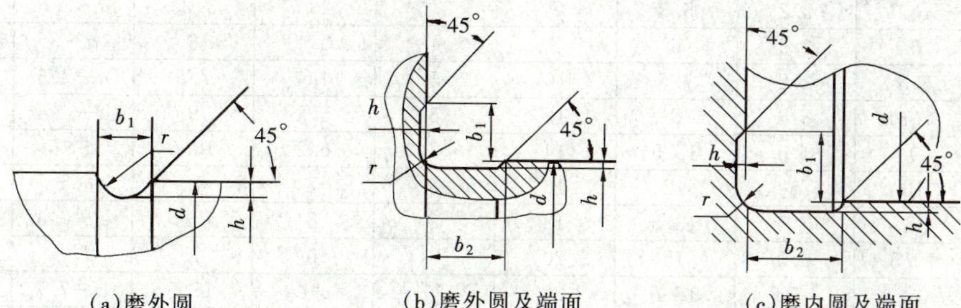

(a)磨外圆　(b)磨外圆及端面　(c)磨内圆及端面

b_1	0.6	1.0	1.6	2.0	3.0	4.0	5.0	8.0	
b_2	2.0	3.0		4.0		5.0		8.0	10.0
h	0.1	0.2		0.3	0.4		0.6	0.8	1.2
r	0.2	0.5		0.8	1.0		1.6	2.0	3.0
d	～10			>10～50		>50～100		>100	

表 4.2.5　　普通外螺纹收尾、肩距、退刀槽、倒角（GB/T 3—1997）　　(mm)

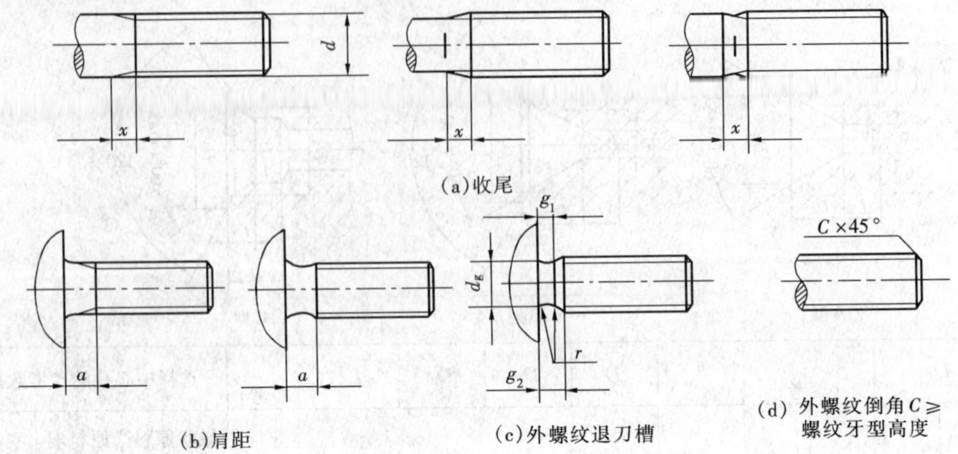

(a)收尾

(b)肩距　　(c)外螺纹退刀槽　　(d) 外螺纹倒角$C \geqslant$螺纹牙型高度

螺距 P	收尾 x max		肩距 a max		退刀槽				
	一　般	短	一　般	长	短	g_1 min	g_2 max	d_g	r ≈
0.2	0.5	0.25	0.6	0.8	0.4				
0.25	0.6	0.3	0.75	1	0.5	0.4	0.75	$d-0.4$	0.12
0.3	0.75	0.4	0.9	1.2	0.6	0.5	0.9	$d-0.5$	0.16
0.35	0.9	0.45	1.05	1.4	0.7	0.6	1.05	$d-0.6$	0.16
0.4	1	0.5	1.2	1.6	0.8	0.6	1.2	$d-0.7$	0.2
0.45	1.1	0.6	1.35	1.8	0.9	0.7	1.35	$d-0.7$	0.2
0.5	1.25	0.7	1.5	2	1	0.8	1.5	$d-0.8$	0.2
0.6	1.5	0.75	1.8	2.4	1.2	0.9	1.8	$d-1$	0.4
0.7	1.75	0.9	2.1	2.8	1.4	1.1	2.1	$d-1.1$	0.4
0.75	1.9	1	2.25	3	1.5	1.2	2.25	$d-1.2$	0.4
0.8	2	1	2.4	3.2	1.6	1.3	2.4	$d-1.3$	0.4
1	2.5	1.25	3	4	2	1.6	3	$d-1.6$	0.6
1.25	3.2	1.6	4	5	2.5	2	3.75	$d-2$	0.6
1.5	3.8	1.9	4.5	6	3	2.5	4.5	$d-2.3$	0.8
1.75	4.3	2.2	5.3	7	3.5	3	5.25	$d-2.6$	1
2	5	2.5	6	8	4	3.4	6	$d-3$	1
2.5	6.3	3.2	7.5	10	5	4.4	7.5	$d-3.6$	1.2
3	7.5	3.8	9	12	6	5.2	9	$d-4.4$	1.6
3.5	9	4.5	10.5	14	7	6.2	10.5	$d-5$	1.6
4	10	5	12	16	8	7	12	$d-5.7$	2
4.5	11	5.5	13.5	18	9	8	13.5	$d-6.4$	2.5
5	12.5	6.3	15	20	10	9	15	$d-7$	2.5
5.5	14	7	16.5	22	11	11	17.5	$d-7.7$	3.2
6	15	7.5	18	24	12	11	18	$d-8.3$	3.2
参考值	$\approx 2.5P$	$\approx 1.25P$	$\approx 3P$	$=3P$	$=2P$	—	$\approx 3P$	—	—

注　1. 应优先选用“一般”长度的收尾和肩距；“短”收尾和“短”肩距仅用于结构受限制的螺纹件上；产品等级为B或C级的螺纹紧固件可采用“长”肩距。

2. d 为螺纹公称直径代号。

3. d_g 公差为 h13（$d>3$mm)、h12（$d \leqslant 3$mm)。

表 4.2.6 普通内螺纹的收尾、肩距和退刀槽 (mm)

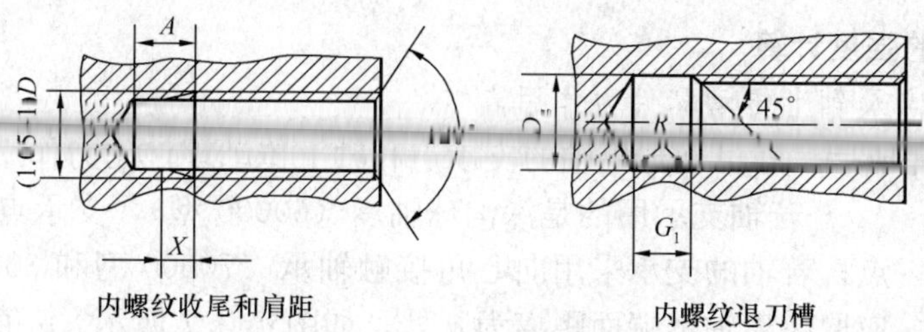

内螺纹收尾和肩距　　内螺纹退刀槽

螺距 P	收尾 X max		肩距 A		退刀槽			
					G_1		D_g	R ≈
	一般	短	一般	长	一般	短		
0.25	1	0.5	1.5	2				
0.3	1.2	0.6	1.8	2.4				
0.35	1.4	0.7	2.2	2.8			D+0.3	
0.4	1.6	0.8	2.5	3.2				
0.45	1.8	0.9	2.8	3.6				
0.5	2	1	3	4	2	1		0.2
0.6	2.4	1.2	3.2	4.8	2.4	1.2		0.3
0.7	2.8	1.4	3.5	5.6	2.8	1.4	D+0.3	0.4
0.75	3	1.5	3.8	6	3	1.5		0.4
0.8	3.2	1.6	4	6.4	3.2	1.6		0.4
1	4	2	5	8	4	2		0.5
1.25	5	2.5	6	10	5	2.5		0.6
1.5	6	3	7	12	6	3		0.8
1.75	7	3.5	9	14	7	3.5		0.9
2	8	4	10	16	8	4		1
2.5	10	5	12	18	10	5		1.2
3	12	6	14	22	12	6	D+0.5	1.5
3.5	14	7	16	24	14	7		1.8
4	16	8	18	26	16	8		2
4.5	18	9	21	29	18	9		2.2
5	20	10	23	32	20	10		2.5
5.5	22	11	25	35	22	11		2.8
6	24	12	28	38	24	12		3
参考值	$=4P$	$=2P$	$\approx(6\sim5)P$	$\approx(8\sim6.5)P$	$=4P$	$=2P$	—	$\approx0.5P$

注 1. 应优先选用“一般”长度的收尾和肩距；容屑需要较大空间时可选用“长”肩距，结构受限制时可选用“短”收尾。
2. “短”退刀槽仅在结构受限制时采用。
3. D_g 公差为 H13。
4. D 为螺纹孔公称直径代号。

轴上零件沿轴线方向上的定位和固定，常用到的螺钉、螺母、轴端挡圈等标准连接件的规格、尺寸见附录4。

三、轴系零件的强度计算

1. 确定轴的支点及轴上传动零件力作用点

轴的结构设计完成后，即可确定出轴的支承点和轴上传动零件的力作用点位置。

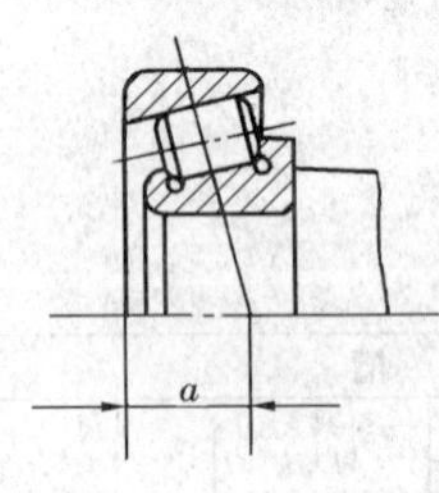

图4.2.7 轴承的支点

若轴支承用的是深沟球轴承（60000型），支承点在轴承宽度的中点；若轴的支承采用向心角接触轴承（70000型和30000型），支承点应取在离轴承端面距离为a处，如图4.2.7所示。a值可查附表5.2和附表5.3或有关资料。箱体内外的传动零件，无论是带轮、齿轮，还是蜗杆、蜗轮，外力均视为作用在轮面宽的中点处。

2. 轴系零件的强度计算

轴系零件的强度计算包括轴的强度校核、轴承的寿命验算和键连接的强度校核。这部分内容按教材介绍的计算方法进行，不再赘述。但强调两点：

（1）轴强度的校核。轴系零件的强度计算，首先要校核轴。轴的强度校核往往是一个复杂、反复的过程，若轴的强度不够，则必须修改原结构设计的尺寸，或根据原结构设计定出的支点位置和力作用点，按载荷大小设计出满足强度要求的轴直径，然后根据轴上零件的配合和定位要求，再依次修正其他各段的轴径。如果轴的强度富裕过多，也不必急于修改轴的尺寸，可待轴承寿命及键连接的强度校核后，再综合考虑修改轴的结构尺寸。

（2）轴承寿命的验算。验算滚动轴承寿命时，可按使用年限计算要求的寿命，也可以按教材中提供的有关设备的轴承使用寿命的荐用值选定。若验算的轴承寿命低于减速器寿命时，也不必重新选择轴承，因为变更轴承型号必然影响到轴的有关尺寸，使设计复杂化。取减速器的大修期为轴承寿命，到大修时更换新轴承即可。

第三节 传动零件和支承零件的结构设计

传动零件和支承零件的结构设计，主要是依据结构是否合理进行的经验性设计，要采用“三边”设计法。

一、传动零件的结构设计

轴的设计完成后，各传动零件的轮毂孔直径即已知，便可以进行传动零件（V带轮、齿轮、蜗杆和蜗轮等）的结构设计，具体结构尺寸参阅教材各有关章节。

二、支承零件的结构设计

在中、小型减速器中，绝大多数均采用滚动轴承做支承。所以，我们仅介绍使用滚动轴承的支承结构设计，包括轴承的固定、装拆、调整、密封、润滑等。

1. 轴系的轴向固定和调整

轴结构设计时，已对滚动轴承的周向和轴向固定作了合理的设计，但组装好的轴系装于减速器中，也应具有确定的轴向位置，通常是用轴承端盖来确定轴系的轴向位置，即是用轴承端盖来固定轴承、调整轴承间隙并承受轴向力。

轴承端盖有嵌入式和螺钉连接式（凸缘式）两种，每一种又根据轴是否穿过分为穿通式端盖和闷盖。轴承端盖材料一般为 HT150，结构尺寸见表 4.3.1 和表 4.3.2。

表 4.3.1 **嵌入式轴承端盖尺寸** (mm)

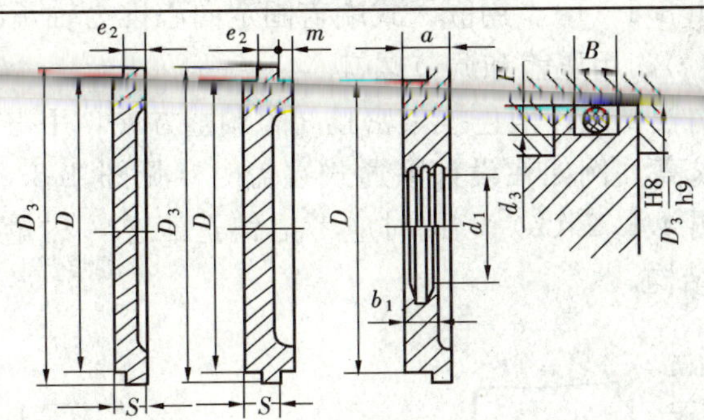

定位台肩长度 e_2	$e_2=5\sim8$
轴承端盖厚度 S	$S=10\sim15$
止推套筒长度 m	m 由结构确定
轴承端盖外径 D_3	$D_3=D+e_2$，装有 O 形圈的，按 O 形圈外径取
通孔处尺寸 d_1、b_1、a	d_1、b_1、a 由密封尺寸确定

沟槽尺寸（GB 3452.3—1988）

O 形圈截面直径 d_2	$B^{+0.25}_{0}$	$H^{+0.10}_{0}$	d_3 偏差值
2.65	3.6	2.07	0 −0.05
3.55	4.8	2.74	0 −0.06
5.3	7.1	4.19	0 −0.07

表 4.3.2 **螺钉连接式轴承端盖尺寸** (mm)

螺钉连接式端盖	
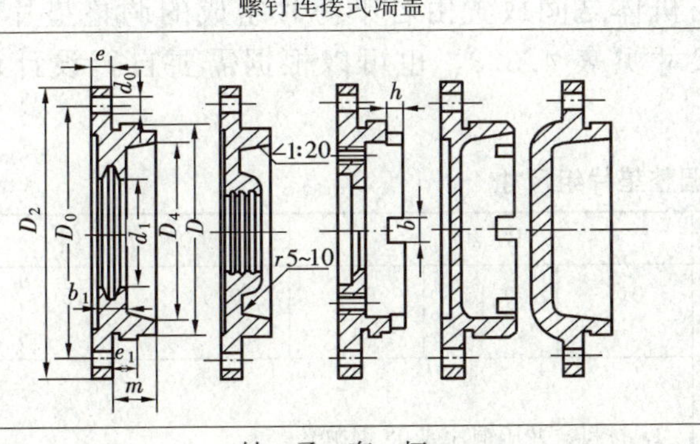	$d_0=d_3+1$；$D_0=D+2.5d_3$（d_3—轴承端盖连接螺钉的直径）； $D_2=D_0+2.5d_3$；$e=1.2d_3$； $e_1\geqslant e$；m 由结构确定； $D_4=D-(10\sim15)$； d_1、b_1 由密封尺寸确定； $b=5\sim10$，$h=(0.8\sim1)b$
轴 承 套 杯	
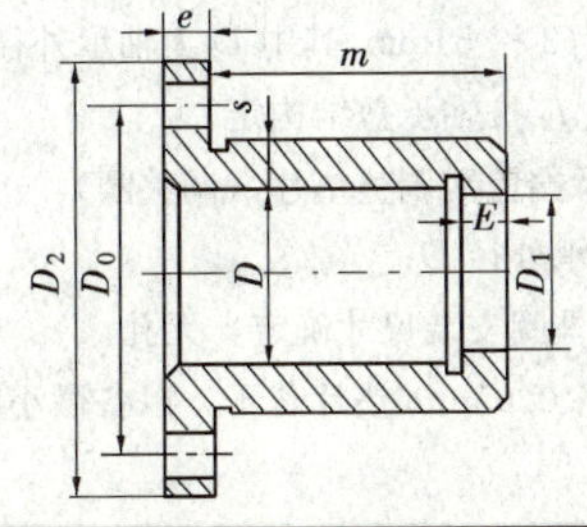	$s=7\sim12$；$E\approx e\approx s$； $D_0=D+2s+2.5d_3$；$D_2=D_0+2.5d_3$； M 由结构确定； D_1 由轴承安装尺寸确定； D—轴承外径

嵌入式轴承端盖结构简单，装入轴承座孔后外形平整，但密封性能较差［可以用图4.3.1（a）中Ⅰ所示结构来弥补］，调整轴承间隙需打开箱盖，比较麻烦，只宜用于不可调间隙的向心轴承，见图4.3.1（b）。用嵌入式端盖固定向心推力轴承时，应增加调整轴承间隙的结构，见图4.3.1（c），用压盖和调节螺钉。

螺钉连接式端盖结构较复杂，但连接紧密且间隙调整方便，用得较多。这种端盖多用铸铁铸造，铸造工艺性要求高。例如在设计穿通式端盖时（见图4.3.2），由于装置密封件需要较大的端盖厚度［见图4.3.2（b）］，这时应考虑铸造工艺，尽量使整个端盖厚度均匀。图4.3.2（a）是较好的结构。

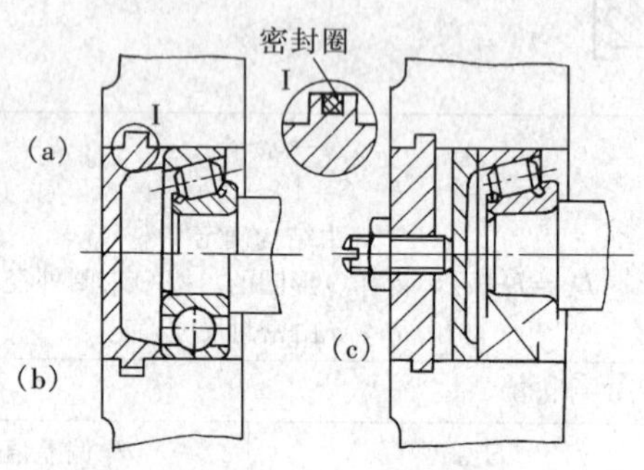

图4.3.1 嵌入式轴承端盖

（a）不正确；（b）正确；（c）采用压盖和调节螺钉的轴承端盖

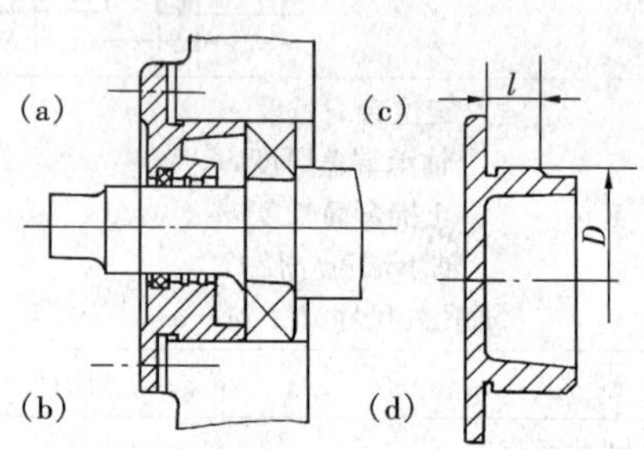

图4.3.2 螺钉连接式端盖

（a）好；（b）较差；（c）好；（d）较差

当端盖较宽时，为减少加工量，可在端部铸出一段较小的直径，但必须保留有足够的长度 l，如图4.3.2（c）所示，一般取 $l=(0.10\sim0.15)D$，否则拧紧螺钉时容易使端盖歪斜。

调整轴承间隙时，可在轴承端盖与机体之间放置由若干薄片组成的调整垫片，如图4.3.3所示。调整垫片的材料、规格尺寸见表4.3.3，也可以根据需要自行设计调整垫片。

表 4.3.3 **调整垫片组尺寸** (mm)

垫 片	A 组			B 组			C 组		
厚度 B 片数 n	0.5 2	0.2 4	0.1 2	0.5 1	0.15 4	0.1 4	0.5 1	0.15 3	0.125 3

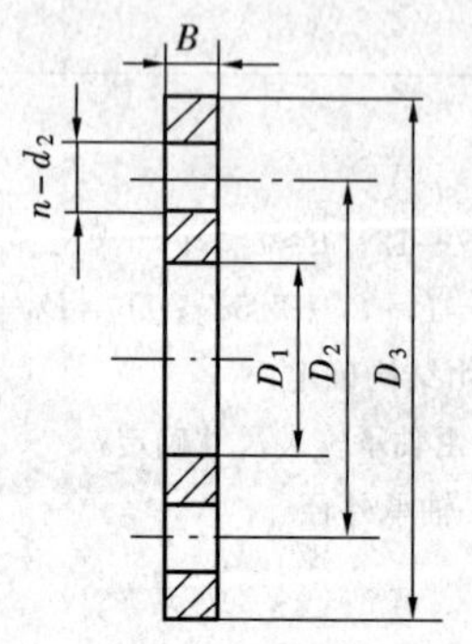

1. 材料：冲压铜片或08钢抛光。
2. 螺钉连接式轴承端盖用调整垫片：
   $D_1=D+(3\sim5)$mm，其中 D 为轴承外径；
   D_2、D_3、n、d_2 按轴承盖结构定。
3. 嵌入式轴承端盖用调整垫片（调整圈）：
   D_3 等于轴承外径 D；
   D_1 按轴承外圈安装尺寸确定，无孔。
4. 有条件准备0.05mm垫片若干，以备微小间隙调整用

2. 滚动轴承的润滑与密封

(1) 滚动轴承的润滑。根据润滑剂的不同，分为脂润滑和油润滑两种。

当滚动轴承速度较低，$dn \leq 2\times10^5$ mm·r/min 时，采用脂润滑。其结构简单，易于密封。润滑脂的装填量不应超过轴承空间的 1/3～1/2。

为防止箱体液体油浸入轴承，稀释润滑脂，应在靠近箱体内侧处装挡油环。图 4.3.4 是一种车削加工的旋转式挡油环，产品批量生产时可采用冲压式挡油环如图 4.3.5 所示。

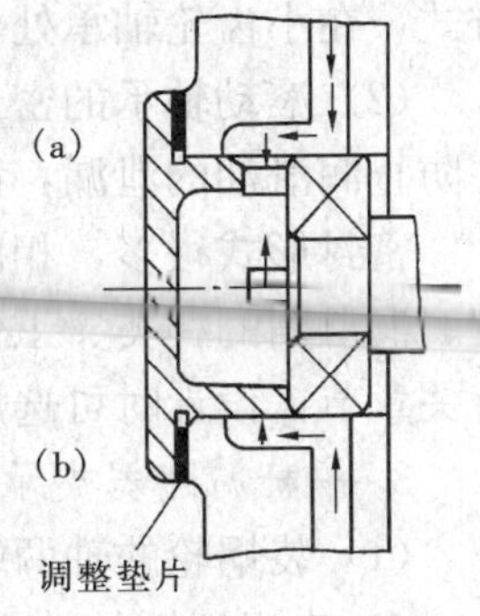

图 4.3.3　调整垫片

(a) 好；(b) 差

当轴承转速较高，$dn > 2\times10^5$ mm·r/min 时，应采用油润滑。这种润滑方式是通过浸在油池内的传动零件将润滑油直接溅入轴承内，或将溅到箱体内壁上的油导流入箱体分箱面上的输油沟，再引入轴承内对轴承进行润滑。

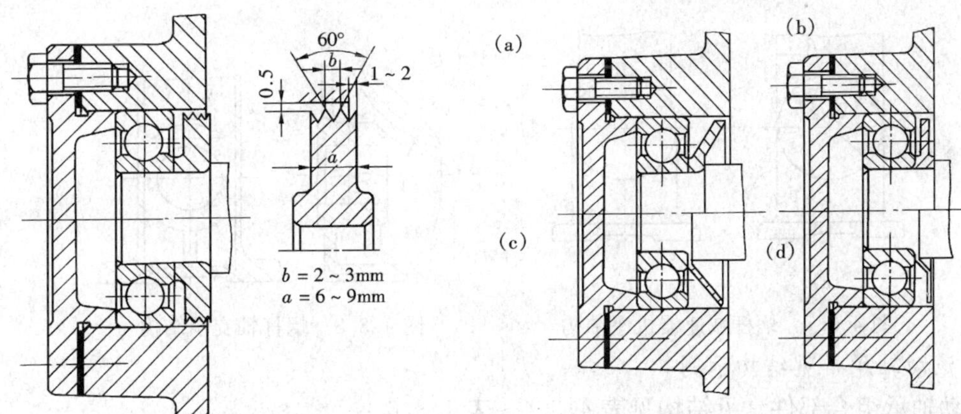

图 4.3.4　旋转式挡油环

图 4.3.5　冲压式挡油环

(a)、(b)、(c)、(d) 四种不同的冲压结构

为此，在轴承端盖上要开出缺口，为防止装配时缺口没有对准油沟而将油路堵塞，可将端盖端部直径取小些，如图 4.3.3 (a) 所示。另外，为提高箱体结合面的密封性，即使轴承不采用液体油润滑，分箱面上也要制出回油沟，使油沿回油沟的斜槽流回油箱。箱体分箱面上的输油沟或回油沟，有铸造油沟和机加工油沟两种结构形式，机加工油沟容易制造，工艺性好，故应用较多，如图 4.3.6 所示。

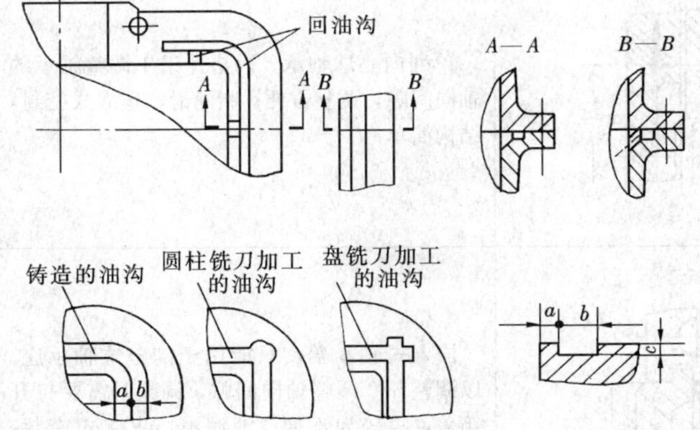

图 4.3.6　输油沟和回油沟

a=5～8mm（铸造）；a=3～5mm（机加工）；

b=6～10mm；c=3～5mm

斜齿轮和蜗杆螺旋线齿具有沿轴向排油作用，会迫使润滑油冲向轴承，尤其对高速小齿轮，从啮合区过来的热油冲击更为严重。所以，即使采用油润滑方式，在小齿轮轴承处，也应设置挡油环。

(2) 滚动轴承的密封。在输入或输出轴的外伸处，为防止灰尘、水汽及其他杂物渗入，并防止润滑油的泄漏，都要求在轴承端盖内装密封件。

密封形式很多，相应的密封效果也不一样，密封形式的选择主要是由密封处轴的圆周速度、润滑剂的种类、工作温度、周围环境等决定的。常用滚动轴承的密封形式及特点见教材有关章节，设计时可选用。

3. 蜗杆减速器支承结构特点

(1) 装蜗轮的轴两端支承间距，一般由机体的宽度 B 决定，如图 4.3.7 所示，而 $B \approx D_2$，D_2 为蜗杆轴的轴承端盖外径。为了缩小蜗轮轴的支承跨距，提高轴的刚度，也可以采用如图 4.3.7 (b) 所示的机座结构。

(2) 为了提高蜗杆轴的支承刚度，也应尽量缩小其支承点间的距离。为此，常将轴承座体伸到机体内部，如图 4.3.8 所示。并在轴承座下加支承肋，轴承座端面的位置可根据 D_1 (D_1 约等于轴承端盖外径) 及轴承座内端与蜗轮最外圆间的径向距离 Δ_1 确定。

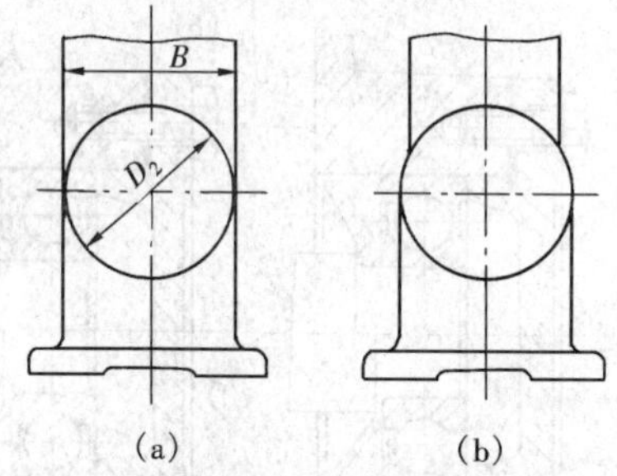

图 4.3.7　蜗杆减速器机座结构

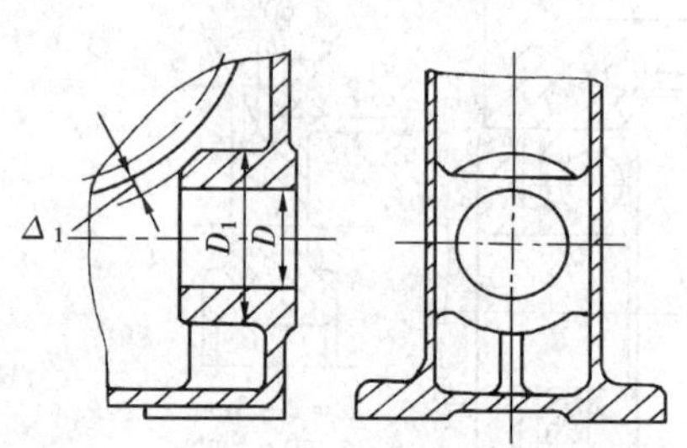

图 4.3.8　蜗杆轴支承结构

4. 滚动轴承常见结构示例

滚动轴承组合部件常见结构见表 4.3.4～表 4.3.6。

表 4.3.4　　圆柱齿轮减速器轴承组合部件常用结构

结构形式	特点
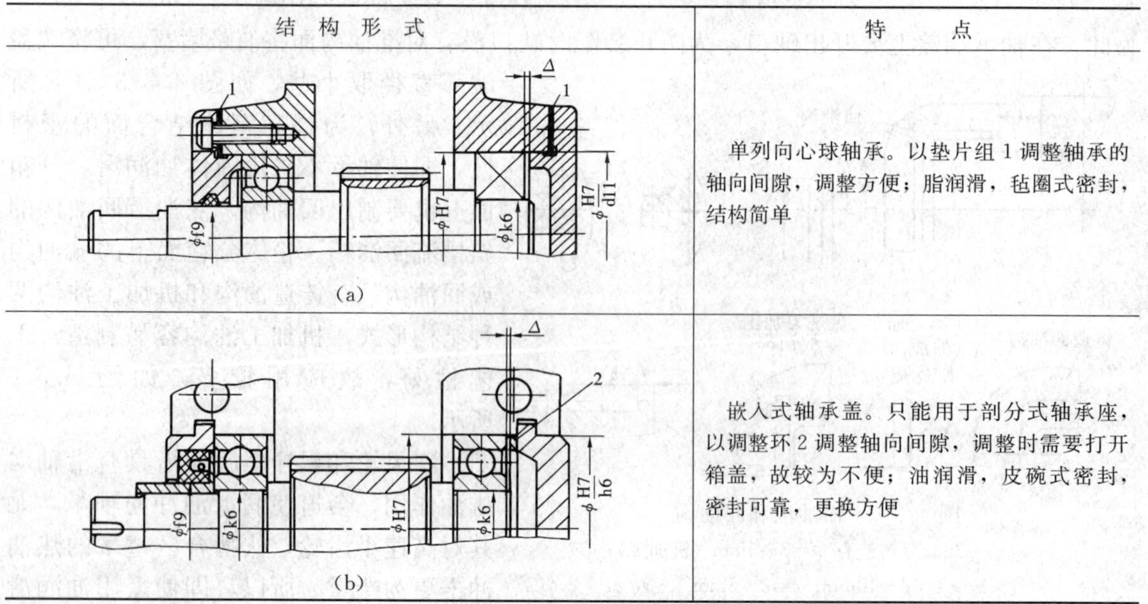 (a)	单列向心球轴承。以垫片组 1 调整轴承的轴向间隙，调整方便；脂润滑，毡圈式密封，结构简单
(b)	嵌入式轴承盖。只能用于剖分式轴承座，以调整环 2 调整轴向间隙，调整时需要打开箱盖，故较为不便；油润滑，皮碗式密封，密封可靠，更换方便

续表

结构形式	特点
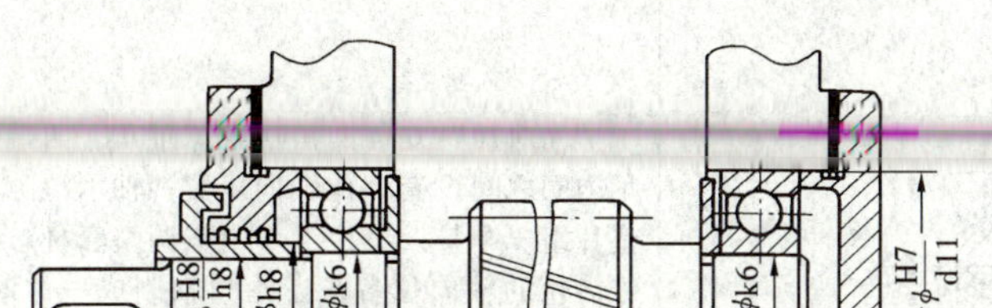 (c)	角接触球轴承。轴承密封以沟槽式与迷宫式联合；安装时借调整垫片组获得合适的轴承游隙；轴承室内侧设有挡油环，可防止过多的油涌入轴承室；可同时承受径向力及较大的双向轴向力。适用于斜齿轮、轻载、高速及支承跨距较小（一般小于 300mm）的场合
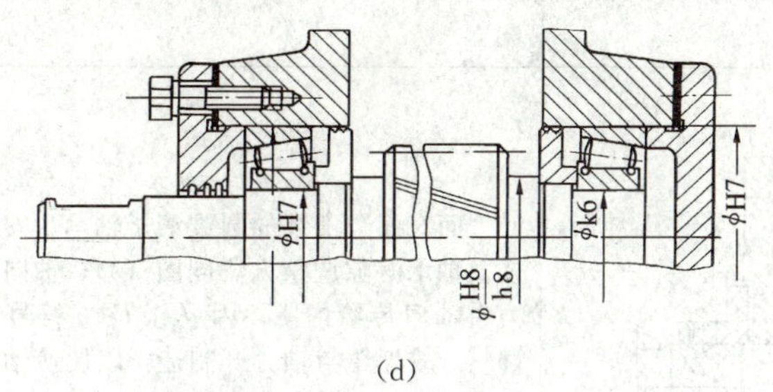 (d)	圆锥滚子轴承。脂润滑，设封油环，可同时承受较大径向力及双向轴向力。适用于中载中速及斜齿轮传动
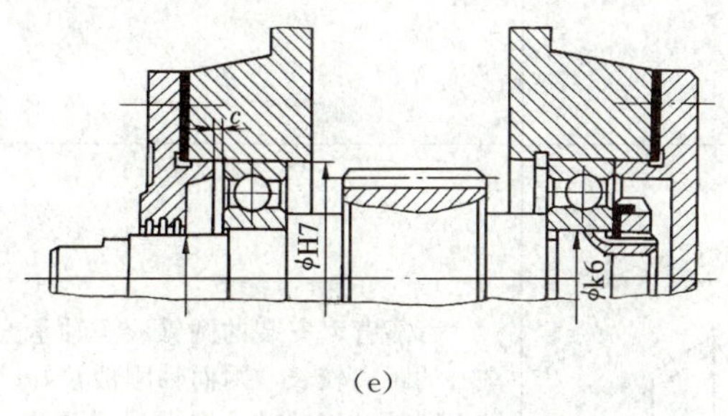 (e)	右端轴承作轴向双向固定，左端轴承外圈可游动；沟槽式密封。可用于支承跨距较大及工作环境清洁的场合。其他使用性能与图(a)相仿
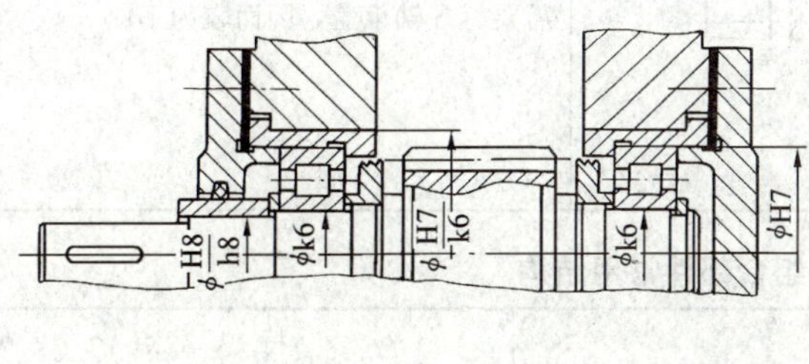 (f)	单列向心短圆柱滚子轴承。左端为固定，内、外圈均有挡边，右端为游动端，外圈无挡边，滚柱可沿外圈内表面做轴向游动；两端轴承的内外圈均应轴向固定。用于中速、中载及轴热伸长较大的直齿圆柱齿轮传动
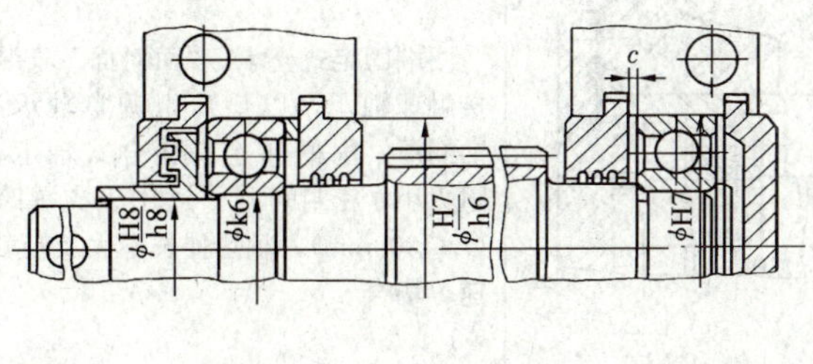 (g)	嵌入式轴承盖。脂润滑；迷宫式外密封和固定沟槽式内密封装置，密封可靠；左端为固定端，右端为游动端（轴承外圈可游动）。可用于支承跨距较大及工作环境多灰尘的场合

表 4.3.5　　　　小锥齿轮轴支承组合部件常用结构

结 构 形 式	特　　点
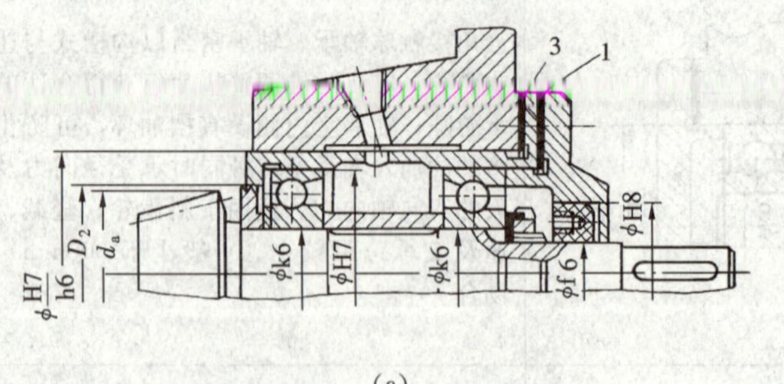 (a)	“面对面”安装的角接触球轴承。两端轴承内圈之间设套杯作轴向压紧；轴承游隙以垫片组 1 调整；垫片组 3 用来调整套杯，即锥齿轮的轴向位置；齿轮与轴制成一体时，因 $d_a<D_2$，故轴上零件可在套杯外装拆；脂润滑，油脂是从轴承座上部的油孔注入
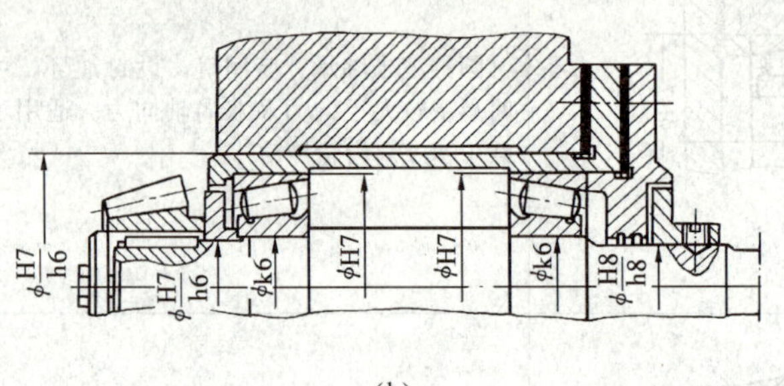 (b)	“面对面”安装的圆锥滚子轴承。安装方式及轴承游隙调整方法同图（a）；轴向作用力由轴肩传给内圈；因 $d_a>D_2$［符号见图（a）］，故齿轮与轴分开制造，以便使轴上零件可在套杯外拆装
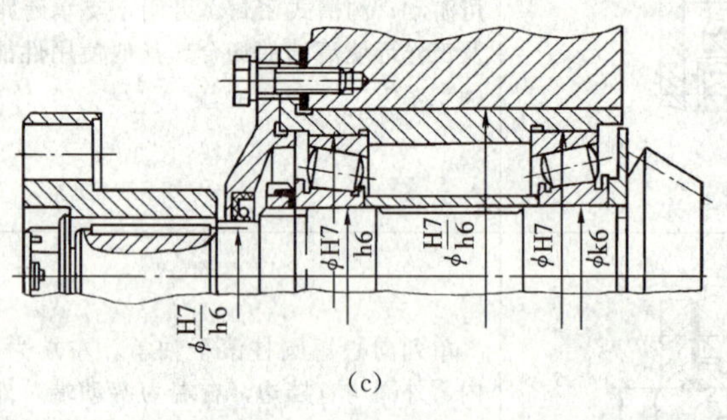 (c)	“背靠背”安装的圆锥滚子轴承。其压力中心的距离较长，因而轴刚性较好；轴承游隙以圆螺母移动轴承内圈进行调整，调整时需要打开轴承盖，因而较为不便

表 4.3.6　　　　蜗杆轴支承组合部件常用结构

结 构 形 式	特　　点
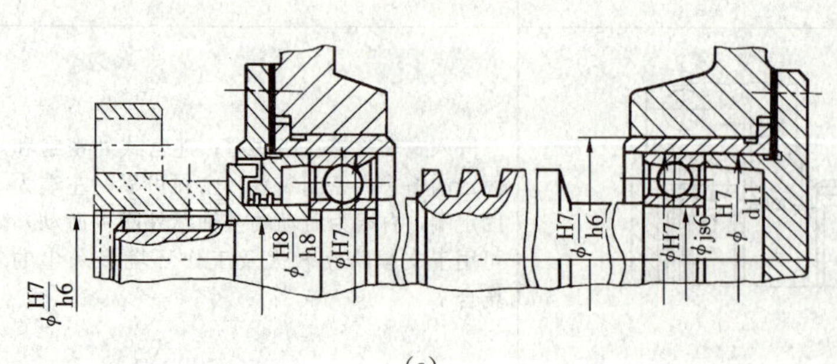 (a)	两端固定式支承，“面对面”安装的角接触球轴承，以垫片组调整轴承游隙；油润滑，沟槽和迷宫联合式轴承密封，阻力小，密封可靠。适用于支承跨距短（$L\leqslant300$mm），轴热伸长不大及轻载、高速等场合

续表

结 构 形 式	特 点
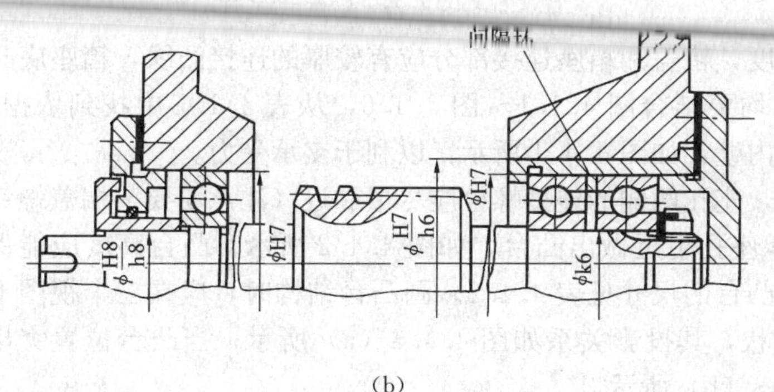 (b)	固定端轴承采用“背靠背”安装方式，间隔环装在两轴承外圈之间，轴承游隙由圆螺母移动内圈来调整，较为不便；游动端座孔内设有套杯，以便使两端座孔直径相同，便于镗孔和保证精度
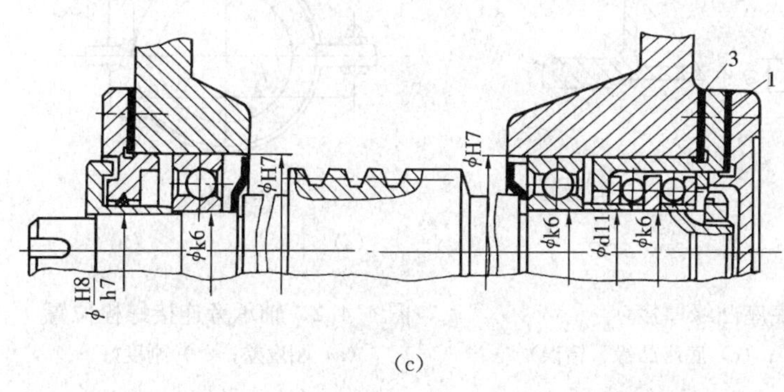 (c)	固定端采用组合轴承，轴向力和径向力分别由双向推力球轴承及单列向心球轴承承受；推力轴承的活圈与向心轴承的内圈通过套杯作轴向压紧；垫片组 1 和 3 分别调整推力轴承的间隙及套杯（连同整个轴系）的轴向位置。适用于轴向作用力较大、转速较高及轴热伸长大等场合

第四节 箱体及附件设计

箱体及其附件的设计均采用的是经验性设计。

一、减速器箱体的结构设计

1. 减速器箱体结构

减速器箱体由箱盖和箱座组成，用以支持和固定轴系零件，其重量约占减速器重量的一半。因此，箱体结构对减速器工作性能、加工工艺、材料消耗、制造成本等有很大影响。按毛坯制造工艺和材料种类不同，减速器箱体分铸造箱体和焊接箱体。铸造箱体材料多用铸铁（HT150、HT200），铸造箱体易于获得合理和复杂的结构形状，刚性好，易加工，承压强度高和减振性好，但制造周期长，重量大，适合于批量生产。对于单件或小批量生产的大型减速器，可采用焊接箱体。各类减速器铸造箱体的结构见图 4.1.1～图 4.1.4。铸造箱体及相关零件结构尺寸的推荐值见表 4.1.1～表 4.1.4。

2. 箱体结构设计应注意的几个问题

(1) 箱体应有足够的强度和刚度。为保证铸造箱体的强度和刚度，在轴承座处不仅要有足够的壁厚，而且要在轴承座上加支撑肋（参见图 4.1.1～图 4.1.4）。箱体的支撑肋有外肋和内肋两种结构，一般多采用外肋，如图 4.1.1、图 4.1.2 和图 4.1.4 所示。内肋刚度大，外表美观，但内肋阻碍润滑油流动，工艺也复杂，只有在轴承座伸到箱体内部时才采用内肋，如图 4.1.3 所示的蜗杆减速器。

为了保证箱盖和箱座的连接刚度，箱盖和箱座连接部分应有较厚的连接凸缘，箱座底凸缘更要适当厚些，这些尺寸的确定均要结合图 4.1.1～图 4.1.6，从表 4.1.1 中找到依据。同时应注意使底座宽度超过箱体的内壁，如图 4.4.1 所示，以利于支承受力。

为了提高轴承座处的连接强度，座孔两侧的连接螺栓应尽量靠近（注意不要与端盖螺钉及箱内输油沟发生干涉），且在轴承座孔附近做出凸台，如图 4.4.2 所示。凸台高度应能保证安装时有足够的扳手空间，有关凸台的尺寸见表 4.1.2。画凸台结构时，应在三个视图上同时进行，并注意相关线的大致形状，其投影关系如图 4.4.3（a）所示；当凸台位置突出箱体外壁时，其投影关系如图 4.4.3（b）所示。

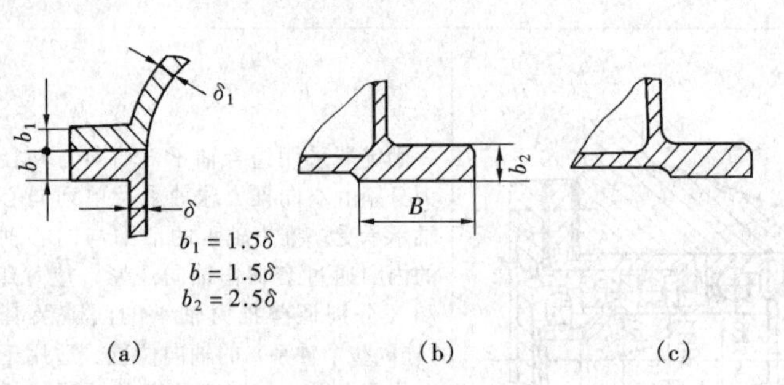

图 4.4.1　箱体连接凸缘及底座凸缘厚度

（a）箱体连接凸缘；（b）底座凸缘（正确）；（c）底座凸缘（错误）

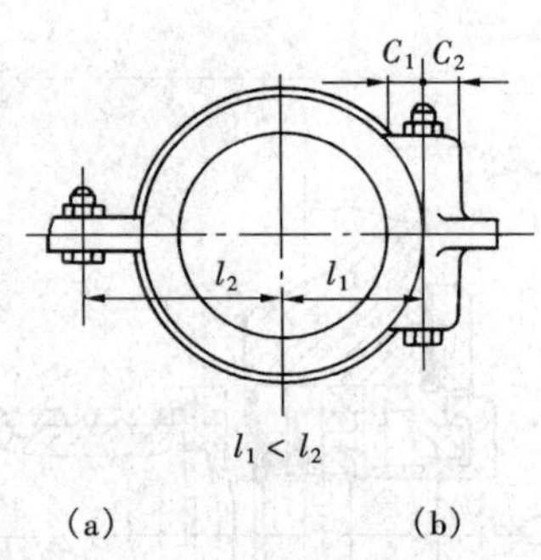

图 4.4.2　轴承旁连接螺栓位置

（a）刚度差；（b）刚度好

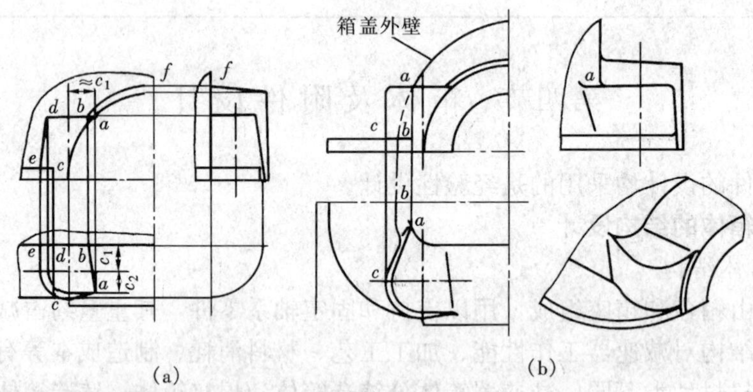

图 4.4.3　凸台结构投影关系

目前，为进一步提高箱体的刚性，减速器箱体越来越多的采用方形外廓结构形式，如图 4.4.4 所示。这种结构采用内肋，增强了轴承座刚度，连接结构采用便于拆装的双头螺柱或螺钉（如用内六角螺钉），箱座不用底凸缘，而是将底座下部四角凹进一些以放置地脚螺栓，使箱体结构更加紧凑，造型也颇具美观。

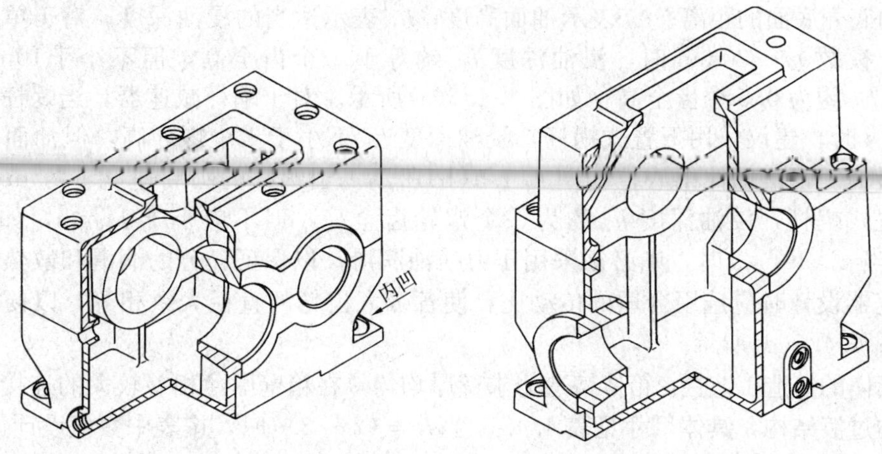

图 4.4.4　方形外廓减速器箱体结构

（2）箱体应有可靠的密封且便于传动件润滑和散热。为保证箱体连接的密封，箱体剖分面连接凸缘应有足够的宽度，剖分面要精加工，装配合箱时剖分面结合处也允许涂上密封胶等。连接箱盖和箱座的螺栓组应对称布置，数目由减速器结构尺寸大小而定。螺栓间距不宜过大，一般应小于 150～200mm 。为提高密封性，有的减速器在剖分面上制出回油沟，使渗出的油可以沿沟槽流回油箱，回油沟的形状和尺寸如图 4.3.6 所示。

当传动件的圆周速度 v 小于 12m/s 时，传动件常采用浸油润滑，为保证润滑质量，减速器内应有足够的油量。一般情况下，单级传动每传递 1kW 的功率，需油量 $Q_0 \approx (0.35 \sim 0.7)$L，多级传动所需的油量按级数成比例增加。

传动件适当的浸油深度如图 4.4.5 所示，图中 H 表示减速器的中心高；H_d 表示减速器

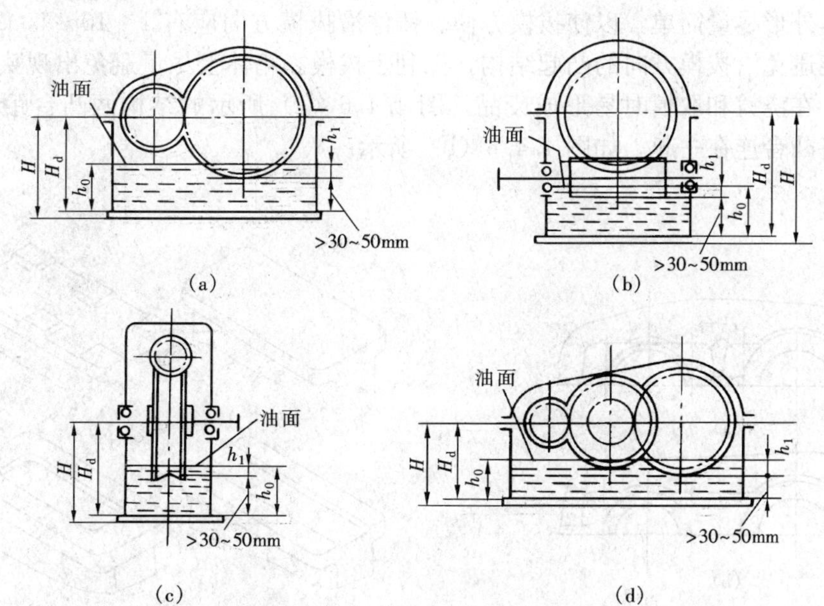

图 4.4.5　浸油润滑及浸油深度

（a）单级圆柱齿轮传动；（b）下置式蜗杆传动；（c）上置式蜗杆传动；（d）两级圆柱齿轮传动

中分面距油底壳底面的距离；h_0 表示油面高度；h_1 表示适当的浸油深度。对于单级圆柱齿轮减速器，模数 $m<20$mm 时，浸油深度 h_1 约等于 1 个齿全高，但不小于10mm；$m>20$mm 时，h_1 约为 0.5 个齿全高，如图 4.4.5(a)所示。对于蜗杆减速器，当蜗杆圆周速度 $v\leqslant4\sim5$m/s 时，建议采用下置式蜗杆，浸油深度 h_1 不小于 1 个螺牙高，但油面不应高于蜗杆轴承最低一个滚动体中心，如图 4.4.5(b)所示。当蜗杆的圆周速度 $v\geqslant5$m/s 时，建议采用上置式蜗杆，浸油深度 h_1 约为一个蜗轮齿全高，但不应小于 10mm，如图 4.4.5(c)所示。当 $v>10$m/s 时，则必须采用压力喷油润滑，以保证充分的润滑和散热。对于双级齿轮减速器设计时应选用合适的传动比，使各级大齿轮的直径大致相等，以便浸油深度相近，如图 4.4.5(d)所示。

(3) 箱体的铸造工艺性。箱体铸造力求壁厚均匀，在箱壁厚薄相差较大的连接部分，应采用平缓的过渡结构，具体尺寸见表 4.4.1。当 $h=(2\sim3)\delta$ 时，按表中数值设计过渡结构；若 $h>3\delta$ 时，应增大表中数值；若 $h<3\delta$ 时，无须过渡。

表 4.4.1 **铸造过渡尺寸** (JB/ZQ 4254—1986) (mm)

适用于减速器的机体、机盖、连连管、气缸以及其他各种连接法兰等铸件的过渡部分尺寸	壁厚 δ	10～15	15～20	20～25	25～30	30～35
	X	3	4	5	6	7
	Y	15	20	25	30	35
	R	5	5	5	8	≥8

铸造箱体外形尽量简单，以使拔模方便。铸件沿拔模方向应有 1∶10～1∶20 的拔模斜度，应尽可能避免沿拔模方向的凸起结构，以利于拔模。箱体上尽量避免出现狭缝，以免砂型强度不够，在浇铸和取模时易形成废品。图 4.4.6 (a) 所示的结构两凸台距离太小而形成狭缝，应将凸台连在一起，如图 4.4.6 (b) 所示。

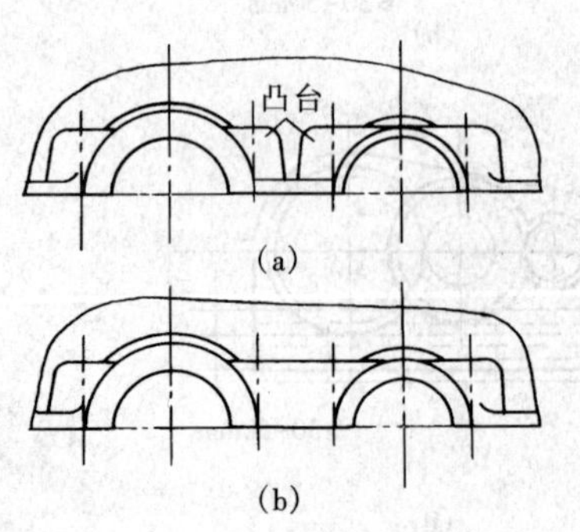

图 4.4.6 避免有狭缝的铸件结构

(a) 不合理结构；(b) 合理结构

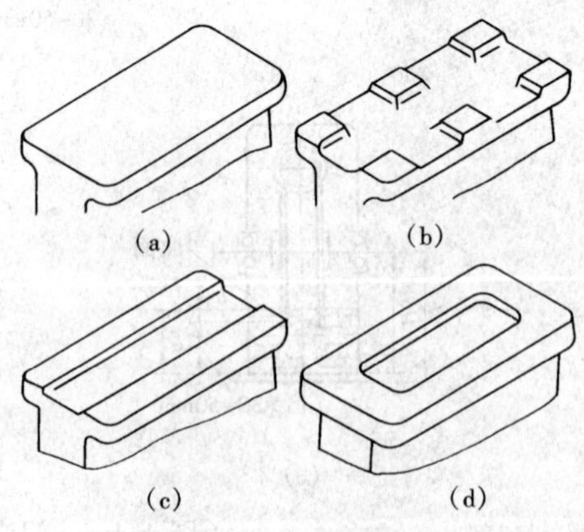

图 4.4.7 箱体底面结构

（4）箱体的机加工工艺性。设计箱体结构形状时，应尽量减少加工面积。在图 4.4.7 所示的箱座底面结构中，图 4.4.7（b）为较好的结构，便于箱体找正，小型箱体多采用图 4.4.7（c）所示结构。

设计箱体时就应考虑到，尽量减少工件和刀具的调整次数。例如，同一轴心线上的轴承孔的直径应尽量一致，以便镗孔和保证孔精度；同一方向上的平面能尽量一次加工完成；各轴承座端面应在同一平面上；箱体上的加工面与非加工面要严格区别开等。

（5）箱体外形力求美观、匀称。箱体的外形应力求结构合理、简洁、整齐、美观，尽量减少外凸形体。例如，将箱体剖分面的凸缘、轴承座凸台伸到箱体内壁，并设内肋，不仅提高了箱体的刚性，而且外性整齐、协调美观；又如，采用“方形小圆角过渡”的造型比“曲线大圆角过渡”更美观。图 4.4.8 所示即为造型较好的箱体。

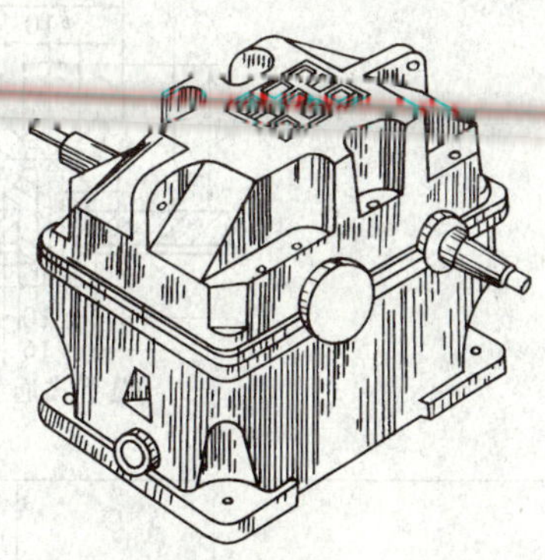

图 4.4.8　具有较好造型的箱体

二、箱体附件设计

为了使减速器具备较完善的性能，如注油、排油、通气、吊运，检查传动件啮合情况和拆装方便等，在减速器箱体上常需设置某些装置或零件，将这些装置和零件上相应的局部结构统称为减速器附属装置，简称附件。减速器上常设置以下附件。

1. 检视孔和视孔盖

检视孔用于检查传动零件的工作情况、润滑状态及齿侧间隙，并可通过该孔向箱内注入润滑油。所以，检视孔应开在箱盖上部以便于观察啮合零件的位置。其尺寸应视箱盖结构而定，尽量取的大些，如图 4.4.9 所示。

检视孔盖可用铸铁、钢板或有机玻璃等材料制作，结合面应加密封垫，亦可在孔口处装设过滤网，用来过滤注入油中的杂质，如图 4.4.10 所示。

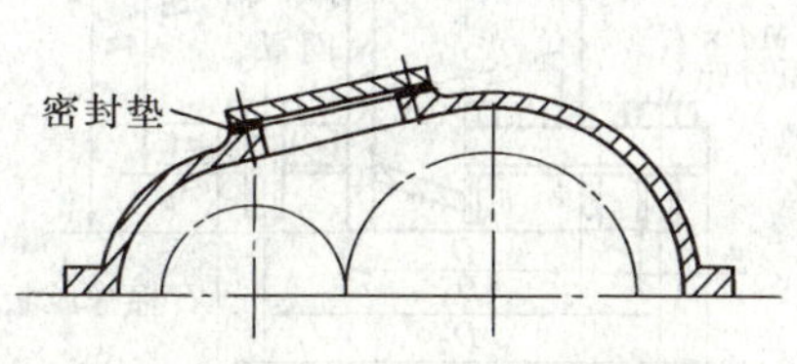

图 4.4.9　检视孔位置及结构

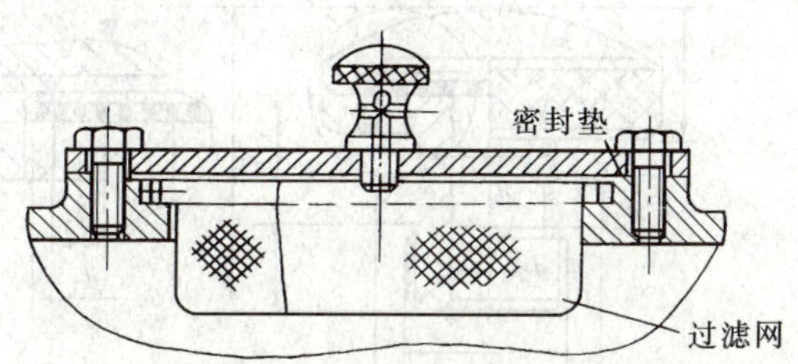

图 4.4.10　带滤网的检视孔盖

2. 通气器

通气器是用来沟通箱体内外的气流，平衡箱内的气压，以免在工作时，由于箱内油温升高，而使内压增大，造成减速器接触面处渗漏。通气器一般应安装在箱盖的最高位置，也可以装在视孔盖板上。表 4.4.2 为通气器与视孔盖板连接的几种不同结构形式及尺寸，这几种简单的通气器只能用于环境清洁、通气要求不高的场合。一些重要用途的减速器中，还用到两种比较完善的通气器，内部有过滤金属网，并有经曲路通气的通气罩和通气帽，对减少灰尘进入箱体内十分有效。其结构及尺寸见表 4.4.3 和表 4.4.4。

表 4.4.2　　通气器与视孔盖板连接结构及尺寸　　(mm)

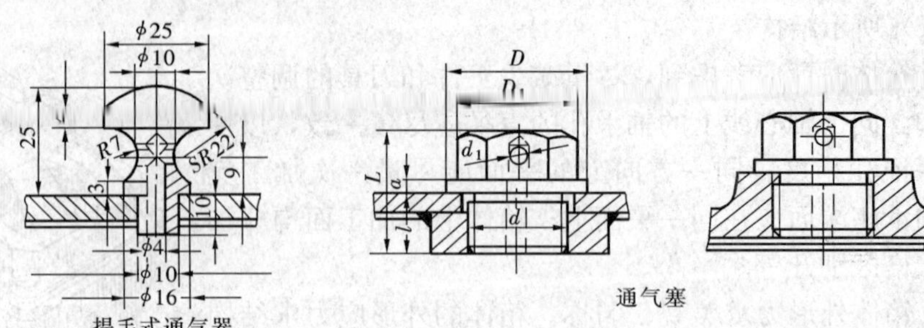

d	D	D_1	S	L	l	a	d_1
M12×1.25	18	16.5	14	19	10	2	4
M16×1.5	22	19.6	17	23	12	2	5
M20×1.5	30	25.4	22	28	15	4	6
M22×1.5	32	25.4	22	29	15	4	7
M27×1.5	38	31.2	27	34	18	4	8
M30×2	42	36.9	32	36	18	4	8

注　S—螺母扳手宽度。

表 4.4.3　　通气罩结构及尺寸　　(mm)

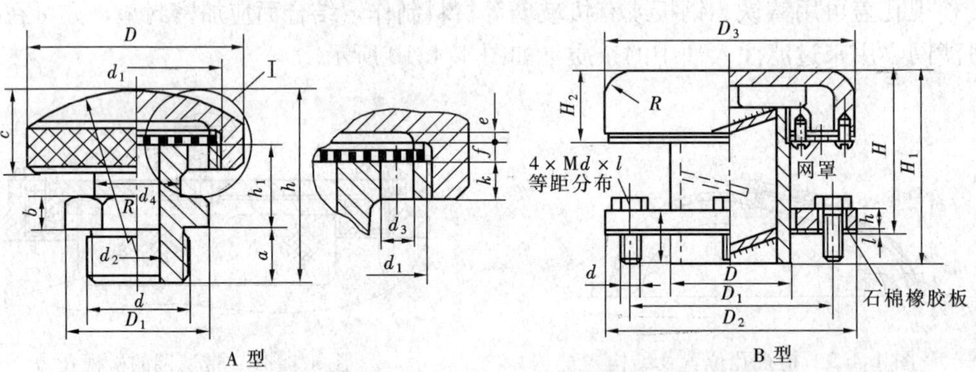

A 型															
d	d_1	d_2	d_3	d_4	D	h	a	b	c	h_1	R	D_1	S	k	e	f
M18×1.5	M33×1.5	8	3	16	40	40	12	7	16	18	40	26.4	22	6	2	2
M27×1.5	M48×1.5	12	4.5	24	60	54	15	10	22	24	60	36.9	32	7	2	2
M36×1.5	M64×1.5	16	6	30	80	70	20	13	28	32	80	53.1	41	7	3	3

续表

B 型										
序号	D	D_1	D_2	D_3	H	H_1	H_2	R	h	$d\times l$
1	60	100	125	125	77	95	35	20	6	M10×25
2	114	200	250	260	165	195	70	40	10	M20×50

注 S—螺母扳手宽度。

3. 油标

油标是用来指示油面高度的，其位置应设在便于检查及油面较稳定的地方。

油标有多种结构形状，常用的有杆式油标（又称油尺）、管状油标和长形油标。杆式油标结构简单，在减速器中用的较多，其上有表示最高和最低油面的刻线。油标的安装位置不能太低，位置太低时会使油液溢出。杆式油标座孔的倾斜角度，要便于孔的加工及油标的安装与拆卸，如图 4.4.11 所示。杆式油标的安装结构及尺寸推荐见表 4.4.5。长形油标尺寸及结构见表 4.4.6。管状油标尺寸及结构见表 4.4.7。

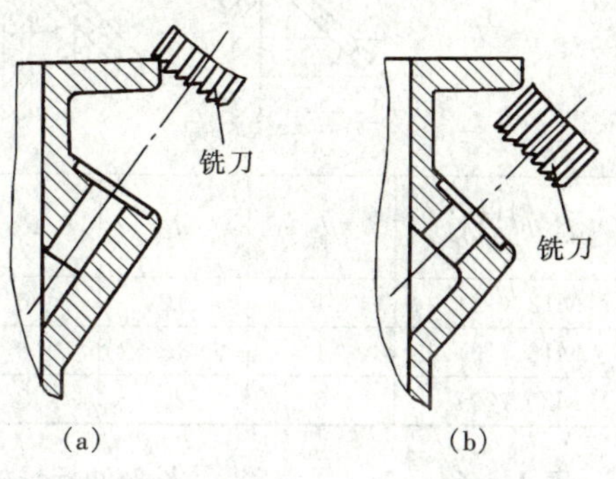

图 4.4.11 杆式油标安装位置的工艺性
(a) 不正确；(b) 正确

表 4.4.4 **通气帽结构及尺寸** (mm)

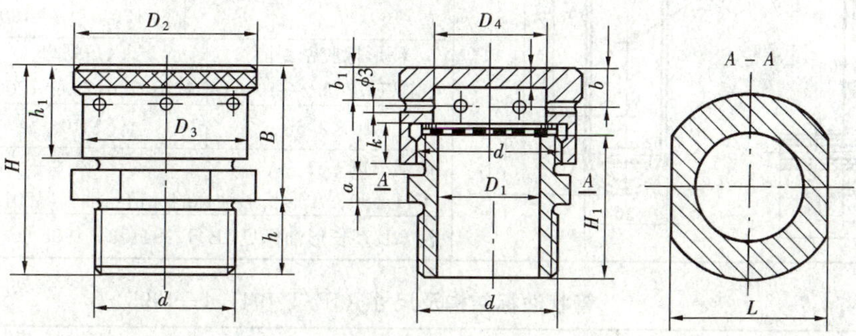

d	D_1	B	h	H	D_2	H_1	a	δ	k	b	h_1	b_1	D_3	D_4	L	孔数
M27×1.5	15	≈30	15	≈45	36	32	6	4	10	8	22	6	32	18	32	6
M36×2	20	≈40	20	≈60	48	42	8	4	12	11	29	8	42	24	41	6
M48×3	30	≈45	25	≈70	62	52	10	5	15	13	32	10	56	36	55	8

4. 放油螺塞

放油孔应设在箱座底面的最低处，底面做成沿放油孔方向成 1∶100 倾斜的平面，以利放出污油。平时放油孔用螺塞密封，油塞的直径一般为箱体壁厚 δ 的 1.5～2 倍。孔座应设凸台，螺塞与凸台之间油封圈密封。外六方螺塞的结构、尺寸及封油垫的尺寸见表 4.4.8。

放油孔在减速器上的位置如图 4.4.12 所示。

表 4.4.5　　杆式油标安装结构及尺寸　　(mm)

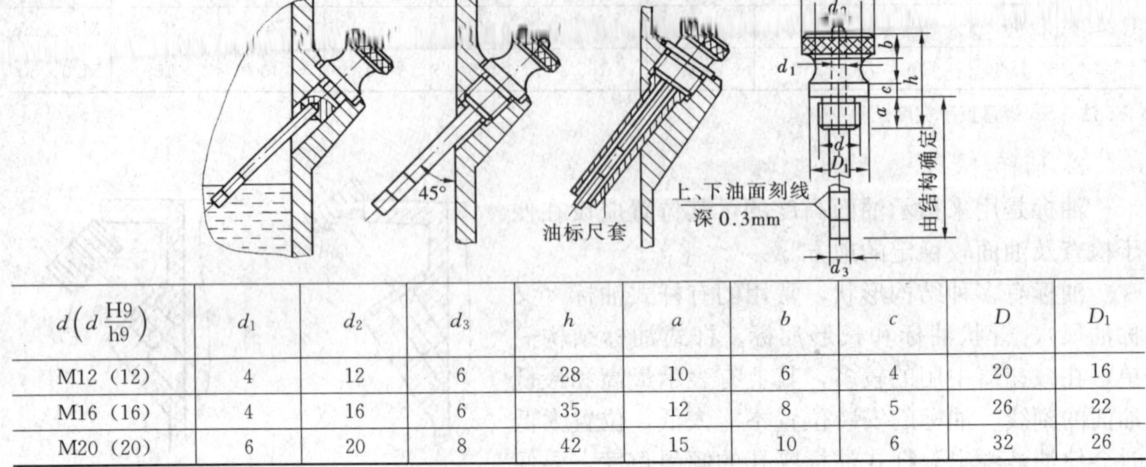

$d\left(d\frac{H9}{h9}\right)$	d_1	d_2	d_3	h	a	b	c	D	D_1
M12 (12)	4	12	6	28	10	6	4	20	16
M16 (16)	4	16	6	35	12	8	5	26	22
M20 (20)	6	20	8	42	15	10	6	32	26

表 4.4.6　　长形油标结构及尺寸(JB/T 7941.3—1995)　　(mm)

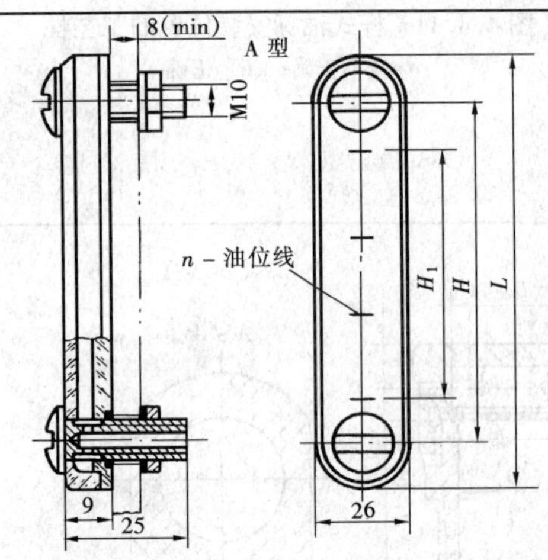

H 基本尺寸	H 极限偏差	H_1	L	条数 n
80	±0.17	40	110	2
100		60	130	3
125	±0.20	80	155	4
160		120	190	5

O形橡胶密封圈 (JB/T 7752.2—1995)	六角螺母 (GB/T 6172.2—2000)	弹性垫圈 (GB/T 859—1987)
10×2.65	M10	10

标记示例:

H=80、A 形长形油标的标记:油标 A80JB/T 7941.3—1995

注:B 型长形油标见 JB/T 7941.3—1995

表 4.4.7　　管状油标结构及尺寸(JB/T 7941.4—1995)　　(mm)

H	O形橡胶密封圈 (JB/T 7757.2—1995)	六角薄螺母 (GB/T 6172.1—2000)	弹性垫圈 (GB/T 859—1987)
80, 100, 125, 160, 200	11.8×2.65	M12	12

标记示例:H=200,A 型管状油标的标记:油标　A200　JB/T 7941.4—1995

注:B 型管状油标尺寸见 JB/T 7941.4—1995

表 4.4.8　外六方螺塞和封油垫结构及尺寸（JB/ZQ 4450—1997）　(mm)

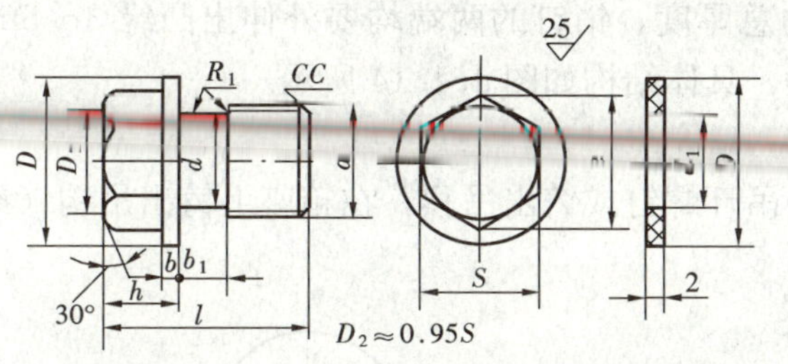

标记示例：

d 为 M20×1.5 的外六角螺栓：

螺塞 M20×1.5 JB/ZQ 4450—1997

d	d_1	D	e	S 基本尺寸	S 极限偏差	L	h	b	b_1	C	可用减速器中心矩 a_Σ
M14×1.5	11.8	23	20.8	18	0 −0.28	25	12	3	3	1.0	单级 a=100
M18×1.5	15.8	28	24.2	21		27	15				单级 a≤300 两级 a_Σ≤425
M20×1.5	17.8	30				30		4			
M22×1.5	19.8	32	27.7	24						1.5	
M24×2	21	34	31.2	27		32	16		4		
M27×2	24	38	34.6	30		35	17				单级 a≤450 两级 a_Σ≤750
M30×2	27	42	29.3	34	0 −0.34	38	18				
M33×2	30	45	41.6	36		42	20	5			
M36×2	39	56	53.1	46		50	25				

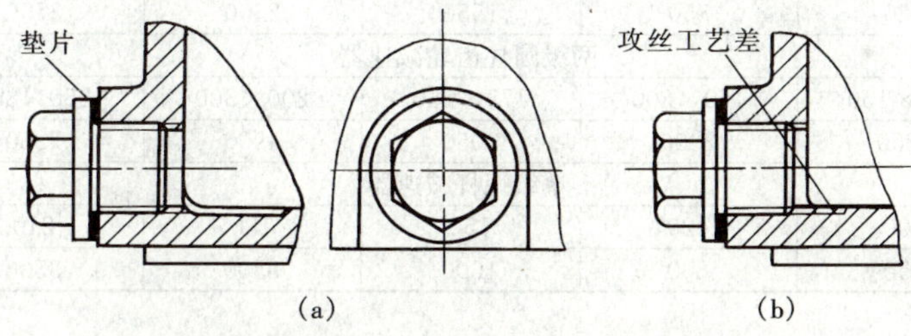

图 4.4.12　放油孔及螺塞位置

(a) 正确；(b) 欠佳

5. 启盖螺钉

为便于拆卸箱盖，在减速器箱盖凸缘上装设有 1～2 个启盖螺钉。螺钉直径一般与分箱面凸缘连接螺栓直径相同，其螺纹长度要大于箱盖凸缘的厚度。螺钉端部做成圆柱形或半球形，以免损坏螺纹，其结构如图 4.4.13 所示。尺寸较小的减速器，开启箱盖不费力时，也可不设启盖螺钉。

6. 定位销

为了保证轴承座孔的镗孔精度与装配精度，确定箱座与箱盖的相对位置，在分箱面凸缘的对角线两端安置两个定位销定位。

定位销有圆柱形和圆锥形两种，尺寸均已标准化。常用圆锥销，锥度为 1∶50，其公称直径（小端直径）可取 0.7～0.8 倍的分箱面凸缘连接螺栓直径（参见表 4.1.1），也可直接查附表 4.14。销钉长度应大于分箱面凸缘的总厚度，销钉的两端均要外伸出凸缘 3～5mm，以便于装拆，便于销钉自身结构的自然补偿，具体结构如图 4.4.14 所示。

7. 起吊装置

为了拆卸和搬运减速器，应在箱盖上装吊环螺钉或铸出吊耳，在箱座上铸出吊钩（参看图 4.1.1～图 4.1.4）。

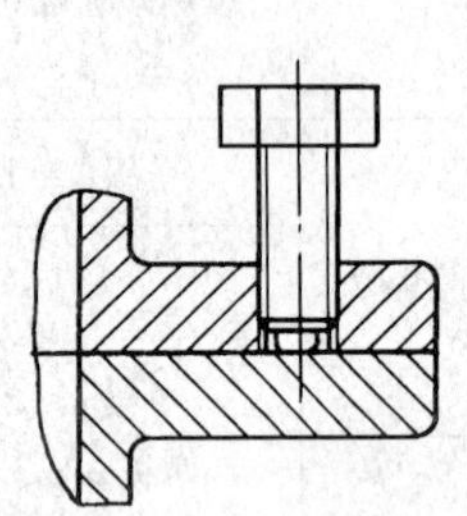

图 4.4.13　启盖螺钉

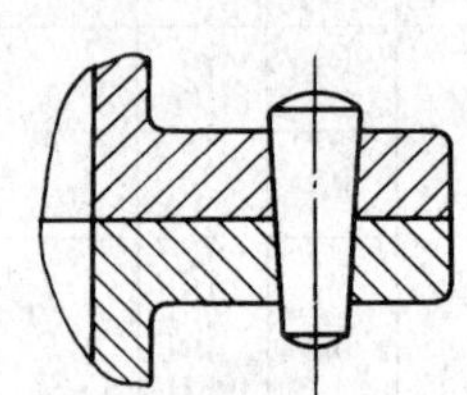

图 4.4.14　定位销

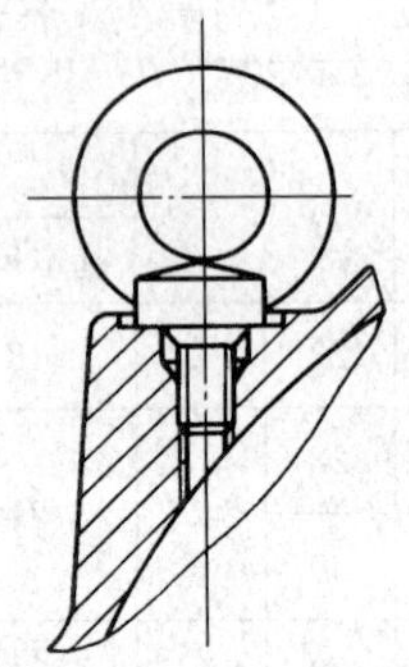

图 4.4.15　吊环螺钉结构

吊环螺钉为标准件，根据减速器的重量（见表 4.4.9）可直接查表 4.4.10 选取。由于吊环螺钉承受较大载荷，装配时必须将螺钉完全拧入箱盖，台肩抵紧支承面，其结构如图 4.4.15 所示。吊耳和吊钩尺寸参考表 4.4.11。

表 4.4.9　　**减速器参考重量 W**　　(N)

单级圆柱齿轮减速器　a——中心距						
a	100	150	200	250	300	350
W	320	850	1550	2600	3750	5300
两级圆柱齿轮减速器						
a	100×150	150×200	175×250	200×300	250×350	250×400
W	1350	2300	3050	4900	7250	9800
单级蜗杆减速器						
a	100	120	150	180	210	250
W	650	800	1600	3300	3500	5400

表 4.4.10　　**吊环螺钉结构及尺寸**（GB/T 825—1988）　　(mm)

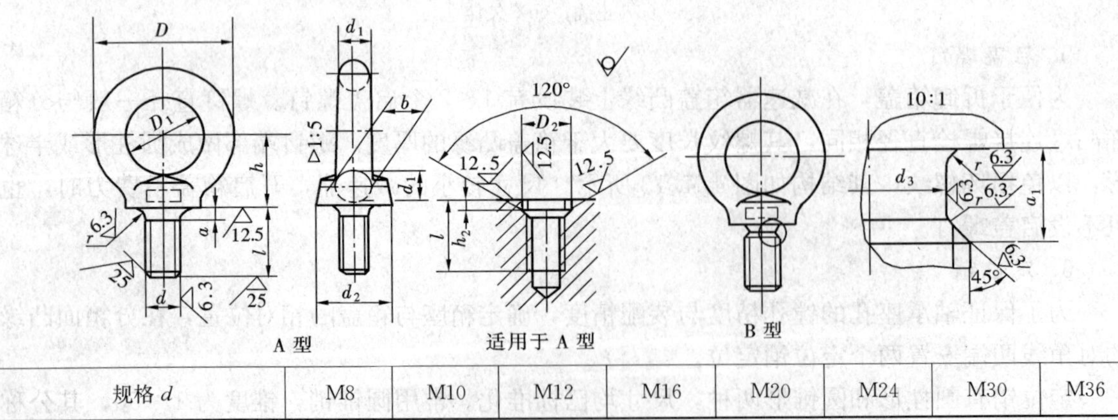

规格 d	M8	M10	M12	M16	M20	M24	M30	M36

续表

D（参考）		36	44	52	62	72	88	104	123
D_1 公称		20	24	28	34	40	48	56	67
d_2 公称		20	25	30	35	40	50	65	75
d_{1max}		9.1	11.1	13.1	15.2	17.4	21.4	25.7	30
D_2 公称		13	15	17	22	26	32	39	45
h_1		18	22	26	31	36	44	53	63
h_2 公称		2.5	3	3.5	4.5	5	7	8	9.5
l 公称		16	20	22	28	35	40	45	55
a_{max}		2.5	3	3.5	4	5	6	7	8
a_{1max}		3.75	4.5	5.25	6	7.5	9	10.5	12
b		10	12	14	16	19	24	28	32
d_3 公称		6	7.7	9.4	13	16.4	19.6	25	30.8
r_{min}		1					2		3
最大起吊重量（t）	Ⅰ	0.16	0.25	0.4	0.63	1	1.6	2.5	4
	Ⅱ	0.08	0.125	0.2	0.32	0.5	0.8	1.25	2

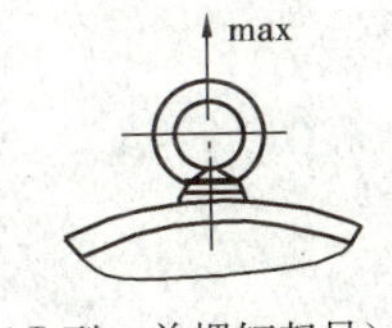

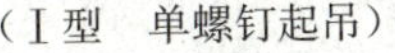
（Ⅰ型 单螺钉起吊）

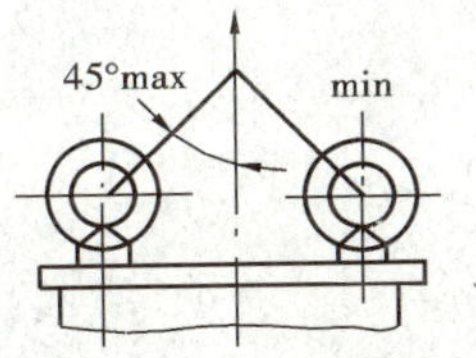

（Ⅱ型 双螺钉起吊）

技术条件	材料：20 或 25 钢	螺纹公差：8g	热处理：整体铸造，正火处理	表面处理：①不处理；②镀锌钝化；③镀铬按 GB/T 5267 规定

注 1. M8～M36 为商品规格，吊环螺钉应进行硬度试验，其硬度值应符合 67～95HRB。
2. 标记示例：规格为 20mm，材料为 20 钢，经正火处理，不经表面处理的 A 型吊环螺钉标记为螺钉 GB/T 825 M20。

表 4.4.11　　吊耳和吊钩结构及尺寸　　(mm)

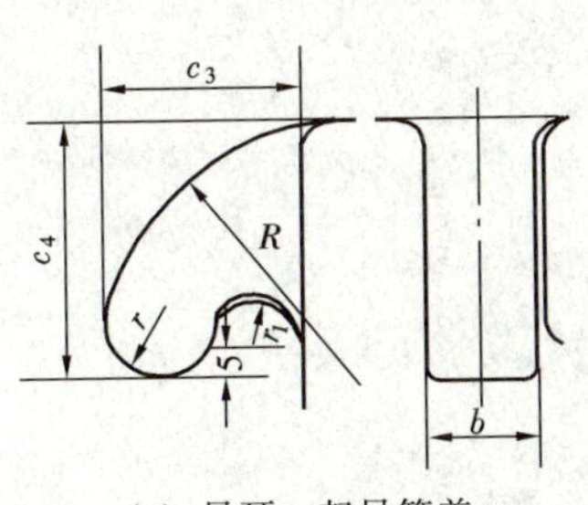

(a) 吊耳—起吊箱盖

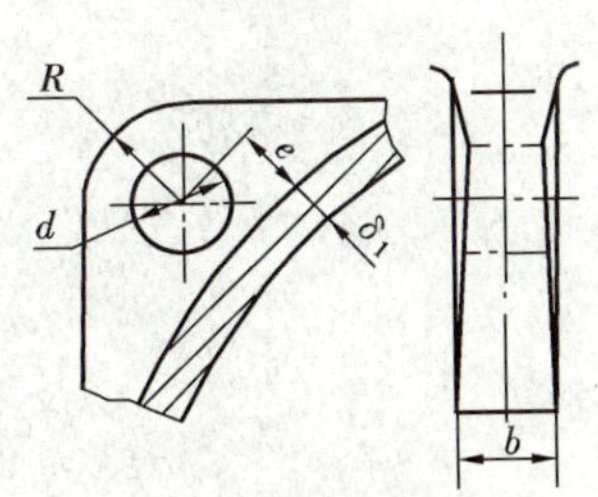

(b) 吊耳环—起吊箱盖

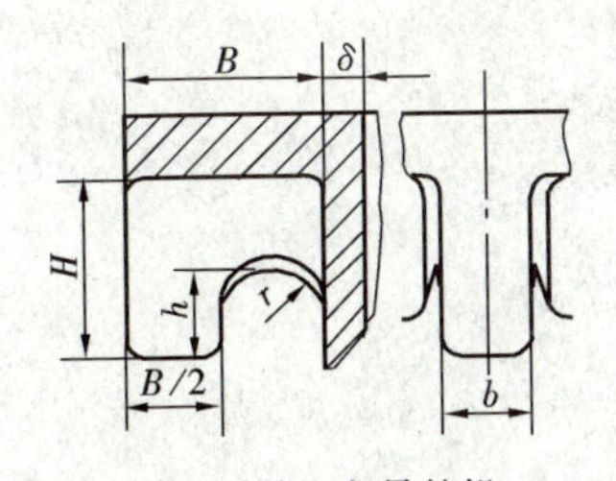

(c) 吊钩—起吊整机

续表

$c_3 = (4 \sim 5)\delta_1$; $c_4 = (1.3 \sim 1.5)c_3$; $b \approx 2\delta_1$; $R = c_4$; $r_1 \approx 0.225c_3$; $r \approx 0.275c_3$; δ_1 为箱盖壁厚	$d = (1.8 \sim 2.5)\delta_1$; $R = (1 \sim 1.2)d$; $e = (0.8 \sim 1)d$; $b = 2\delta_1$ δ_1 为箱盖壁厚	$B = c_1 + c_2$; $H \approx 0.8B$; $h \approx 0.5H$; $r \approx 0.25B$; $b = 2\delta$; δ 为箱座壁厚; c_1、c_2 为扳手空间尺寸

第五章　减速器装配工作图的绘制

装配工作图是反映各个零件的相互关系、结构形状及尺寸的图纸，也是机器组装、调试、维护和绘制零件工作图的依据。因此，装配工作图的设计极为重要。事实上，减速器中绝大部分零件的结构及尺寸都是在这个过程中确定出来的。所以，装配工作图的设计必须综合考虑其各个零件的强度、刚度、加工、装配、调整、润滑、密封等要求，用足够的视图和剖面将其表达清楚。

在有条件的院校，均要求学生计算机绘图。由于装配图所设计的内容较多，设计过程比较复杂，常常是通过边画图、边计算、边修改完成的。一般是先完成装配底图的设计。画装配底图时，可以不考虑线型，且零件的倒角、圆角、剖面线等均可不必画出。在对装配底图作认真检查、修改无误后，再按机械制图标准选取各种不同线型，完成正式的装配工作图。

对于初次设计者，建议装配底图的设计分成四个阶段进行，每个阶段完成一定的工作内容。下面主要以单级圆柱齿轮减速器和单级蜗杆减速器为例，说明各个阶段的工作内容。

第一节　布 置 装 配 图

在箱体内外的主要传动零件基本参数设计之后，即可考虑装配底图的图面布置，包括：准备必要的资料和数据；选择视图和比例尺；确定传动零件的中心线及对称面；画出传动零件的外廓尺寸和箱体的内壁线。

一、必要的资料及数据

（1）传动装置的运动简图，一般由设计任务书给出。根据传动装置运动简图，选取合适的视图平面，并在图上适当安排各视图位置。

（2）箱体内传动零件的主要尺寸（如相啮合齿轮的中心距、齿顶圆直径、齿根圆直径、节圆直径、齿宽等），由第三章传动零件的设计提供。

（3）传动零件的位置尺寸包括传动零件之间的位置尺寸和它们距箱体内壁之间的尺寸，按表 4.2.1 提供的减速器零件的位置尺寸考虑，见图 4.2.1 和图 4.2.2。

二、选择视图及比例

减速器装配图一般需要三个视图才能表达得清楚、完整。结构简单的减速器（如单级蜗杆蜗轮减速器）亦可用两个视图（必要时附加局部视图）表示。初次设计绘图建议选择1∶1的比例尺。

三、图面布置

图面布置的步骤如下：

（1）根据传动零件的设计尺寸，同时考虑到传动零件之间的位置尺寸以及它们距箱体内壁之间的尺寸，初步估计选用几号图纸。

(2) 按机械制图的规定在选定的图纸上，绘出外框线及标题栏，具体尺寸按国家制图标准，参见表5.1.1。

表5.1.1 **图纸图幅**(GB/T 14689—1993)

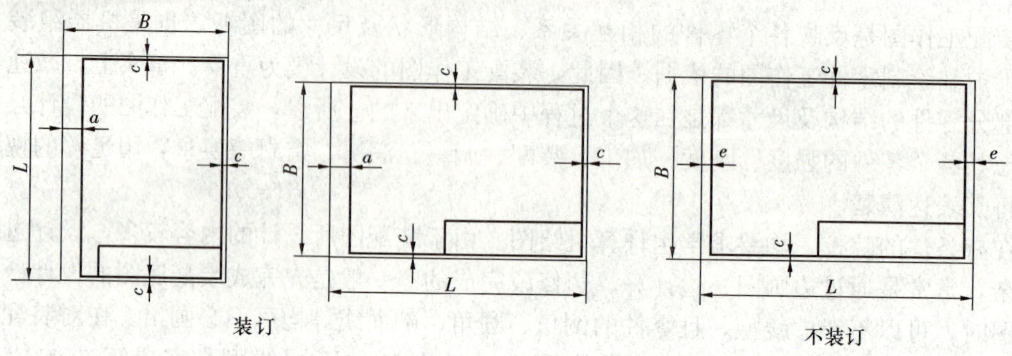

幅面代号	A0	A1	A2	A3	A4
$B \times L$	841×1189	594×841	420×594	297×420	210×297
c	10				5
a	25				
e	20		10		

注 1. 表中为基本幅面的尺寸。
2. 必要时可以将表中幅面的边长加长，成为加长幅面。它是由基本幅面的短边成整数倍增加后得出。
3. 加长幅面的图框尺寸，按所选用的基本幅面大一号的图框尺寸确定。

(3) 在图纸的有效面积内，安排三个视图的位置，同时要考虑编写技术要求和零件明细表所需要的图面空间，如图5.1.1所示。

(4) 根据传动零件(齿轮、蜗杆、蜗轮等)的设计尺寸，确定并画出传动零件的中心线

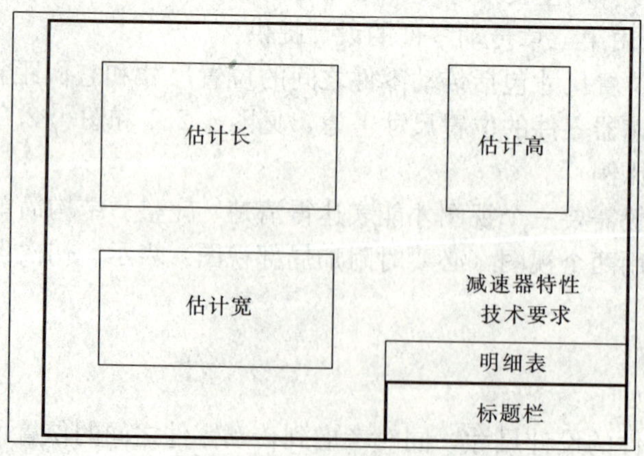

图5.1.1 图面布置

位置，绘制传动零件的轮廓线（如齿顶圆、节圆、齿面宽等）和箱体的内壁线。传动零件的尺寸（如齿顶圆、节圆、齿面宽等）由第三章传动零件设计提供；箱体内壁距旋转零件的最外端面的径向距离 Δ_1 由表 4.2.1 查取。

这一阶段绘制的单级圆柱齿轮减速器装配底图如图 5.1.2 所示；单级蜗杆减速器的装配底图如图 5.1.3 所示。

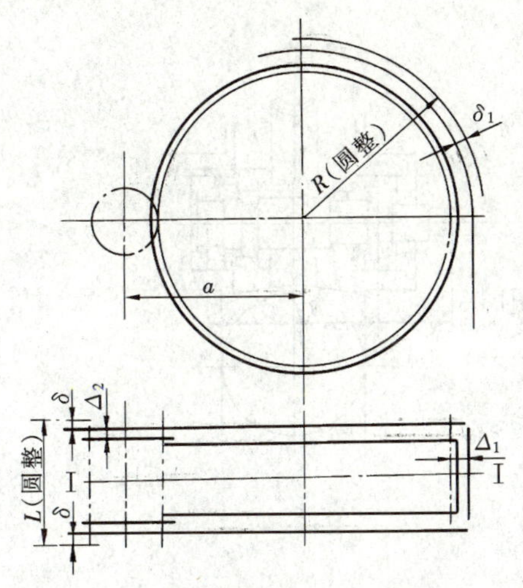

图 5.1.2　单级圆柱齿轮减速器装配底图（一）

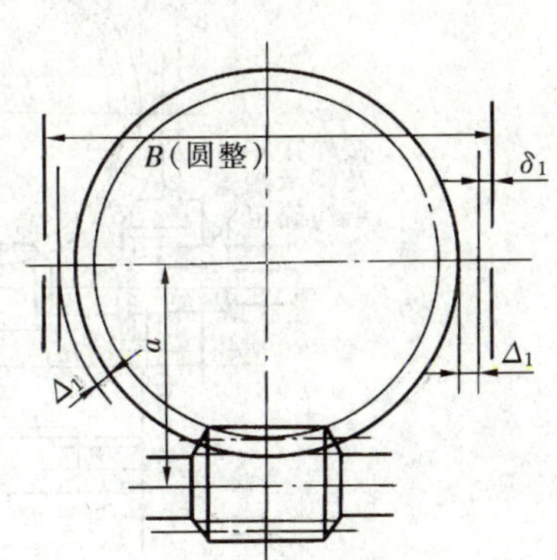

图 5.1.3　单级蜗杆减速器装配底图（一）

第二节　装配图底图的绘制

装配底图绘制的过程，贯穿在整个减速器结构设计的过程中。

一、装配底图绘制第二阶段

在减速器轴系零件设计计算完成之后，轴的结构形状及各段长度和直径即已知，同时也初步选定了所需联轴器和轴承的型号。在装配底图上就可以把整个轴的结构尺寸绘制出来。对于圆柱齿轮减速器，由于两轴线平行，轴系的结构在俯视图上已反映清楚，所以这一阶段的绘图工作主要在俯视图上展开。对于蜗杆减速器，则要在主视图和侧视图上对应考虑，分别画出蜗杆和蜗轮的轴及轴与主要配合件的位置尺寸。

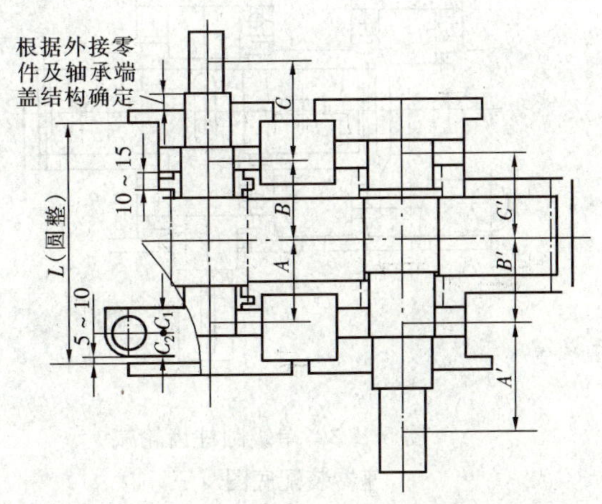

图 5.2.1　单级圆柱齿轮减速器装配底图（二）

(1) 绘出轴的结构尺寸后，即可根据

轴上各零件的位置关系，确定出轴的支承位置和轴上传动零件力的作用位置，进一步计算轴的支承跨距，作轴的强度校核计算、轴承的寿命验算以及键连接的强度校核计算。这一阶段的设计往往交叉在计算和绘图的反复过程中，对此第四章已作过叙述。

(2) 通过绘制轴的尺寸，还可以核查轴与传动零件的设计尺寸有无干涉，做到及时发现问题，从而修改设计。

图 5.2.1 所示为这一阶段所绘制的单级圆柱齿轮减速器装配底图；图 5.2.2 所示为这一阶段所绘制的单级蜗杆减速器装配底图。

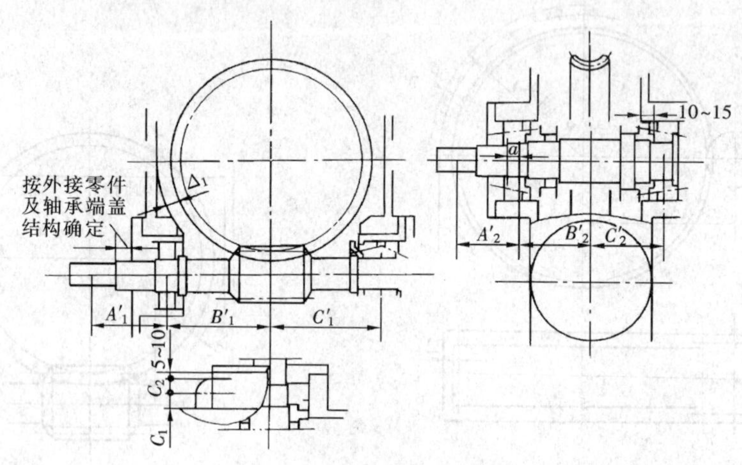

图 5.2.2　单级蜗杆减速器装配底图（二）

二、装配底图绘制第三阶段

减速器装配底图绘制的第三阶段，主要是画传动零件和支承零件的结构尺寸，同时还要进行部分箱体结构尺寸的绘制。传动零件和支承零件的具体结构尺寸设计，在轴设计完成之后，即可参阅教材和本指导书第四章有关内容进行经验性设计，并结合结构的合理性适当修改。传动零件的结构及尺寸主要参阅教材；支承结构及尺寸主要参阅本指导书第四章；标准件轴承的有关尺寸可查附录 5。这一阶段绘制出的装配底图如图 5.2.3 和图 5.2.4 所示。

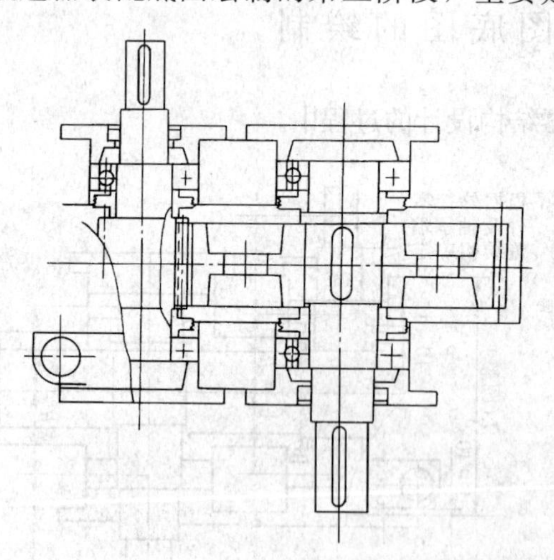

图 5.2.3　单级圆柱齿轮减速器装配底图（三）

三、装配底图绘制第四阶段

装配底图绘制的第四阶段，主要是针对箱体及其附件展开的。本课程设计中，有关箱体及其附件的设计均是经验性设计，可依据第四章提供的有关资料及数据。本阶段的绘图约占装配底图绘制工作量的一半。一般绘图次序是先箱体，后附件；

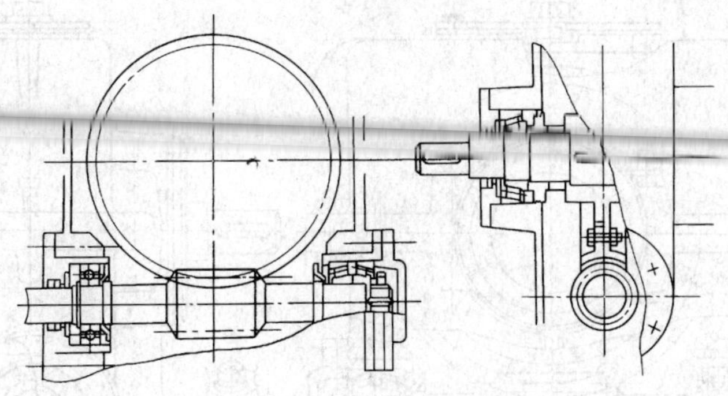

图 5.2.4 单级蜗杆减速器装配底图（三）

先主体，后局部；先轮廓，后细节。画图应在三个视图上协调进行，以能清楚表达箱体结构的视图为主，兼顾其他视图。完成后的装配底图如图 5.2.5 和图 5.2.6 所示。

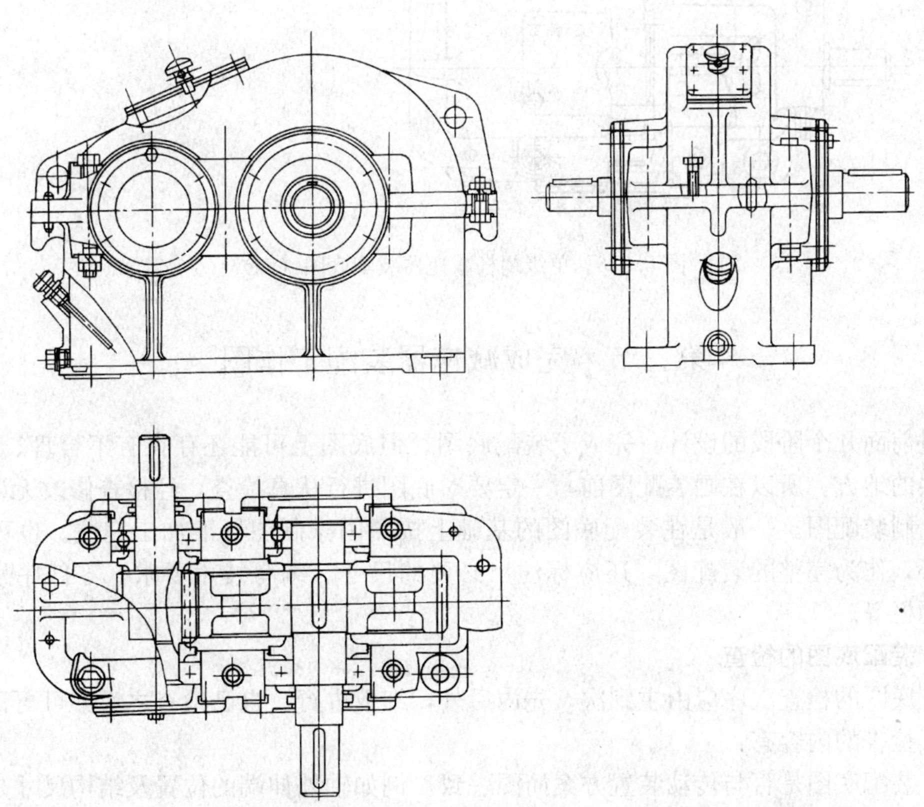

图 5.2.5 单级圆柱齿轮减速器装配底图（四）

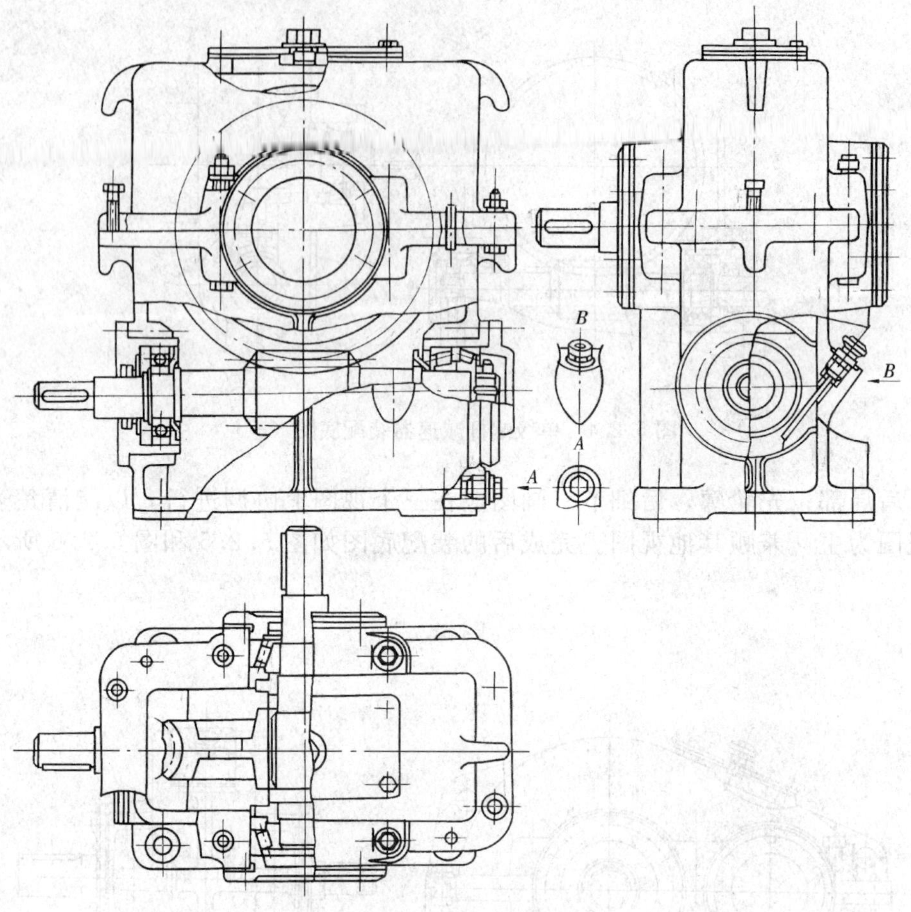

图 5.2.6 单级蜗杆减速器装配底图（四）

第三节 完成减速器装配工作图

经过前面几个阶段的设计，完成了装配底图。但底图上可能还存在有不合理、不协调，甚至错误的地方。所以在画装配图前，一定要对底图进行认真检查，经检查修改无误后，方可动手绘制装配图。一般是在装配底图的基础上按照国家制图标准加工完成。也可重新画图。此外，作为完整的装配图，还应标注出必要的尺寸、编写技术要求、零件序号、明细表、标题栏等。

一、装配底图的检查

装配底图的检查次序应由主到次，先内后外，细致进行。自己检查之后亦可再请指导老师审查。检查的内容有：

(1) 装配底图是否与传动装置方案简图一致。例如轴外伸端的位置及结构尺寸是否符合设计要求。外接零件（如 V 带轮、联轴器等）的设计是否符合传动装置方案的要求。

(2) 视图选择是否合理，视图间投影关系有无错误，视图表达是否清楚并符合制图标准的规定。

(3) 传动零件的结构是否合理，运转时是否受阻碍或发生碰撞。

(4) 轴、轴承及轴系其他零件的结构是否合理，定位、固定、调整、加工、装拆、润滑及密封是否可靠和合理。

(5) 箱体的结构与加工工艺性是否合理，附件的布置是否恰当，如测油杆是否拉得出，插得下；轴承旁连接螺栓是否能够拆装，附件的结构及画法是否正确等。

二、按制图规范绘制装配图

装配底图经认真修改无误后，即可按制图标准，对装配底图各层线型进行规范，最后完成正式装配工作图。具体进行时应注意下列几点：

(1) 画剖视图时，不同的零件其剖面线的方向或间距应不同，而同一零件在几个视图上的剖面线方向和间距都应该相同。

(2) 对于薄壁零件，在图面上的尺寸小于2mm（如视孔盖板下的油垫纸板等）的剖视图，可用全剖涂黑表示，但未剖到的垫片等则不应该涂黑。涂黑工作应待所有剖面线画完，且在零件轮廓线加深后再进行，以保证图面清晰。

(3) 根据教学要求，装配工作图上某些结构可用简化画法。例如，对于类型、尺寸、规格相同的螺栓连接，可以只画一个，其他用各自的中心线表示。又如，一对相同的轴承，可以按结构要求画出一个完整的轴承，其余可以用机械制图标准中规定简化画法表示。

三、标注装配图尺寸

装配图是组装各零件的依据，图上应标注的尺寸有：

(1) 特性尺寸：如传动零件的中心距及其偏差（见附表1.3或由附表6.3查取）。

(2) 外形尺寸：如减速器的总长、总宽和总高。

(3) 安装尺寸：如箱体底座的尺寸（包括长、宽、厚）；地脚螺栓孔中心的定位尺寸；地脚螺栓孔的中心距和直径；减速器的中心高；主动轴与从动轴外伸端的配合长度和直径等。

(4) 配合尺寸：如轴与带轮、齿轮、联轴器、轴承的配合尺寸；轴承与轴承座孔的配合尺寸等。标注这些尺寸的同时应标出配合种类与精度等级。减速器主要零件的配合的荐用值见表5.3.1。

表5.3.1　　**减速器主要零件的荐用配合**

配合零件	推荐配合	装拆方法
大中型减速器的低速级齿轮（蜗轮）与轴的配合，轮缘与轮芯的配合	$\frac{H7}{r6}$、$\frac{H7}{s6}$	用压力机或温差法（中等压力的配合，小过盈配合）
一般齿轮、蜗轮、带轮、联轴器与轴的配合	$\frac{H7}{r6}$	用压力机（中等压力的配合）
要求对中性良好及很少装拆的齿轮、蜗轮、联轴器与轴的配合	$\frac{H7}{n6}$	压力机（较紧的过渡配合）
小锥齿轮及较常装拆的齿轮、联轴器与轴的配合	$\frac{H7}{m6}$、$\frac{H7}{k6}$	手锤打入（过渡配合）

续表

配合零件	推荐配合	装拆方法
滚动轴承内孔与轴的配合(内圈旋转)	j6(轻负荷)、k6、m6(中等负荷)	用压力机(实际为过盈配合)
滚动轴承外圈与箱体孔的配合(外圈不转)	H7、H6(精度要求高时)	木槌或徒手装拆
轴承套杯与箱体孔的配合	$\frac{H7}{h6}$	木槌或徒手装拆

四、写出减速器的技术特性

在装配工作图上的适当位置列表写出减速器的技术特性,其内容及格式见表5.3.2。

表5.3.2 减速器技术性能

电动机		i	Z_1	Z_2	m	a	…	精度等级
P (kW)	n (r/min)							

注 多级减速器应分别标出各级传动参数和总传动参数。

五、编写技术要求

制订技术要求的目的是为了保证减速器的工作性能。主要包括以下内容。

1. 对零件的要求

在装配前,应按照图纸检验零件的配合尺寸,合格零件才能装配。所有零件要用煤油或汽油清洗,机体内不许有任何杂物存在,机体内壁应涂上防侵蚀的涂料。

2. 对润滑剂的要求

对传动零件及轴承所用的润滑剂,其牌号、用量、补充及更换时间都要标明。传动零件和轴承所用润滑剂的选择方法参见教材有关章节。

3. 对密封的要求

机器运转过程中,所有连接面及外伸轴颈处都不允许漏油。部分面上允许涂密封胶或水玻璃,但不允许使用任何垫片或填料。外伸轴颈处应加装密封元件。

4. 对安装调整的要求

安装滚动轴承时,要保证适当的轴向游隙;安装齿轮或蜗轮时,必须保证需要的传动侧隙。有关数据均应标注在技术要求中,供装配时检测用。

5. 对实验的要求

减速器装配好后,应先作空载试验。空载试验为正反转各1h,要求运转平稳、噪声低、连接固定处不得松动。作负载试验时,油池温升不得超过35℃,轴承温升不得超过40℃。

6. 对包装、运输及外观的要求

对外伸轴及其配合零件部分需涂油包装严密,机体表面应涂漆,运输及装卸不可倒置等。一般在编写技术要求时,可参考有关图纸或资料。

六、零件编号

零件编号要完全,但不能重复,图上相同零件只能有一个编号。零件编号方法可以采用不区分标准件和非标准件的方法,统一编号;也可以把标准件和非标准件分开,分别编号。

由几个零件组成的独立组件（如滚动轴承、通气器等）可作为一个零件编号。零件编号的表示应符合国家制图标准的规定。

七、编写零件明细表和标题栏

零件明细表是减速器所有零件的详细目录，明细表的填写一般是由下向上，对每一个编号的零件都应该按序号顺序在明细表中列出。对于标准件，必须按照规定标记，完整地写出零件名称、材料、规定及标准代号。对材料要注明牌号；对齿轮、蜗杆、蜗轮应注明其主要参数，如模数 m、齿数 Z、螺旋角 β 等。零件明细表和装配图标题栏的格式见表 5.3.3。

表 5.3.3　　明细表和标题栏格式

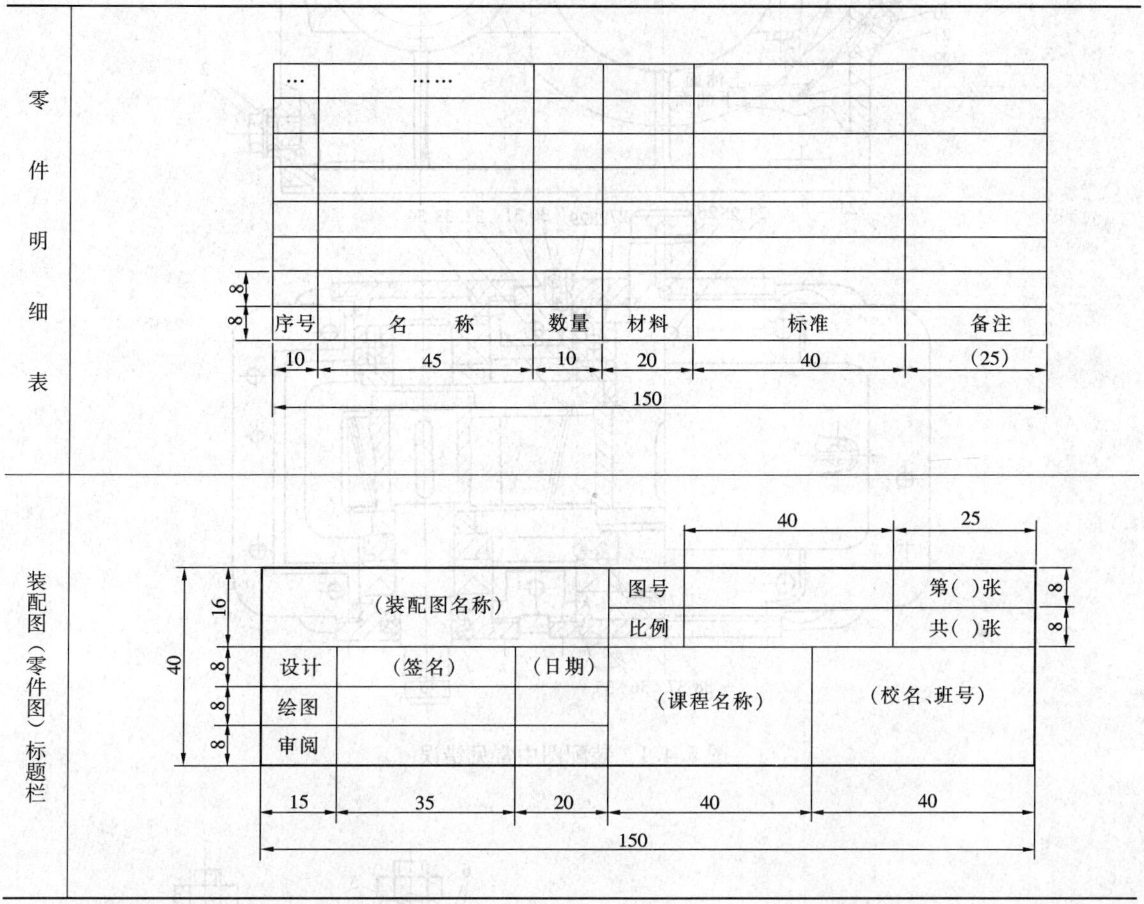

零件明细表

…	……				
序号	名　称	数量	材料	标准	备注
10	45	10	20	40	(25)

总宽 150；行高 8，8

装配图（零件图）标题栏

(装配图名称)			图号		第( )张
			比例		共( )张
设计	(签名)	(日期)	(课程名称)		(校名、班号)
绘图					
审阅					
15	35	20	40		40

尺寸：总宽 150；总高 40；(装配图名称)栏高 16；设计、绘图、审阅各行高 8；图号、比例栏宽 40，第( )张、共( )张栏宽 25，各行高 8

注　表中主框线型和分格线型按制图标准。

第四节　装配图中常见错误与更正

一、装配图中常见的错误

装配图中常见的错误，是学生在本课程设计应引以为戒的，务必引起足够的注意。装配图中常见错误如图 5.4.1 所示。

二、错误分析与更正

装配图中常见错误分析与更正如图 5.4.2～图 5.4.10 所示。

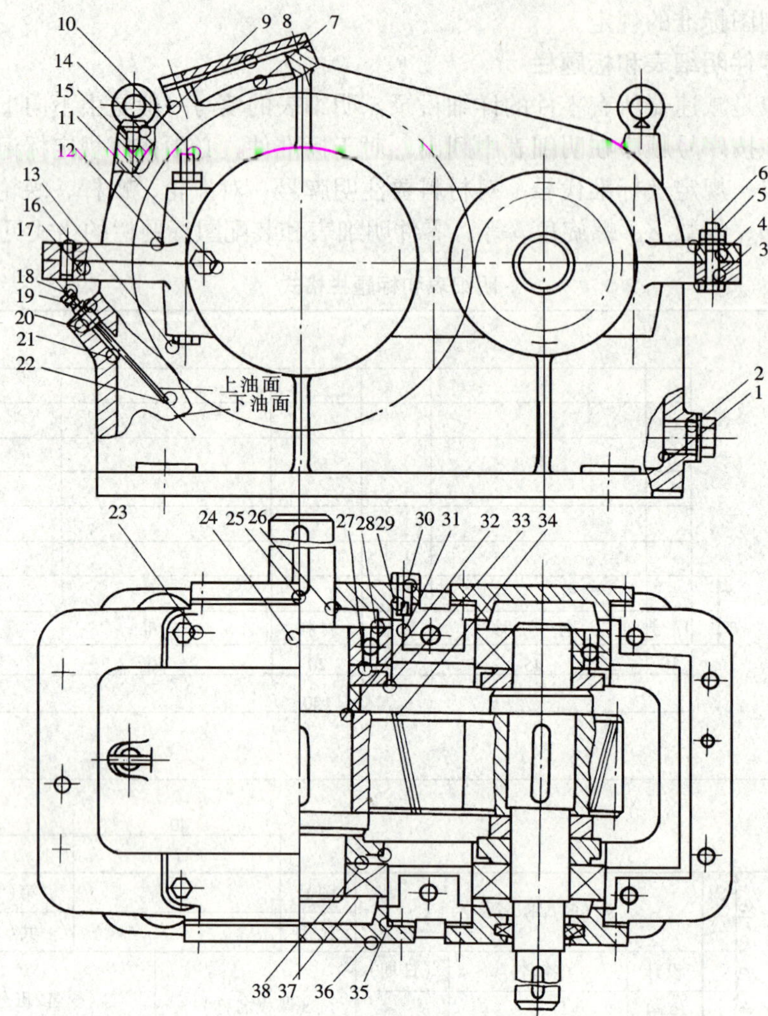

图 5.4.1 装配图中常见错误

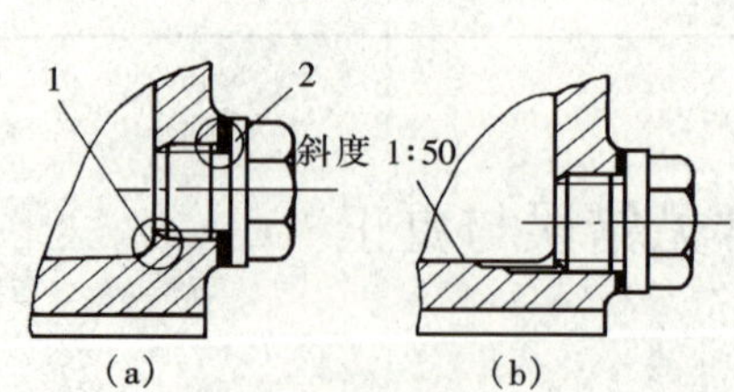

图 5.4.2 油塞的位置与画法

(a) 误；(b) 正

1—油塞孔位置太高，阻碍泄油；

2—垫圈画错，油塞无法拧入

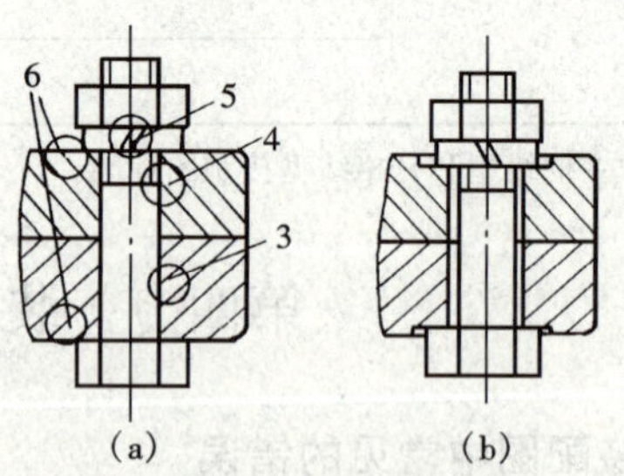

图 5.4.3 螺栓连接

(a) 误；(b) 正

3—漏画间隙；4—螺纹的终止线应当用细实线表示；5—弹簧垫圈开口方向画反了；6—箱体与螺母结合面应画鱼眼坑

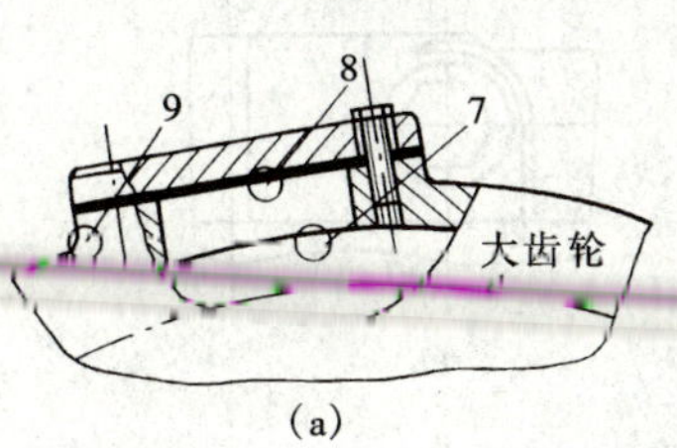

(a)

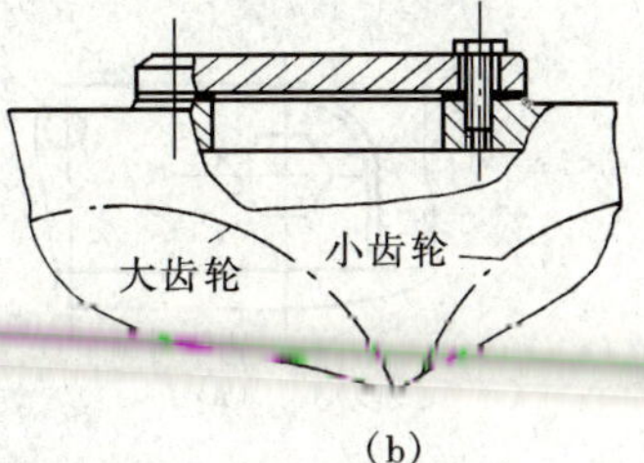

(b)

图 5.4.4　检视孔盖

(a) 误；(b) 正

7—检视孔的位置应该便于检查两齿轮的啮合部分；8—垫圈没剖着部分不应涂黑；9—缺轮廓线

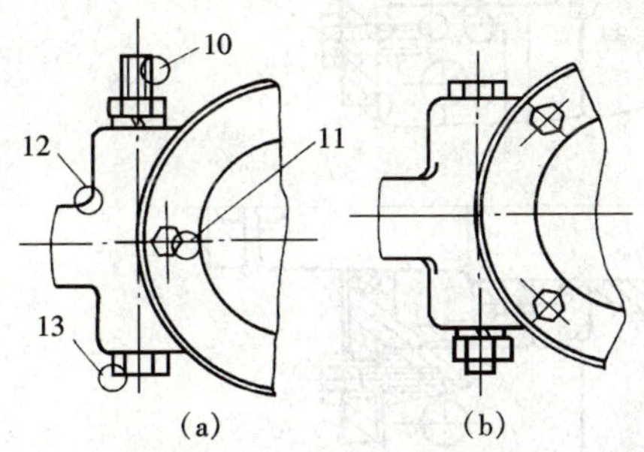

图 5.4.5　凸台与螺栓连接

(a) 误；(b) 正

10—螺栓头伸出太长；11—螺钉不应该拧在剖分面上；12—漏画凸台过渡线；13—根据图 5.4.1 中的主视图知，该螺栓无法安装，应将螺栓掉头，从上至下安装

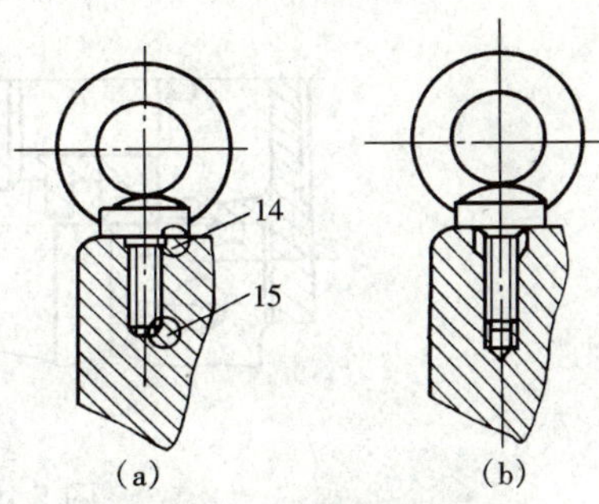

图 5.4.6　吊环螺钉

(a) 误；(b) 正

14—缺螺钉孔座；15—缺螺纹余留量

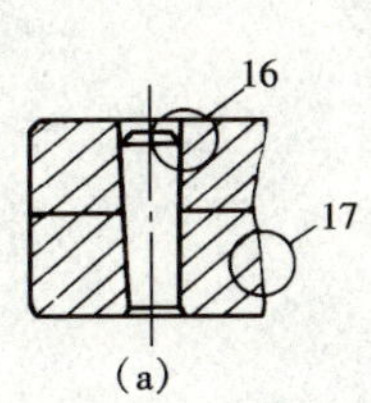

(a)

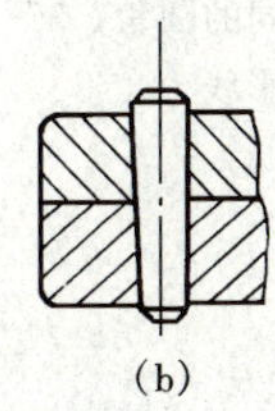
(b)

图 5.4.7　定位销

(a) 误；(b) 正

16—定位销没有出头，不便于装拆；17—互相接触的零件其剖面线方向应相反

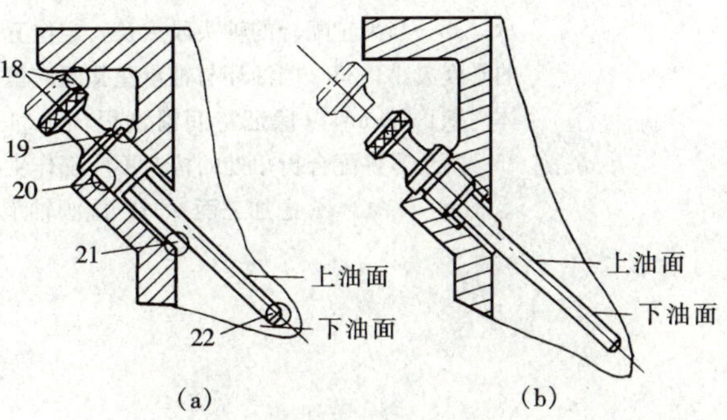

图 5.4.8　油尺的安装

(a) 误；(b) 正

18—油尺无法装拆；19—油尺上螺纹处缺退刀槽；20—缺螺纹线；21—漏画投影线，内螺纹太长；22—油尺太短，测不到下油面

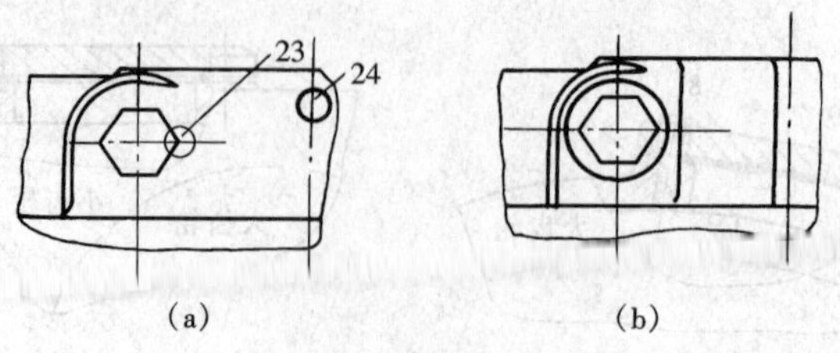

图 5.4.9 俯视图上的凸台

(a) 误；(b) 正

23—漏画鱼眼坑的投影线；24—漏画机体上的投影线

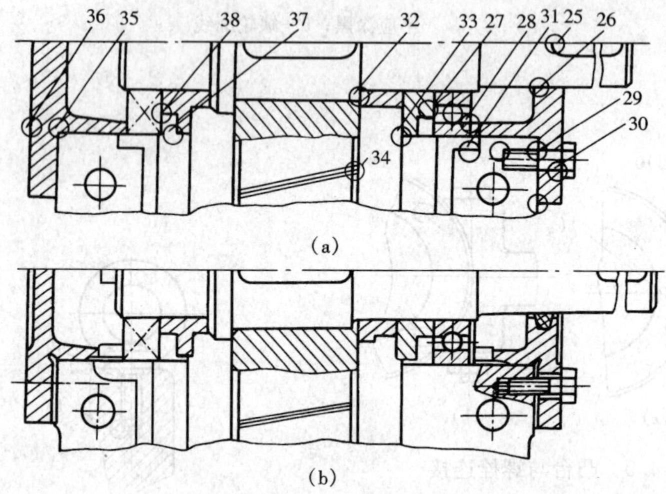

图 5.4.10 轴与轴上的零件

(a) 误；(b) 正

25—键不应该伸到轴承盖里面去；26—漏画间隙，漏画毛毡圈；27、38—挡油环与轴承接触部分太高，不利于轴承转动；28—应留间隙以防止产生热应力；29—没有螺纹孔，漏画局部视图，螺钉缺螺纹余留部分；30—漏画螺钉与钉孔间隙；31—轴承端盖上无豁槽，润滑油无法进入轴承；32—与齿轮配合的轴头段太长，定位套筒应只与齿轮端面接触，套筒的厚度欠小；33—挡油环与轴承座孔间应留间隙，环的外端面应当伸出箱体内壁1～2mm，以保证将润滑油甩出；34—斜齿轮上的斜线不应出头；35—两个零件配合折角处的构造不应都作尖角或相同的圆角；36—没有考虑加工面；37—漏画轴承孔的投影线

第六章　零件工作图设计

零件工作图是零件制造，检验和制订工艺规程的基本技术文件。它既要根据装配图表明设计要求，又要考虑制造的可能性和合理性。零件工作图应包括制造和检验零件所需的全部内容，即零件的图形、尺寸公差、形位公差、表面粗糙度、材料、热处理及其他技术要求、标题栏等。

在机械设计基础课程设计中，绘制零件图的目的在于培养学生掌握零件工作图设计的内容、要求和绘制的一般方法。由于时间有限，通常由指导教师指定绘制 1～3 个典型的零件（一般以轴类和齿轮类零件为主）的工作图。

第一节　零件图的内容及要求

零件工作图是根据装配图拆绘而成的，是零件制造、检验和制定工艺规程的基本技术文件。应按照机械制图标准中规定画法进行绘制，并包括制造和检验所需的全部详尽资料。除图形尺寸外，还要注明尺寸公差、形位公差、表面粗糙度、零件材料、热处理、其他技术要求等。零件工作图内容和要求简介如下：

一、正确选择和合理布置视图

每个零件必须单独绘制在一个标准图幅中，要能清楚的表达零件内、外部的结构形状，并使视图的数量最少。在绘图时，应尽量采用 1∶1 的比例尺以加强真实感，对于细部结构，可选择局部视图或放大绘制。在视图中所表达的零件结构形状，应与装配工作图一致，如需改动，则装配工作图也要作相应的修改。

二、合理标注尺寸

要求认真分析设计要求和零件的制造工艺，正确选择尺寸基准，做到尺寸齐全，标注合理、清楚，不遗漏、不重复，数字准确无差错，以免造成零件报废。

零件的结构尺寸应从装配图中得到并与装配图一致，不得随意变动，以防发生矛盾。对装配图中未曾标明的一些细小结构，如退刀槽、倒角、圆角和铸件壁厚的过渡尺寸等，在零件图中都应完整、正确地绘制出来。

另外，有一些尺寸应以设计计算为准，例如齿轮的几何尺寸等。零件工作图上的自由尺寸应加以圆整。

三、形位公差的标注

形位公差是评定零件质量的重要指标之一，应正确选择其等级及具体数值。配合尺寸及要求精度的尺寸（如轴孔配合尺寸、键连接配合尺寸、箱体孔中心距等）均应标注尺寸的极限偏差，并根据不同要求标注零件的形位公差，自由尺寸的公差一般可不标注。

四、表面粗糙度的标注

零件的所有表面都应注明表面粗糙度值，以便于制定加工工艺。在保证正常工作的条件下应尽量选用数值较大者，以便于加工。如果较多的表面具有相同的表面粗糙度时，为了简便起见可集中标注在图纸的右上角，并加“其余”字样。

五、齿轮类零件的啮合参数表

对于齿轮、蜗轮类零件，由于其参数及误差检验项目等较多，应在图纸右上角列出啮合参数表，填写主要参数、精度等级、误差检验项目等。

六、编写技术要求

技术要求指对于不便在图上用图形或符号标注，而又是制造中应明确的内容，可用文字在技术要求中说明。它的内容比较广泛多样，需视零件的要求而定。

技术要求一般包括：

(1) 对材料的机械性能和化学成分的要求。

(2) 对铸锻件及其他毛坯件的要求，如时效处理、去毛刺等要求。

(3) 对零件的热处理方法及热处理后硬度的要求。

(4) 对加工的要求，如配钻、配铰等。

(5) 对未注圆角、倒角的要求。

(6) 其他特殊要求，如对大型或高速齿轮的平衡实验要求等。

有关轴、齿轮、蜗杆和蜗轮等零件应标注的技术要求，详见以下各节。

七、零件工作图标题栏

注明图号，零件的名称、材料及件数，绘图比例尺等内容。零件工作图标题栏的格式参考装配工作图标题栏格式。

第二节 箱体零件工作图

铸造箱体通常设计成剖分式，由箱座和箱盖组成。因此箱体工作图应按箱座、箱盖两个零件分别绘制。

一、视图

箱座、箱盖的外形及结构均比较复杂。为了正确、完整的表明各部分的结构形状及尺寸，通常除采用三个主要视图外，还应根据结构、形状的需要增加一些必要的局部剖视图及局部放大图。

二、尺寸标注

箱体尺寸繁多，既要求在工作图上标出其制造（铸造、切削加工）及测量和检验所需的全部尺寸，而且所标注的尺寸应多而不乱，一目了然。

(1) 部位的形状尺寸，即表明箱体各部分形状大小的尺寸，如箱体（箱座、箱盖）的壁厚、长、宽、高、孔径及其深度、螺纹孔尺寸、凸缘尺寸、圆角半径、加强肋厚度和高度、各曲线的曲率半径、各倾斜部分的斜度等。

(2) 相对位置尺寸和定位尺寸。这是确定箱体各部分相对于基准的尺寸，如孔的中心线、曲线的曲率中心位置、孔的轴线与相应基准间的距离、斜度的起点及其与相应基准间的距离、夹角等。标注时，应先选好基准，最好以加工基准面作为基准，这样对加工、测量均有利。通常箱盖与箱座在高度方向以剖分面（或底面）为基准，长度方向以轴承座孔的中心线为基准，宽度方向以轴承座孔端面为基准。基准选定后，各部分的相对位置尺寸和定位尺寸都从基准面标注。

(3) 对机械工作性能有影响的尺寸，如传动件的中心距及其偏差，采用嵌入式轴承端盖所需要在箱体上开出的沟槽位置尺寸等，标注时均应考虑检验该尺寸的方便性及可行性。

三、尺寸公差和形位公差的标注

箱座与箱盖上应标注的尺寸公差可参考表 6.2.1，应标注的形位公差可参考表 6.2.2。

表 6.2.1 箱座与箱盖的尺寸公差

名 称	尺寸公差值	
箱座高度 H	h11	
两轴承座孔外端面之间的距离 L	有尺寸链要求时	(1/2) IT11
	无尺寸链要求时	H14
箱体轴承座孔中心距偏差 ΔA_0	$\Delta A_0=$ (0.7～0.8) f_a，f_a 见附表 6.3	

表 6.2.2 箱座与箱盖的形位公差

名 称	形位公差	
箱体接触面的平面度	底面	100mm 长度上不大于 0.05mm
	剖分面	100mm 长度上不大于 0.02mm
	轴承座孔外端面	100mm 长度上不大于 0.03mm
基准平面的平行度	100mm 长度上不大于 0.05mm	
基准平面的垂直度	100mm 长度上不大于 0.05mm	
轴承座孔轴线与底面的平行度	h11	
箱体高度 L 内，轴承座孔的轴线在两个相互垂直面内的平行度	$f'_x \leqslant f_x$ 且 f'_x 应小于 f_a；$f'_y \leqslant f_y$。 （注：箱体上轴孔的轴线平行度借用齿轮副轴线平行度公差。$f_x=F_\beta$；$f_y=$ (1/2) F_β，F_β 查附表 6.9。）	
轴承座孔（基准孔）轴线对端面的垂直度	普通级球轴承 普通级滚子轴承	0.08～0.1 0.03～0.04
两轴承座孔的同轴度	非调心球轴承 非调心滚子轴承	IT6 IT5
轴承座孔圆柱度	直接安装滚动轴承 其余情况	0.3 倍尺寸公差 0.4 倍尺寸公差

四、表面粗糙度的标注

箱座与箱盖各加工表面荐用的表面粗糙度值见表 6.2.3。

表 6.2.3 箱座、箱盖加工表面荐用的表面粗糙度值

加工表面	粗糙度 Ra 值	加工表面	粗糙度 Ra 值
剖分面	3.2～1.6	轴承端盖及套杯的其他配合面	6.3～1.6
轴承座孔	1.6～0.8	油沟及检视孔连接面	12.5～6.3
轴承座凸缘外端面	3.2～1.6	箱座底面	12.5～6.3
螺栓孔、螺栓或螺钉沉头座	12.5～6.3	圆锥销孔	1.6～0.8

五、技术要求

箱座、箱盖的技术要求可包括以下内容：

（1）铸件应进行清砂及时效处理。

（2）铸件不得有裂纹，结合面及轴承孔内表面应无蜂窝状缩孔，单个缩孔深度不得大于3mm，直径不得大于5mm，其位置距外缘不得超过15mm，全部缩孔面积应小于总面积的5%。

（3）轴承孔端面的缺陷尺寸不得大于加工表面的15%，深度不得大于2mm，位置应在轴承盖的螺钉孔外面。

（4）检视孔盖的支承面，其缺陷深度不得大于1mm，缺陷宽度不得大于支承面的1/3，缺陷总面积不大于加工面面积的5%。

（5）箱座和箱盖的轴承座孔应合起来进行镗孔。

（6）剖分面上的定位销孔加工时，应将箱盖、箱座合起来进行配钻、配铰。

（7）形位公差中不能用符号表示的要求，如轴承座孔轴线间的平行度、偏斜度等。

（8）铸件的圆角及斜度。

以上要求不必全部列出，可视具体设计列出其中重要项目即可。

箱盖和箱座工作图示例如附图8.9和附图8.10所示。

第三节　轴类零件工作图

一、视图

轴类零件的工作图，一般只用一个主视图，在有键槽和孔的地方，增加必要的局部剖面或剖视图。对于退刀槽中心孔等细小的结构，必要时应绘制局部放大图，以确切表达出其形状并标注尺寸。

二、尺寸标注

轴类零件大多都是回转体，因此主要是标注直径和轴向长度尺寸，标注尺寸时，应特别注意有配合关系的部分。当各轴段直径有几段相同时，都应逐一标注，不得省略。即使是圆角和倒角，也应标注无遗，或者在技术要求中说明。标注长度尺寸时首先应选取好基准面，并尽量使尺寸的标注反映加工工艺要求，不允许出现封闭的尺寸链，避免给机械加工造成困难。图6.3.1所示为轴类零件长度尺寸的标注示例，图中2为主要基准面，1为辅助基准面。注意图中键槽位置的标注方法。

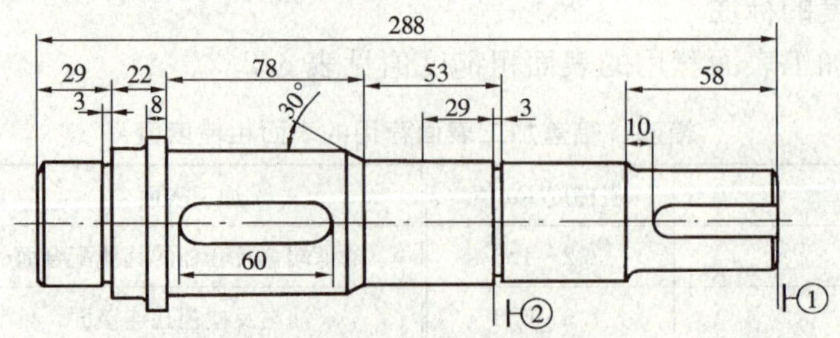

图6.3.1　轴的长度尺寸标注

1—辅助基准面；2—主要基准面

三、尺寸公差

轴类零件工作图有以下几处需要标注尺寸公差：

（1）安装传动零件（齿轮、蜗轮、带轮、链轮等），轴承以及其他回转体与密封装置处轴的直径公差。各公差值按装配图中选定的配合性质从公差配合规范（附表 1.6 或附表 1.7）中查出。

（2）键槽的尺寸公差。键槽的宽度和深度的极限偏差按键连接标准规定从附表 4.12、4.13 或其他有关资料中查出。

（3）轴的长度公差。在减速器中一般不作尺寸链的计算，不必标注长度公差。

四、表面粗糙度

轴的各个表面都要加工，与轴承相配合表面及轴肩端面粗糙度的选择参考表 6.3.1 选择；其他表面粗糙度数值可按表 6.3.2 推荐的选择。

表 6.3.1　配合面的表面粗糙度值

<table>
<tr><td colspan="2" rowspan="2">轴或轴承座直径（mm）</td><td colspan="9">轴或外壳孔配合表面直径公差等级</td></tr>
<tr><td colspan="3">IT7</td><td colspan="3">IT6</td><td colspan="3">IT5</td></tr>
<tr><td colspan="2"></td><td colspan="9">表面粗糙度等级（μm）</td></tr>
<tr><td rowspan="2">超过</td><td rowspan="2">到</td><td rowspan="2">Rz</td><td colspan="2">Ra</td><td rowspan="2">Rz</td><td colspan="2">Ra</td><td rowspan="2">Rz</td><td colspan="2">Ra</td></tr>
<tr><td>磨</td><td>车</td><td>磨</td><td>车</td><td>磨</td><td>车</td></tr>
<tr><td></td><td>80</td><td>10</td><td>1.6</td><td>3.2</td><td>6.3</td><td>0.8</td><td>1.6</td><td>4</td><td>0.4</td><td>0.8</td></tr>
<tr><td>80</td><td>500</td><td>16</td><td>1.6</td><td>3.2</td><td>10</td><td>1.6</td><td>3.2</td><td>6.3</td><td>0.8</td><td>1.6</td></tr>
<tr><td colspan="2">端面</td><td>25</td><td>3.2</td><td>6.3</td><td>25</td><td>3.2</td><td>6.3</td><td>10</td><td>1.6</td><td>3.2</td></tr>
</table>

注　1. 与/P0/P6（/P6x）级公差轴承配合的Ⅰ轴，其公差等级一般为 IT6，外壳孔一般为 IT7。
2. IT 为轴配合部分的标准公差值见附表 1.2。

表 6.3.2　轴加工表面粗糙度 *Ra* 推荐数值

<table>
<tr><td>加　工　表　面</td><td colspan="4">表面粗糙度 Ra 值（μm）</td></tr>
<tr><td>与传动件及联轴器等轮毂相配合的表面</td><td colspan="4">1.6～0.4</td></tr>
<tr><td>与 G、E 级滚动轴承相配合的表面</td><td colspan="4">见表 6.3.1</td></tr>
<tr><td>与传动件及联轴器相配合的轴肩表面</td><td colspan="4">3.2～1.6</td></tr>
<tr><td>与滚动轴承相配合的轴肩表面</td><td colspan="4">见表 6.3.1</td></tr>
<tr><td>平键键槽</td><td colspan="4">3.2～1.6（工作面），6.3（非工作面）</td></tr>
<tr><td rowspan="4">与轴承密封装置相接触的表面</td><td>毡封油圈</td><td colspan="2">橡胶油封</td><td>间隙及迷宫式</td></tr>
<tr><td colspan="3">与轴接触处的圆周速度（m/s）</td><td rowspan="3">3.2～1.6</td></tr>
<tr><td>≤3</td><td>>3～5</td><td>>5～10</td></tr>
<tr><td>3.2～1.6</td><td>0.8～0.4</td><td>0.4～0.2</td></tr>
<tr><td>螺纹牙工作面</td><td colspan="4">0.8（精密精度螺纹），1.6（中等精度螺纹）</td></tr>
<tr><td>其他表面</td><td colspan="4">6.3～3.2（工作面），12.5～6.3（非工作面）</td></tr>
</table>

五、形位公差

1. 轴形位公差项目推荐

在轴的零件工作图上，应标注必要的形位公差，以保证减速器的装配质量及工作性能。表 6.3.3 列出了轴上应标注的形位公差项目及其对工作性能的影响，供设计时参考。

表 6.3.3　　轴的形位公差推荐项目

内容	项　　目	符号	精度等级	对工作性能影响
形状公差	与传动零件相配合直径的圆度	○	7～8	影响传动零件与轴配合的松紧及对中性
	与传动零件相配合直径的圆柱度	⌭		
	与轴承相配合直径的圆柱度		见表 6.3.1	影响轴承与轴配合的松紧及对中性
位置公差	齿轮的定位端面相对轴心线的端面圆跳动	↗	6～8	影响齿轮和轴承的定位及其受载的均匀性
	轴承的定位端面相对轴心线的端面圆跳动		见表 6.3.1	
	与传动零件相配合的直径相对于轴心线的径向圆跳动		6～8	影响传动零件的运转同心度
	与轴承相配合的直径相对于轴心线的径向圆跳动		5～6	影响轴和轴承的运转同心度
	键槽侧面相对轴中心线的对称度（要求不高时不注）	≡	7～9	影响键受载的均匀性及装拆的难易程度

2. 形位公差值的推荐

根据传动精度和工作条件等，可估算出以下几方面的形位公差值：

（1）配合表面的圆柱度。

1）与滚动轴承或齿轮等配合的表面，其圆柱度公差约为轴径公差的 1/2。

2）与联轴器和带轮等配合的表面，其圆柱度公差为轴径公差的 0.6～0.7 倍。

（2）配合表面的径向圆跳动。

1）轴与齿轮、蜗轮轮毂的配合部位相对滚动轴承配合部位的径向圆跳动可按表 6.3.4 确定。

表 6.3.4　　轴与齿轮，蜗轮配合部位的径向圆跳动

齿轮（蜗轮等）精度等级		6	7、8	9
轴在安装轮毂部位的径向圆跳动	圆柱齿轮和圆锥齿轮	2IT3	2IT4	2IT5
	蜗杆、蜗轮	—	2IT5	2IT6

注　IT 为轴配合部分的标准公差值，见附表 1.3。

2）轴与联轴器、带轮的配合部位相对滚动轴承配合部位的径向圆跳动可根据表 6.3.5 确定。

3）轴与两滚动轴承的配合部位的径向圆跳动，其公差值：对球轴承为 IT6；对滚子轴承为 IT5。

表 6.3.5　**轴与联轴器、带轮配合部位的径向圆跳动**

转速（r/min）	300	600	1000	1500	3000
径向圆跳动度（mm）	0.08	0.04	0.024	0.016	0.008

4）轴与橡胶油封部位的径向圆跳动：①轴转速 $n\leqslant 500$r/min，取 0.1mm；②轴转速 $n<500\sim1000$r/min，取 0.07mm；③轴转速 $n>1000\sim500$r/min，取 0.05mm；④轴转速 $n>1500\sim3000$r/min，取 0.02mm。

3. 轴肩的端面圆跳动

（1）与滚动轴承端面接触：对球轴承约取（1～2）IT5；对滚子轴承约取（1～2）IT4。

（2）齿轮、蜗轮轮毂端面接触：当轮毂宽度 l 与配合直径 d 的比值 $l/d<0.8$ 时，可按表 6.3.6 确定端面圆跳动；当比值 $l/d\geqslant 0.8$ 时，可不标注端面圆跳动。

表 6.3.6　**轴与齿轮、蜗轮轮毂端面接触处的轴肩端面圆跳动**

齿轮（蜗轮等）精度等级	6	7、8	9
轴肩的端面圆跳动	2IT3	2IT4	2IT5

4. 平键键槽两侧面相对轴中心线的对称度

平键键槽两侧面相对轴中心线的对称度公差约为轴槽宽度公差的 2 倍。按以上推荐确定的形位公差值，应圆整至附表 1.10 和附表 1.11 中相近的标准公差值，也可以根据选定的轴面精度等级由附表 1.10 和附表 1.11 直接查取。

六、确定技术要求

（1）对材料的机械性能和化学成分的要求，允许的代用材料等。

（2）对材料表面机械性能要求，如热处理方法要求达到的硬度，渗碳层深度及淬火深度等。

（3）对机械加工的要求，如是否保留中心孔，与其他零件配合加工的应加以说明。

（4）对图中未注明的圆角、倒角的说明，个别部位修饰加工要求，较长轴的毛坯校直等。

附图 8.11 所示即为完成的轴零件工作图。

第四节　圆柱齿轮零件工作图

齿轮零件工作图中除了零件图形、尺寸公差和技术要求外，还应有啮合参数表。

一、视图

齿轮零件工作图一般需要两个视图。齿轮轴的视图与一般轴零件类似。

二、图样标注

1. 齿轮零件工作图上应注明的尺寸数据

齿轮零件工作图上需要标注的尺寸数据，国家标准（GB/T 6443—1986）亦作有明确规定。包括一般尺寸、表格列出的数据、其他数据等。

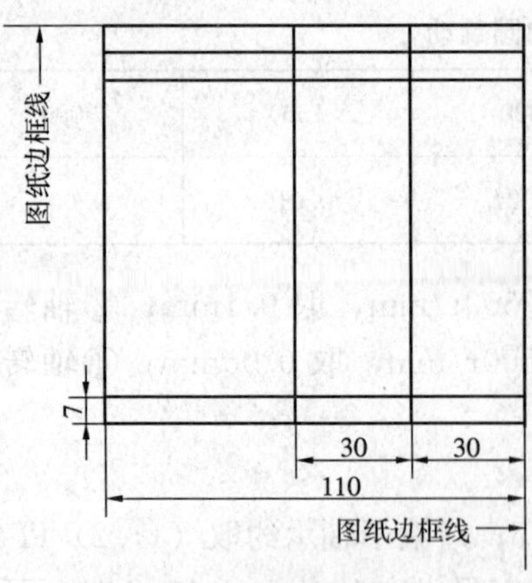

图 6.4.1 啮合特性表的位置和尺寸

（1）一般尺寸包括：顶圆直径及其公差（齿轮顶圆直径公差查附表 6.14）、分度圆直径、齿宽、孔（或轴）径及其公差（查附表 6.14）等。

为了保证齿轮加工精度和有关参数的测量准确，标注尺寸时要考虑到基准面，并规定基准面的尺寸和形位公差。齿轮的轴孔和端面既是工艺基准也是测量和安装的基准，对于齿轮轴，一般都是以中心孔作为基准。只有当零件刚度较低或齿轮轴较长时才以轴颈作为基准。

（2）用表格列出的数据栏，我们称其为啮合参数表，啮合参数表应安置在图纸的右上角，尺寸如图 6.4.1 所示。参数表中除必须标出齿轮的基本参数和精度要求外，检测项目可以根据需要增减，按功能要求从 GB/T 10095.1 或 GB/T 10095.2 中选取。

（3）其他数据，主要指上述标注以外，还需要提出的技术要求等，包括：

1）对铸件、锻件的要求，如时效处理；

2）对材料表面性能要求，如热处理方法、热处理后硬度、渗碳深度及淬火深度等；

3）对未注明倒角、圆角的说明。

技术要求一般放在图样的右下角。

2. 表面粗糙度

GB/T 10095.1 和 GB/T 10095.2 中规定的齿轮精度等级与齿面粗糙度间没有直接的关系，但齿轮类零件的所有表面都应标明表面粗糙度，表 6.4.1 中推荐了 4～9 级齿轮齿面粗糙度 Ra 的参考值，供设计时选用。其他表面的粗糙度要求可参看轴表面粗糙度的荐用值表 6.3.2。

表 6.4.1 齿轮轮齿表面粗糙度 Ra 推荐值

齿轮精度等级	4		5		6		7		8		9	
齿面	硬	软	硬	软	硬	软	硬	软	硬	软	硬	软
齿面粗糙度 Ra	≤0.4	≤0.8		≤1.6	≤0.8	≤1.6	≤0.8	≤3.2		≤6.3	≤3.2	≤6.3

3. 形位公差

轮坯的形位公差对齿轮类零件的传动精度影响很大，通常是根据其精度等级确定公差值。一般需标注的项目有：齿顶圆的径向圆跳动和基准端面对轴线的端面圆跳动（见附表 6.15）、键槽两侧面对孔心线的对称度（见附表 1.11）、轴孔的圆度和圆柱度（见附表 1.10）等。

各项形位公差对齿轮工作性能的影响见表 6.4.2。

三、齿轮精度制的结构

1. 精度包含的内容

（1）精度等级。新标准对单个齿轮规定了 13 个精度等级，其中 0 级最高，12 级最低，

5 级精度是 13 个精度等级的基础，它是制订精度标准时各项偏差的公差计算式的精度等级。

表 6.4.2 轮坯的形位公差推荐项目及影响

项目	符号	精度等级	对工作性能影响
圆柱齿轮以顶圆作为测量基准时齿顶圆的径向圆跳动	↗	按齿轮、蜗轮精度等级确定	影响齿厚的测量精度，并在切齿时产生相应的齿圈径向跳动误差，导致传动件的加工中心与使用中心不一致，引起分齿不均。同时会使轴心线与机床的垂直导轨不平行而引起齿向误差
锥齿轮的齿顶圆锥的径向圆跳动			
蜗轮外圆的径向圆跳动			
蜗杆外圆的径向圆跳动			
基准端面对轴线的端面圆跳动			
键槽两侧面对孔心线的对称度	⌯	7～9	影响键两侧受载的均匀性
轴孔的圆度	○	7～8	影响传动零件与轴配合的松紧及对中性
轴孔的圆柱度	⌭		

(2) 允许值和极限偏差。齿轮的精度等级是通过实测的误差值或偏差值与标准规定的允许值或极限偏差进行比较后确定的。标准规定的允许值或极限偏差查附录 6。

(3) 参数范围。新标准的尺寸参数划分的更细，这样有利于齿轮产品质量的控制。齿轮参数的分段新旧标准对照见表 6.4.3。

表 6.4.3 齿轮参数分段

尺寸参数	代号	标准	参数分段
分度圆圆直径	d	新	5/20/125/280/560/1000/1600/2500/4000/6000/8000/10 000
		旧	～125/400/800/1600/2500/4000
法向模数	m_n	新	0.5/2/3.5/6/10/16/25/40/70
		旧	1/3.5/6.3/10/16/40
齿宽	b	新	4/10/20/40/80/160/250/400/650/1000
		旧	～40/100/160/250/400/630

(4) 圆整规则。附录 6 中有关齿轮的极限偏差值是用公差计算式计算并经圆整后得到的。如果计算值大于 10μm，圆整到最接近的整数；如果小于 10μm，圆整到最接近的尾数为 0.5μm 的小数或整数；如果小于 5μm，圆整到最接近的 0.1μm 的一位小数或整数。

(5) 有效性。它是指在给定的齿轮零件工作图中，如果所要求的齿轮精度规定为 GB/T 10095.1 的某一级等级，而无其他规定时，则齿轮的左右齿面的齿距偏差（f_{pt}、F_p、F_{pk}）、齿廓偏差（F_α、$f_{f\alpha}$、$f_{H\alpha}$）、螺旋线偏差（F_β、f_β、$f_{H\beta}$）的允许值均按该精度等级。

2. 齿轮精度的标注

新国标规定，若在技术文件（齿轮工作图等）描述齿轮等级时，需注明采用的标准号（GB/T 10095.1 或 GB/T 10095.2）。关于齿轮精度等级和齿厚偏差的标注均未具体规定，建议按如下标注：

(1) 若齿轮的检验项目同为一个精度等级，则标注精度等级和标准号，如 GB/T 10095.1。

(2) 若齿轮的检验项目，要求的精度等级不同时，如齿距累积总偏差为 7 级，齿廓总偏差和螺旋线总偏差均为 6 级，则标注成 $7F_p$、6 (F_α、F_β) GB/T 10095.1。各项偏差值见附录 6。

3. 中心距极限偏差

新标准的特点之一，是不规定齿轮副的要求与检验。但作为高速传动的齿轮副，中心距偏差的大小直接影响到齿侧间隙，影响到传动的质量。为了方便设计与安装，中心距应允许有适当偏差。在此，中心距的极限偏差 f_a 仍沿用 GB 10095—1988 标准，其值查附表 6.3。

4. 侧隙及齿厚公差标注

(1) 侧隙。它是相啮合齿轮轮齿间的间隙，可以在法平面上或沿啮合线测量。静态时，必须有足够的侧隙，以保证齿轮工作条件下仍有侧隙存在。而侧隙主要是靠齿厚偏差保证。

(2) 最小侧隙 J_{bnmin}。对于中、大模数钢制齿轮传动，在工作圆周速度 $v \leqslant 15$m/s 时推荐的最小侧隙查附表 6.4。也可用下式计算：

$$J_{bnmin}=\left(\frac{2}{3}\right)(0.06+0.0005|a|+0.03m_n)$$

式中 a——传动的最小中心距；

m_n——啮合齿轮的法面模数。

(3) 齿厚偏差及标注。为保证齿轮传动的侧隙要求，需要检验齿厚极限偏差，而实际生产中常用检验公法线平均长度偏差来代替齿厚偏差的检验。

1) 偏差代号：①测量齿厚时，其上偏差为 E_{ss}、下偏差为 E_{si}；②测量公法线长度时，其平均长度上偏差为 E_{wms}、下偏差为 E_{nmi}。

2) 上偏差。齿厚上偏差 E_{ss} 主要取决于侧隙，基本与齿轮精度无关。

3) 公法线平均长度上偏差 E_{wms}，下式仅适用于外啮合齿轮。

$$E_{wms}=E_{ss}\cos\alpha_n-0.72F_r\sin\alpha_n$$

式中 F_r——径向跳动公差，查附表 6.13；

α_n——法向齿形角。

4) 齿厚公差 T_s。齿厚公差 T_s 可按下式计算：

$$T_s=\sqrt{F_r^2+b_r^2}\times 2\tan\alpha_n$$

式中 b_r——切齿径向进刀公差，见表 6.4.4。

表 6.4.4　　切齿径向进刀公差

齿轮精度等级	4	5	6	7	8	9	10
b_r	1.26IT7	IT8	1.26IT8	IT9	1.26IT9	IT10	1.26IT10

5) 公法线平均长度公差 T_{wm}

$$T_{wm}=T_s\cos\alpha_n-1.44F_r\sin\alpha_n$$

6) 齿厚下偏差 E_{si}

$$E_{si}=E_{ss}-T_s$$

7）公法线平均长度下偏差 E_{nmi}

$$E_{nmi} = E_{wms} - T_{wm}$$

8）偏差标注。齿厚（公法线平均长度）的极限偏差，是直接将偏差值标注在公称值的右上角，如 $S_{nE_{si}}^{E_{ss}}$、$W_{E_{nmi}}^{E_{wms}}$。

5. 齿轮精度检验项目

从附表 6.3 中知，单个齿轮精度检测的项目有若干种。

新标准明确指出，各项偏差并不是都必须检验的项目，可根据工作条件和使用者要求抽项检验。GB/T 10095.1 或 GB/T 10095.2 中，也没有明确规定齿轮偏差的检验组，根据目前我国齿轮生产的质量控制水平，建议在下述（推荐）检验组中选取一个检验组来评定齿轮的精度等级。

(1) F_p、F_α、F_β。

(2) F_p、F_{pk}、F_α、F_β、f_{pt}。

(3) F_p、f_{pt}、F_α、F_β。

(4) F_i'、f_i'、F_β。

(5) f_{pt}、F_r（用于 10～12 等级精度）。

另外，根据目前所了解的国内齿轮生产水平的现状，工序间的质量控制检验项目，仍然可以采用径向跳动 F_r（见附表 6.13）和公法线长度变动公差 F_w（见附表 6.5）。

齿轮零件工作图上的公差检验项目及其偏差标注范例，如附图 8.12～附图 8.14 所示。

第五节　圆柱蜗杆、蜗轮零件工作图

一、视图

蜗杆工作图与齿轮轴工作图相似，一般只需画一个视图。但应在工作图上，另外绘出蜗杆螺旋面的轴向（或法向）齿形，标注出螺旋的轴向或法向齿距、齿厚及齿高等，如附图 8.15 蜗杆零件工作图所示。

蜗轮工作图与齿轮工作图相似，一般要画出两个视图。蜗轮的结构除铸铁蜗轮和尺寸较小的青铜蜗轮外，通常采用组合式结构，即齿圈用有色金属制造，而轮芯用钢或铸铁制造，再将齿圈装在轮芯上，对齿圈式蜗轮（即齿圈和轮芯间用过盈连接），加工轮齿的工序是在轮圈与轮芯压配后，其余部分则分开加工。因此，对装配式结构的蜗轮，除绘制装配后的蜗轮工作图外，还应分别画出轮圈和轮芯的毛坯工作图，如附图 8.16～附图 8.18 所示。

二、图样标注

1. 尺寸数据及公差

圆柱蜗杆工作图上的尺寸标注及其尺寸公差与形位公差的标注与齿轮轴相似。可参考齿轮轴工作图的标注方法。其中蜗杆齿顶圆直径公差查附表 7.12；蜗杆基准面径向和端面跳动公差查附表 7.13。

蜗轮工作图上的尺寸标注及其尺寸公差与形位公差的标注与齿轮基本相同。考虑到蜗轮的特点，还应该标注：蜗轮外径及公差和蜗轮咽喉圆直径及公差（查附表 7.12）；蜗轮基准面径向和端面跳动公差（查附表 7.13）；蜗轮中间平面与基准面的距离及其公差（查附表 7.6）；咽喉圆中心到蜗轮轴线的距离及其公差（查附表 7.5）。

蜗杆与蜗轮工作图中的技术要求内容与齿轮工作图相同。

2. 表面粗糙度

蜗杆与蜗轮的各个主要表面都应标注出粗糙度数值，其轮齿表面的粗糙度要求从表6.5.1中选取，对不需要切削加工的铸锻表面也应标明相应的粗糙度代号，或集中标注在图纸的右上角。

表 6.5.1　　蜗杆蜗轮的表面粗糙度 *Ra* 值

精度等级	齿面		顶圆	
	蜗杆	蜗轮	蜗杆	蜗轮
7	1.6、0.8	1.6、0.8	3.2、1.6	6.3、3.2
8	3.2、1.6	3.2、1.6	3.2、1.6	6.3、3.2
9	6.3、3.2	6.3、3.2	6.3、3.2	12.5、6.3

三、啮合参数表

蜗杆、蜗轮零件工作图的啮合参数表中包括基本参数、精度等级、检验项目代号及公差值。

1. 基本参数

蜗杆、蜗轮零件工作图上应标注的基本参数有蜗杆头数（蜗轮齿数）、模数、齿形角、螺旋角及旋向、齿顶高系数和顶隙系数、全齿高等，以上参数在传动零件设计完成后均为已知。

2. 圆柱蜗杆、蜗轮精度

圆柱蜗杆和蜗轮的精度现沿用的是GB 10089—1988。该标准把蜗杆、蜗轮的传动精度分为12个精度等级，精度由高至低依次为1、2、…、11、12级。蜗杆传动的制造或安装精度是根据蜗轮的圆周速度、传递功率大小和使用条件来选择。一般动力传动常取6～9级。该标准将蜗杆、蜗轮及传动的公差项目分为三个公差组，分别用来保证传递运动的准确性、运动的平稳性和保证载荷的均匀性。蜗杆、蜗轮推荐的公差检验项目见附表7.1。

（1）各项检验项目公差代号及含义

1）蜗杆轴向齿距极限偏差 f_{px}；蜗杆轴向齿距累积公差 f_{pxL}、蜗杆齿形公差 f_{f1}，查附表7.2。

2）蜗轮周节极限偏差 f_{pt} 查附表7.3。

3）蜗杆周节累积公差 F_p 查附表7.4。

（2）侧隙及标注

1）侧隙。蜗杆传动的侧隙以最小法向侧隙 j_{nmin} 来保证。GB 10089—1988把侧隙分为a、b、c、d、e、f、g和h八种，a为最大，依次递减。侧隙的种类与精度等级无直接关系，可根据工作条件和使用要求选择。最小法向侧隙 j_{nmin} 查附表7.8。

2）齿厚公差计算。蜗杆、蜗轮的齿厚公差计算见表6.5.2。

3）侧隙标注。对蜗杆、蜗轮不要求互换的传动或中心距可调的传动，可用法向侧隙 j_{nmin} 和 j_{nmax}。j_{nmin} 查附表7.8；j_{nmax} 由蜗杆、蜗轮的相应的齿厚公差确定。

（3）精度等级的标注

1）蜗杆的精度标注。在蜗杆工作图上，若蜗杆检验的项目精度相同，齿厚极限偏差为标准值，则标注精度等级、侧隙种类代号和标准号，如蜗杆 5f GB 10089—1988。

表 6.5.2 **蜗杆和蜗轮的齿厚公差 F_{s1} 值** (μm)

名　称	蜗　杆	蜗　轮
上偏差	$E_{ss1}=-\left(\frac{j_{nmin}}{\cos\alpha_n}+E_{s\Delta}\right)$	$E_{ss2}=0$
下偏差	$E_{si1}=E_{ss1}-T_{s1}$	$E_{si2}=-T_{s2}$

注 E_{ss1}—蜗杆齿厚上偏差。

E_{si1}—蜗杆齿厚下偏差。

$E_{s\Delta}$—蜗杆齿厚上偏差中的误差补偿部分，查附表 7.9。

E_{ss2}—蜗轮齿厚上偏差。

E_{si2}—蜗轮齿厚下偏差。

T_{s1}—蜗杆齿厚公差，查附表 7.10。

T_{s2}—蜗轮齿厚公差，查附表 7.11。

若蜗杆齿厚极限偏差取非标准值，如 $E_{ss1}=-0.07$mm、$E_{si1}=-0.18$mm，则标注为蜗杆 5（$^{-0.07}_{-0.18}$）GB 10089—1988。

2）蜗轮的精度标注。在蜗轮工作图上，若蜗轮第Ⅰ公差组精度 5 级，Ⅱ、Ⅲ公差组均为 6 级，齿厚极限偏差为标准值，相配的侧隙种类为 f，则标注为蜗轮 5－6－6f GB 10089—1988；若蜗轮的齿厚极限偏差取非标准值，如 $E_{ss2}=+0.10$mm、$E_{si2}=-0.10$mm，则标注为蜗轮 5－6－6（±0.10）GB 10089—1988；若蜗轮三个公差组的精度均选为 7 级，相配的侧隙种类为 c，则标注为 7c GB 10089—1988；若蜗轮齿厚无公差要求，则标注为蜗轮 5－6－6 GB 10089—1988。

蜗杆、蜗轮零件工作图参见附图 8.15～附图 8.18。

第七章　编写设计计算说明书及准备答辩

第一节　设计计算说明书的内容及格式

一、设计计算说明书的内容

设计计算说明书是审查设计的重要技术文件之一。说明书的内容与设计任务有关。对于以减速器为主的机械传动装置设计，其说明书大致包括：

（1）目录（标题，页码）；

（2）设计任务书（原始的设计任务书）；

（3）前言（题目及传动方案的分析等）；

（4）电动机的选择，传动系统的运动和动力参数计算（计算所需电动机的功率，选择电动机，计算总传动比和分配各级传动比，计算各轴转速、功率和转矩）；

（5）V带传动（或链传动或开式齿轮传动）的设计计算；

（6）减速器传动零件的设计计算（确定齿轮或蜗杆传动的主要参数）；

（7）轴的设计计算及校核；

（8）轴承的选择和计算；

（9）键连接的选择和计算；

（10）联轴器的选择；

（11）箱体设计（主要结构尺寸的设计计算及必要的说明）；

（12）润滑剂的牌号及用量，密封方式，传动装置（减速器）附件等的说明；

（13）设计小结（简要说明作课程设计的体会、本设计的优缺点及改进意见等）；

（14）参考资料（资料的编号、作者、书名、出版单位和出版年月）。

二、计算说明书书写格式

设计计算说明书要按一定的格式书写，做到条理清晰，有理有据有结果，计算说明书编制的书写格式见表 7.1.1。

表 7.1.1　　设计计算说明书的书写格式

设计内容	计算及说明	设计结果
	五、直齿圆柱齿轮传动设计	
……	……	
2. 按齿面接触疲劳强度设计	由本书参考文献 12 第九章查得设计公式为	
（1）确定各计算参数	$a \geqslant (i+1)\sqrt[3]{\left(\frac{336}{[\sigma_H]}\right)^2 \frac{KT_1}{\varphi_a}}$　（mm）	
1）确定载荷系数 K	查表 9.10.1，取 $K=1.5$	$K=1.5$
2）确定齿宽系数 φ_a	中型减速器，取 $\varphi_a=0.4$	$\varphi_a=0.4$
……	……	

续表

设计内容	计算及说明	设计结果
(2) 设计计算	$a \geqslant (3.7+1)\sqrt[3]{\left(\frac{336}{491}\right)^2 \frac{1.5\times 2.18\times 10^5}{0.4\times 3.7}}=220.6\ \text{(mm)}$	
1) 确定齿数	取 $Z_1=32$，$Z_2=iZ_1=3.7\times 32=118.4$	$Z_1=32$
2) 计算模数	$m=\frac{2a}{Z_1+Z_2}=\frac{2\times 220.6}{32+118}=2.94\ \text{(mm)}$ 按表 9.4.1，取 $m=3\text{mm}$	$Z_2=118$ $m=3\text{mm}$
3) 计算中心距 ……	$a=\frac{m}{2}(Z_1+Z_2)=\frac{3}{2}(32+118)=225\ \text{(mm)}$ ……	$a=225\text{mm}$ ……

第二节　编写设计计算说明书时应注意的事项

设计计算说明书除系统地说明设计过程中所考虑的问题和全部的计算项目外，还应阐明设计的合理性，经济性以及装拆方面的问题。同时还应注意下列事项：

(1) 计算正确完整，文字简洁通顺，书写整齐规范。对计算内容只需写出计算公式并代入有关数据，直接得出最后结果（计算的中间过程不必写出）。说明书中还应包括与文字叙述和计算有关的必要简图（如传动方案简图，轴的受力分析，弯、扭矩图及结构图等）。

(2) 说明书中所引用的重要计算公式和数据，应注明出处（注出参考资料的统一编号，页次和公式号或图表号等）。对所得的计算结果，应有“适用”、“安全”等结论。

(3) 说明书须用专用纸按上述推荐的顺序及规定格式用钢笔等誊写，标出页码，编好目录、封面，并装订成册。

第三节　准　备　答　辩

一、准备答辩

答辩是课程设计最后一个重要环节。目的是检查学生对知识的活学活用情况，同时锻炼学生分析问题和解决问题的能力。

答辩前，学生应认真做好答辩准备，同时应把设计图纸及设计说明书交指导教师审阅，然后叠好图纸，折图纸时应按规定格式，同时装订好说明书，一并装入课程设计档案袋内，准备进行答辩。

二、课程设计综合思考题

下面是按设计顺序列出的思考题，以提醒和启发设计者在设计过程中应该注意的问题和设计思路，它除了可提供准备答辩之用外，还可以作为设计各阶段引导思考、深入理解的途径。

1. 传动方案分析及传动参数计算

(1) 对照你的设计，说明你采用的传动装置方案有何优缺点。

(2) 为什么在通常的传动装置中常采用多级传动而不用单级传动？

(3) 为什么常把 V 带传动置于高速级？而链传动布置在低速级？

(4) 直齿圆柱齿轮和斜齿圆柱齿轮传动各有何优缺点？你的设计是如何考虑的？

(5) 蜗杆传动一般用于传动比较大，传动功率不大的情况，为什么常把它布置在传动装置的高速级？而开式齿轮传动为什么要布置在低速级？

(6) 各种传动机构的传动比范围大概为多少？为什么有这种限制？

(7) 如何计算总传动比？它和各分传动比有何关系？

(8) 请说明你所选电动机的标准系列代号及其结构类型。

(9) 电动机同步转速选取过高和过低有何利弊？

(10) 电动机的额定功率如何确定？过大过小各有何问题？

(11) 在传动参数计算中，各轴的计算转矩为什么要按输入值计算？

(12) 电动机选定后，为什么要记录它的输出轴直径，伸出端长度及中心高？

(13) 传动比计算产生偏差为什么不易避免？从总体上应如何控制？

2. 传动及传动件的设计计算

(1) 试述V带传动较其他带传动的优点是什么。

(2) 带传动可能出现的失效形式是什么？设计中你采用了哪些措施来避免？

(3) 小带轮直径的大小受什么条件限制？对传动有何影响？

(4) 带传动设计中，哪些参数要取标准值？

(5) 带传动设计中，为什么常把松边放在上边？

(6) 你所设计的带轮在轴端是如何定位和固定的？

(7) 你所设计的齿轮传动中，可能出现的失效形式是什么？

(8) 如何确定齿轮的齿数和齿宽？它们的大小对传动有何影响？

(9) 齿轮的软、硬齿面是如何划分的？其性质有何不同？

(10) 你所设计的齿轮硬度差是多少？为什么要有硬度差？

(11) 在齿根弯曲疲劳强度计算时，为什么须对两个齿轮的强度都作计算？

(12) 你在设计齿轮传动选择载荷系数 K 时考虑了哪些因数？你是如何取值的？

(13) 轮齿在满足弯曲强度的条件下，其模数、齿数是如何确定的？是否要标准化、系列化？

(14) 计算齿轮传动的几何尺寸时为什么分度圆直径、螺旋角、中心矩等必须计算得很准确？

(15) 你设计的齿轮毛坯采用什么方法制造，为什么？

(16) 在哪些情况下，齿轮结构采用实心式、腹板式、轮辐式？

(17) 选择小齿轮的齿数应考虑哪些因素？齿数的多少各有何利弊？

(18) 你所设计的齿轮精度是如何选取的？盲目选择精度等级会造成什么后果？

(19) 齿轮传动为什么要有侧隙？

(20) 计算一对齿轮接触应力和弯曲应力时，应按哪个齿轮所受的转矩进行，为什么？

(21) 什么场合选用斜齿圆柱齿轮传动比较合理？

(22) 斜齿圆柱齿轮哪个面内的模数为标准值？

(23) 一对斜齿圆柱齿轮啮合，螺旋线方向是相同还是相反？螺旋角 β 的大小对传动有何影响？

(24) 你在设计斜齿圆柱齿轮时是如何考虑轴向力的？

（25）圆锥齿轮传动的特点是什么？

（26）圆锥齿轮的标准模数是在大端还是在小端？为什么？

（27）蜗杆传动的正确啮合条件是什么？

（28）蜗杆传动以哪个平面内参数和尺寸为标准？

（29）在你的设计中是如何选择蜗杆、蜗轮材料的？

3．轴的设计计算

（1）你设计的减速器输入轴，输出轴是如何布置的？它们分别外接什么零、部件？

（2）轴上各段直径如何确定？为什么要尽可能取标准直径？

（3）轴的各段长度是怎样确定的？外伸段直径如何确定？

（4）试述你设计的轴上零件的轴向与周向定位方法。

（5）在轴的端部和轴肩处为什么要有倒角？

（6）试述你设计的轴上零件的固定、装拆及调整方法。轴的截面尺寸变化及圆角大小对轴有何影响？

（7）为提高某轴的刚度，将原选用的45号钢改为40Gr钢是否可行？为什么？

（8）在设计中，你是如何选择轴的材料及热处理方法的？

（9）轴上的退刀槽，砂轮越程槽和圆角的作用是什么？你设计的轴上哪些部位采用了上述结构？

（10）轴调质后，对其强度和刚度有何影响？为提高轴的强度和刚度，你采用了哪些措施？

（11）试述你设计的减速器中低速轴上零件的装拆顺序。

（12）你设计的轴技术要求包括哪些内容？

4．滚动轴承，键和联轴器的选择、校核

（1）试述你选用的滚动轴承代号的含义。

（2）为什么一般滚动轴承的内圈与轴颈采用基孔制配合；外圈与座孔采用基轴制的配合？

（3）在你的设计中，轴承内外圈的配合基准是什么？为什么这样选取？

（4）你是怎样选滚动轴承类型和尺寸的？

（5）深沟球轴承有无内部间隙？能否调整？哪些轴承有内部间隙？

（6）角接触球轴承或圆锥滚子轴承为什么要成对使用？

（7）对斜齿轮、锥齿轮及蜗杆传动，轴承的选择要考虑哪些因素？

（8）滚动轴承有哪些失效形式？如何验算其寿命？

（9）嵌入式轴承端盖结构如何调整轴承间隙及轴向位置？

（10）如何选择、确定键的类型和尺寸？

（11）键连接应进行哪些强度核算？若强度不够如何解决？

（12）轴上键的轴向位置与长度应如何确定？

（13）轴与轮毂上的键槽各采用什么加工方法？

（14）你的设计中所选用的联轴器型号是什么？你是根据什么来选择的？

（15）高速级和低速级的联轴器型号有何不同？为什么？

（16）初估直径如何与联轴器孔径尺寸、电动机轴尺寸协调一致？

(17) 在联轴器的工作能力验算中为什么要考虑工作情况系数?

5. 装配图、零件工作图的设计绘制

(1) 装配图的作用是什么? 在你绘制的装配图上选择了几个视图? 几个剖视?

(2) 装配图上应标注哪几类尺寸?

(3) 你是怎样选择轴与轴上齿轮,轴承盖,联轴器及键等的配合的?

(4) 轴承旁连接螺栓位置应如何确定? 轴承旁箱体凸台尺寸,高度及外形如何确定?

(5) 试述装配图上减速器性能参数,技术条件的主要内容和含义。

(6) 根据你的设计,谈谈采用边计算、边绘图和边修改的"三边"设计方法的体会。

(7) 零件工作图上有哪些技术要求?

(8) 同一轴上的圆角尺寸为何要尽量统一? 阶梯轴采用圆角过渡有什么意义?

(9) 说明齿轮类零件工作图中啮合特性表的内容。

(10) 表面粗糙度对机械零件的使用性能有何影响?

(11) 根据你绘制的零件工作图,说明对其形位公差有哪些基本要求。

6. 减速器箱体的结构及附件设计

(1) 减速器箱体采用剖分式有何好处?

(2) 减速器箱体常用哪些材料制造? 你选用什么材料? 为什么?

(3) 对铸造箱体,为什么要有铸造圆角及最小壁厚的限制?

(4) 减速器轴承座上下处的肋筋有何作用?

(5) 结合你的设计图纸指出,箱体有哪些部位需要加工?

(6) 减速器上与螺栓和螺母接触的支承面为什么要设计出凸台或沉头座(鱼眼坑)?

(7) 决定减速器的中心高度要考虑哪些因素?

(8) 吊钩有哪几种形式,布置时应注意什么问题?

(9) 是否允许用箱盖上的环首螺钉或吊耳来起吊整台减速器? 为什么?

(10) 减速器上的检视孔有何用处? 应安置在何处为宜?

(11) 减速器上通气器有何用处? 应安置在何处为宜?

(12) 如何确定放油螺塞的位置? 它为什么用细牙螺纹或圆锥管螺纹?

(13) 为了避免或减少油面波动有干扰,油标应布置在哪个部位?

(14) 启盖螺钉的作用是什么? 其结构有何特点?

7. 减速器润滑、密封选择及其他

(1) 轴承盖的主要作用是什么? 常用型式有哪几种? 各有何优缺点? 你设计的属于哪一种?

(2) 你设计的齿轮和轴承采用了哪种润滑方式? 根据是什么?

(3) 单级齿轮传动若用浸油润滑,大齿轮顶圆到油池底的距离至少应为多少? 为什么?

(4) 在减速器中,为什么有的滚动轴承座孔内侧用挡油环,而有的不用?

(5) 当轴承采用油润滑时,如何从结构上考虑供油充分?

(6) 挡油环(或甩油板)的宽度为何要伸出箱体内壁 2~3mm?

(7) 在你的设计中,减速器有哪些地方要考虑密封? 采用的密封形式是什么?

(8) 你所选择的密封形式根据是什么?

(9) 能否在减速器上下箱体接合面处加垫片等来防止箱内润滑油的泄漏? 为什么?

(10) 如何测定减速器箱体内的油量?

(11) 减速器是由哪几部分组成?

(12) 设计说明书应包括哪些内容?

(13) 设计中为什么要严格执行国家标准、部颁标准和本部门的规范?

(14) 你设计的减速器总重量约为多少?

(15) 你的设计还存在哪些缺陷和不足之处?有何改进建议?

8. 蜗杆减速器的有关题目

(1) 在蜗杆传动中为什么要引入蜗杆直径系数 q?

(2) 你所设计的蜗杆、蜗轮,其材料是如何选择的?

(3) 在蜗杆传动设计中如何选择蜗杆的头数 z_1?为什么蜗轮的齿数 z_2 不应小于 $z_{2\min}$,且最好不大于 80?

(4) 为什么蜗杆传动比齿轮传动效率低?蜗杆传动的效率包括几部分?

(5) 蜗轮轴上滚动轴承的润滑方式有几种?你所设计的减速器上采用哪种润滑方式?蜗杆轴上的滚动轴承是如何润滑的?

(6) 在蜗杆传动中,如何调整蜗轮与蜗杆中心平面的重合?

(7) 在蜗轮传动中,蜗轮的转向如何确定?啮合时的受力方向如何确定?

(8) 根据你的设计,谈谈为什么要采用蜗杆上置(或下置)的结构形式。

(9) 蜗杆减速器的浸油深度如何确定?油池深度又是怎样确定的?

(10) 蜗杆传动的散热面积不够时,可采用哪些措施解决散热问题?

附　　录

附录 1　常用标准规范和公差配合

附表 1.1　　**国内的部分标准代号**

代　号	名　称	代　号	名　称
GB	国家标准	ZB	国家专业标准
/Z	指导性技术文件	/T	推荐性技术文件
JB	机械工业部标准	ZBJ	机电部行业标准
YB	冶金工业部标准	JB/ZQ	重型机械专用标准
HG	化学工业部标准	Q/ZB	重型机械行业统一标准
SY	石油工业部标准	SH	石油化工行业标准
FJ	纺织工业部标准	FZ	纺织行业标准
QB	轻工业部标准	SG	轻工行业标准

附表 1.2　　**标准尺寸（直径、长度和高度）**(GB/T 2822—1981)　　(mm)

R10	R20	R10	R20	R40	R10	R20	R40	R10	R20	R40	R10	R20	R40
1.25	1.25	12.5	12.5	12.5	40.0	40.0	40.0	125	125	125	400	400	400
	1.40			13.2			42.5			132			425
1.60	1.60		14.0	14.0		45.0	45.0		140	140		450	450
	1.80			15.0			47.5			150			475
2.00	2.00	16.0	16.0	16.0	50.0	50.0	50.0	160	160	160	500	500	500
	2.24			17.0			53.0			170			530
2.50	2.50		18.0	18.0		56.0	56.0		180	180		560	560
	2.80			19.0			60.0			190			600
3.15	3.15	20	20.0	20.0	63.0	63.0	63.0	200	200	200	630	630	630
	3.55			21.2			67.0			212			670
4.00	4.00		22.4	22.4		71.0	71.0		224	224		710	710
	4.50			23.6			75.0			236			750
5.00	5.00	25.0	25.0	25.0	80.0	80.0	80.0	250	250	250	800	800	800
	5.60			26.5			85.0			265			850
6.30	6.30		28.0	28.0		90.0	90.0		280	280		900	900
	7.10			30.0			95.0			300			950
8.00	8.00	31.5	31.5	31.5	100	100	100	315	315	315		1000	1000
	9.00			33.5			106			335			1060
10.0	10.0		35.5	35.5		112	112		355	355		1120	1120
	11.2			37.5			11.8			375			1180

注　1. 选用标准尺寸的顺序为 R10、R20、R40。

2. 本标准适用于机械制造业中有互换性或系列化要求的主要尺寸，其他结构尺寸也应尽量采用。

3. 对已有专用标准（如滚动轴承、联轴器等）规定的尺寸，按专用标准选用。

附表 1.3　常用标准公差值（GB/T 1800.3—1998）

基本尺寸 (mm)	公差等级							
	IT5	IT6	IT7	IT8	IT9	IT10	IT11	IT12
＞10～18	8	11	18	27	43	70	110	180
＞18～30	9	13	21	33	52	84	130	210
＞30～50	11	16	25	39	62	100	160	250
＞50～80	13	19	30	46	74	120	190	300
＞80～120	15	22	35	54	87	140	220	350
＞120～180	18	25	40	63	100	160	250	400
＞180～250	20	29	46	72	115	185	290	460
＞250～315	23	32	52	81	130	210	320	520
＞315～400	25	36	57	89	140	230	360	570
＞400～500	27	40	63	97	155	250	400	630

注　基本尺寸大于 10～500mm。

附表 1.4　轴的各种基本偏差的应用

配合种类	基本偏差	配合特性及应用
间隙配合	a、b	可得到特别大的间隙，应用很少
	c	可得到很大间隙，一般适用于缓慢、松弛的动配合。用于工作条件较差（如农业机械）、受力变形，或为了便于装配，而必须保证有较大的间隙时。推荐配合为 H11/c11，其较高级的配合，如 H8/c7 适用于轴在高温工作的紧密间隙配合，例如内燃机排气阀和导管
	d	一般用于 IT7～IT11 级，适用于松的转动配合，如密封盖、滑轮、空转带轮等与轴的配合，也适用于大直径滑动轴承配合，如透平机、球磨机、轧辊成型和重型弯曲机及其他重型机械中的一些滑动支承
	e	多用于 IT7～IT9 级，通常使用于要求有明显间隙，易于转动的支承配合，如大跨距、多支点支承等。高等级该间隙配合的轴适用于大型、高速、重载支承配合，如涡轮发电机、大型电动机、内燃机、凸轮轴及摇臂支承等
	f	多用于 IT6～IT8 级的一般转动配合。当温度影响不大时，被广泛用于普通润滑油（或润滑脂）润滑的支承，如齿轮箱、小电动机、泵等的转轴与滑动支承的配合
	g	配合间隙很小，制造成本高，除很轻负荷的精密装置外，不推荐用于转动配合。多用于 IT5～IT7级，最适合不回转的精密滑动配合，也用于插销等定位配合，如精密连杆轴承、活塞、滑阀及连杆销等
	h	多用于 IT4～IT11 级。广泛用于无相对转动的零件，作为一般的定位配合。若没有温度、变形影响，也用于精密滑动配合
过渡配合	js	为完全对称偏差（±IT/2），平均为稍有间隙的配合，多用于 IT4～IT7 级，要求间隙比 h 轴小，并允许略有过盈的定位配合，如联轴器，可用手或木槌装配
	k	平均为没有间隙的配合，适用于 IT4～IT7 级。推荐用于稍有过盈的定位配合，如为消除振动用的定位配合。一般用木槌装配

续表

配合种类	基本偏差	配合特性及应用
过渡配合	m	平均为具有小过盈的过渡配合，适用于IT4～IT7级，一般用木槌装配，但在最大过盈时，要求相当的压入力
	n	平均过盈比m轴稍大，很少得到间隙，适用IT4～IT7级，用锤或压力机装配，通常推荐用于紧密的组件配合。H6/n5配合为过盈配合
过盈配合	p	与H6孔或H7孔配合时是过盈配合，与H8孔配合时则为过渡配合。对非铁类零件，为较轻的压入配合，易于拆卸。对钢、铸铁或铜、钢组件装配是标准压入配合
	r	对铁类零件为中等打入配合；对非铁类零件为轻打入的配合，可拆卸。与H8孔配合，直径在100mm以上时为过盈配合，直径小时为过渡配合
	s	用于钢和铁制零件的永久性和半永久性装配，可产生相当大的结合力。当用弹性材料，如轻合金时，配合性质与铁类零件的p轴相当，例如用于套环压装在轴上、阀座与机体等配合。尺寸较大时，为避免损伤配合表面，需用热胀或冷缩法装配
	t、u、v、x、y、z	过盈量依次增大，一般不推荐采用

附表1.5　优先配合及应用举例

基孔制	基轴制	优先配合特性及应用举例
$\frac{H11}{c11}$	$\frac{C11}{h11}$	间隙非常大，用于很松的、转动很慢的间隙配合，或要求大公差与大间隙的外露组件，或要求装配方便的很松的配合
$\frac{H9}{d9}$	$\frac{D9}{h9}$	间隙很大的自由转动配合，用于精度非主要要求时，或有大的温度变动、高转速或大的轴颈压力时
$\frac{H8}{f7}$	$\frac{F8}{h7}$	间隙不大的转动配合，用于中等转速与中等轴颈压力的精确转动，也用于装配较易的中等定位配合
$\frac{H7}{g6}$	$\frac{G7}{h6}$	间隙很小的滑动配合，用于不希望自由转动，但可自由移动和滑动并精密定位时，也可用于要求明确的定位配合
$\frac{H7}{h6}$、$\frac{H8}{h7}$ $\frac{H9}{h9}$、$\frac{H11}{h11}$	$\frac{H7}{h6}$、$\frac{H8}{h7}$ $\frac{H9}{h9}$、$\frac{H11}{h11}$	均为间隙定位配合，零件可自由装拆，而工作时一般相对静止不动。在最大实体条件下的间隙为零，在最小实体条件下的间隙由公差等级决定
$\frac{H7}{k6}$	$\frac{K7}{h6}$	过渡配合，用于精密定位
$\frac{H7}{n6}$	$\frac{N7}{h6}$	过渡配合，允许有较大过盈的更精密定位
$\frac{H7^{*}}{p6}$	$\frac{P7}{h6}$	过盈定位配合，即小过盈配合，用于定位精度特别重要时，能以最好的定位精度达到部件的刚性及对中性要求，而对内孔承受压力无特殊要求，不依靠配合的紧固性传递摩擦负荷
$\frac{H7}{s6}$	$\frac{S7}{h6}$	中等压入配合，适用于一般钢件，或用于薄壁件的冷缩配合，用于铸铁件可得到最紧的配合
$\frac{H7}{u6}$	$\frac{U7}{h6}$	压入配合，适用于可以承受大压入力的零件或不宜承受大压入力的冷缩配合

* 表示基本尺寸小于或等于3mm为过渡配合。

附表 1.6　　优先配合中孔的极限偏差（基本尺寸大于 10～315mm）　　(μm)

基本尺寸 (mm)		公差带												
		C	D	F	G	H				K	N	P	S	U
大于	至	11	9	8	7	7	8	9	11	7	7	7	7	7
10	14	+205 +95	+93 +50	+43 +16	+24 +6	+18 0	+27 0	+43 0	+110 0	+6 −12	−5 −23	−11 −29	−21 −39	−26 −44
14	18													
18	24	+204 +110	+117 +65	+53 +20	+28 +7	+21 0	+33 0	+52 0	+130 0	+6 −15	−7 −28	−14 −35	−27 −48	−33 −54
24	30													−40 −61
30	40	+280 +120	+142 +80	+64 +25	+34 +9	+25 0	+39 0	+62 0	+160 0	+7 −18	−8 −33	−17 −42	−34 −59	−51 −76
40	50	+290 +130												−61 −86
50	65	+330 +140	+174 +100	+76 +30	+40 +10	+30 0	+46 0	+74 0	+190 0	+9 −21	−9 −39	−21 −51	−42 −72	−76 −106
65	80	+340 +150											−48 −78	−91 −121
80	100	+390 +170	+207 +120	+90 +36	+47 +12	+35 0	+54 0	+87 0	+220 0	+10 −25	−10 −45	−24 −59	−58 −93	−111 −146
100	120	+400 +180											−66 −101	−131 −166
120	140	+450 +200	+245 +145	+106 +43	+54 +14	+40 0	+63 0	+100 0	+250 0	+12 −28	−12 −52	−28 −68	−77 −117	−155 −195
140	160	+460 +210											−85 −125	−175 −215
160	180	+480 +230											−93 −133	−195 −235
180	200	+530 +240	+285 +170	+122 +50	+61 +15	+46 0	+72 0	+115 0	+290 0	+13 −33	−14 −60	−33 −79	−105 −151	−219 −265
200	225	+550 +260											−113 −159	−241 −287
225	250	+570 +280											−123 −169	−267 −313
250	280	+620 +300	+320 +190	+137 +56	+69 +17	+52 0	+81 0	+130 0	+320 0	+16 −36	−14 −66	−36 −88	−138 −190	−295 −347
280	315	+650 +330											−150 −202	−330 −382

附表 1.7　　优先配合中轴的极限偏差（基本尺寸大于 10～315mm）　　(μm)

基本尺寸 (mm)		公差带													
		c	d	f	g	h				k	n	p	s	u
大于	至	11	9	7	6	6	7	9	11	6	6	6	6	6
10	14	−95	−50	−16	−6	0	0	0	0	+12	+23	+29	+39	+44
14	18	−205	−93	−34	−17	−11	−18	−43	−110	+1	+12	+18	+28	+33
18	24													+54
		−110	−65	−20	−7	0	0	0	0	+15	+28	+35	+48	+41
24	30	−240	−117	−41	−20	−13	−21	−52	−130	+2	+15	+22	+35	+61
														+48
30	40	−120												+76
		−280	−80	−25	−9	0	0	0	0	+18	+33	+24	+59	+60
40	50	−130	−142	−50	−25	−16	−25	−62	−160	+2	+17	+26	+43	+86
		−290												+70
50	65	−140											+72	+106
		−330	−100	−30	−10	0	0	0	0	+21	+39	+51	+53	+87
65	80	−150	−174	−60	−29	−19	−30	−74	−190	+2	+20	+32	+78	+121
		−340											+59	+102
80	100	−170											+93	+146
		−390	−120	−36	−12	0	0	0	0	+25	+45	+59	+71	+124
100	120	−180	−207	−71	−34	−22	−35	−87	−220	+3	+23	+37	+101	+166
		−400											+79	+144
120	140	−200											+117	+195
		−450											+92	+170
140	160	−210	−145	−43	−14	0	0	0	0	+28	+52	+68	+125	+215
		−460	−245	−83	−39	−25	−40	−100	−250	+3	+27	+43	+100	+190
160	180	−230											+133	+235
		−480											+108	+210
180	200	−240											+151	+265
		−530											+122	+236
200	225	−260	−170	−50	−15	0	0	0	0	+33	+60	+79	+159	+287
		−550	−285	−96	−44	−29	−46	−115	−290	+4	+31	+50	+130	+258
225	250	−280											+169	+313
		−570											+140	+284
250	280	−300											+190	+347
		−620	−190	−56	−17	0	0	0	0	+36	+66	+88	+158	+315
280	315	−330	−320	−108	−49	−32	−52	−130	−320	+4	+34	+56	+202	+382
		−650											+170	+350

附表 1.8　　**平行度、垂直度、倾斜度公差**（GB/T 1184—1996）　　(μm)

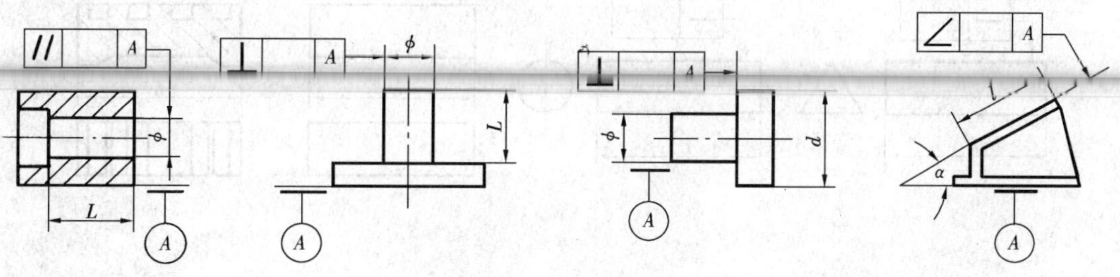

主参数 L、d、(D) 图例

公差等级	主参数 L、d、(D)（mm）											应用举例	
	≤10	>10~16	>16~25	>25~40	>40~63	>63~100	>100~160	>160~250	>250~400	>400~630	>630~1000	平行度	垂直度和倾斜度
5	5	6	8	10	12	15	20	25	30	40	50	用于重要轴承孔对基准面的要求，一般减速器箱体孔的中心线等	用于安装/P4、/P5级轴承的箱体的凸肩，发动机轴和离合器的凸缘
6	8	10	12	15	20	25	30	40	50	60	80	用于一般机械中箱体孔中心线的要求，如减速器箱体的轴孔、7~10级精度齿轮传动箱体孔的中心线	用于安装/P6、/P0级轴承的箱体孔的中心线，低精度机床主要基准面和工作面
7	12	15	20	25	30	40	50	60	80	100	120		
8	20	25	30	40	50	60	80	100	120	150	200	用于重型机械轴承盖的端面，手动传动装置中传动轴	用于一般导轨，普通传动箱体中的轴肩
9	30	40	50	60	80	100	120	150	200	250	300	用于低精度零件，重型机械滚动轴承端盖	用于花键轴肩端面，减速器箱体平面等
10	50	60	80	100	120	150	200	250	300	400	500		
11	80	100	20	150	200	250	300	400	500	600	800	零件的非工作面，卷扬机、运输机上用的减速器壳体平面	农业机械齿轮端面
12	120	150	200	250	300	400	500	600	800	1000	1200		

附表 1.9　　直线度、平面度公差 （μm）

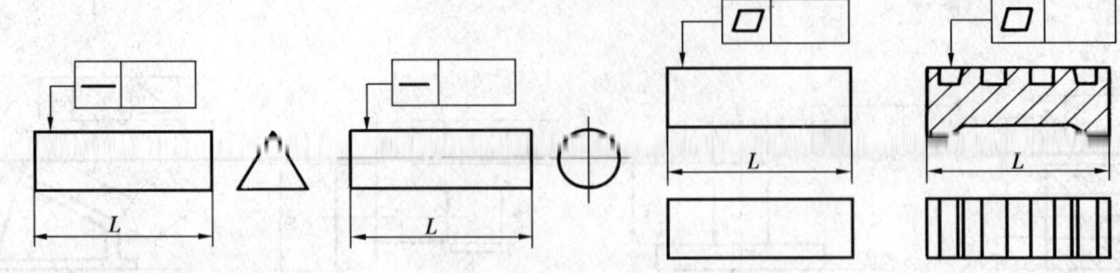

主参数 L 图例

<table>
<tr><th rowspan="2">精度等级</th><th colspan="13">主参数 L（mm）</th><th rowspan="2">应用举例（参考）</th></tr>
<tr><th>≤10</th><th>>10
~16</th><th>>16
~25</th><th>>25
~40</th><th>>40
~63</th><th>>63
~100</th><th>>100
~160</th><th>>160
~250</th><th>>250
~400</th><th>>400
~630</th><th>>630
~1000</th><th>>1000
~1600</th><th>>1600
~2500</th></tr>
<tr><td>5
6</td><td>2
3</td><td>2.5
4</td><td>3
5</td><td>4
6</td><td>5
8</td><td>6
10</td><td>8
12</td><td>10
15</td><td>12
20</td><td>15
25</td><td>20
30</td><td>25
40</td><td>30
50</td><td>普通精度机床导轨，柴油机进、排气门导杆</td></tr>
<tr><td>7
8</td><td>5
8</td><td>6
10</td><td>8
12</td><td>10
15</td><td>12
20</td><td>15
25</td><td>20
30</td><td>25
40</td><td>30
50</td><td>40
60</td><td>50
80</td><td>60
100</td><td>80
120</td><td>轴承体的支承面，压力机导轨及滑块，减速器箱体、油泵、轴系支承轴承的接合面</td></tr>
<tr><td>9
10</td><td>12
20</td><td>15
25</td><td>20
30</td><td>25
40</td><td>30
50</td><td>40
60</td><td>50
80</td><td>60
100</td><td>80
120</td><td>100
150</td><td>120
200</td><td>150
250</td><td>200
300</td><td>辅助机构及手动机械的支承面，液压管件和法兰的连接面</td></tr>
<tr><td>11
12</td><td>30
60</td><td>40
80</td><td>50
100</td><td>60
120</td><td>80
150</td><td>100
200</td><td>120
250</td><td>150
300</td><td>200
400</td><td>250
500</td><td>300
600</td><td>400
800</td><td>500
1000</td><td>离合器的摩擦片，汽车发动机缸盖接合面</td></tr>
</table>

附表 1.10　　圆度、圆柱度公差 （μm）

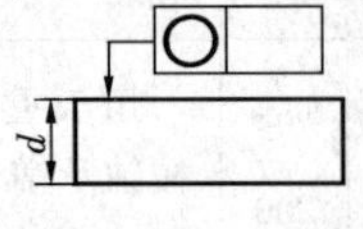

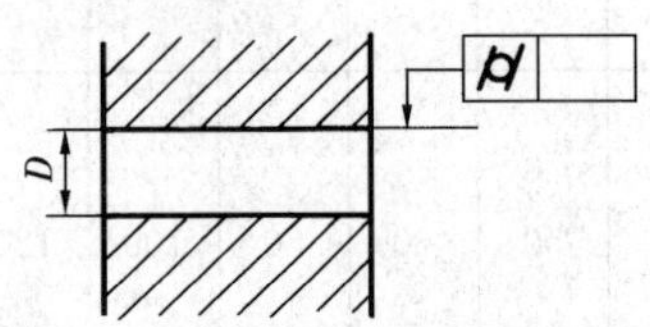

主参数 d、（D）图例

<table>
<tr><th rowspan="2">精度等级</th><th colspan="12">主参数 d、（D）（mm）</th><th rowspan="2">应用举例</th></tr>
<tr><th>>3
~6</th><th>>6
~10</th><th>>10
~18</th><th>>18
~30</th><th>>30
~50</th><th>>50
~80</th><th>>80
~120</th><th>>120
~180</th><th>>180
~250</th><th>>250
~315</th><th>>315
~400</th><th>>400
~500</th></tr>
<tr><td>5
6</td><td>1.5
2.5</td><td>1.5
2.5</td><td>2
3</td><td>2.5
4</td><td>2.5
4</td><td>3
5</td><td>4
6</td><td>5
8</td><td>7
10</td><td>8
12</td><td>9
13</td><td>10
15</td><td>安装/P6、/P0 级滚动轴承的配合面，中等压力下的液压装置工作面（包括泵、压缩机的活塞和气缸），风动绞车曲轴，通用减速器轴颈，一般机床主轴</td></tr>
</table>

续表

精度等级	主参数 d、(D)(mm)												应用举例
	>3 ~6	>6 ~10	>10 ~18	>18 ~30	>30 ~50	>50 ~80	>80 ~120	>120 ~180	>180 ~250	>250 ~315	>315 ~400	>400 ~500	
7	4	4	5	6	7	8	10	12	14	16	18	20	发动机的涨圈和活塞销及连杆中装衬套的孔等，千斤顶或压力油缸活塞，水泵及减速器轴颈，液压传动系统的分配机构，拖拉机器缸体，炼胶机冷铸轧辊
8	5	6	8	9	11	13	15	18	20	23	25	27	
9	8	9	11	13	16	19	22	25	29	32	36	40	起重机、卷扬机用的滑动轴承，带软密封的低压泵的活塞和气缸
10	12	15	18	21	25	30	35	40	46	52	57	63	
11	18	22	27	33	39	46	54	63	72	81	89	97	通用机械杠杆与拉杆，拖拉机的活塞环与套筒孔

附表 1.11　　同轴度、对称度、圆跳动和全跳动公差　　(μm)

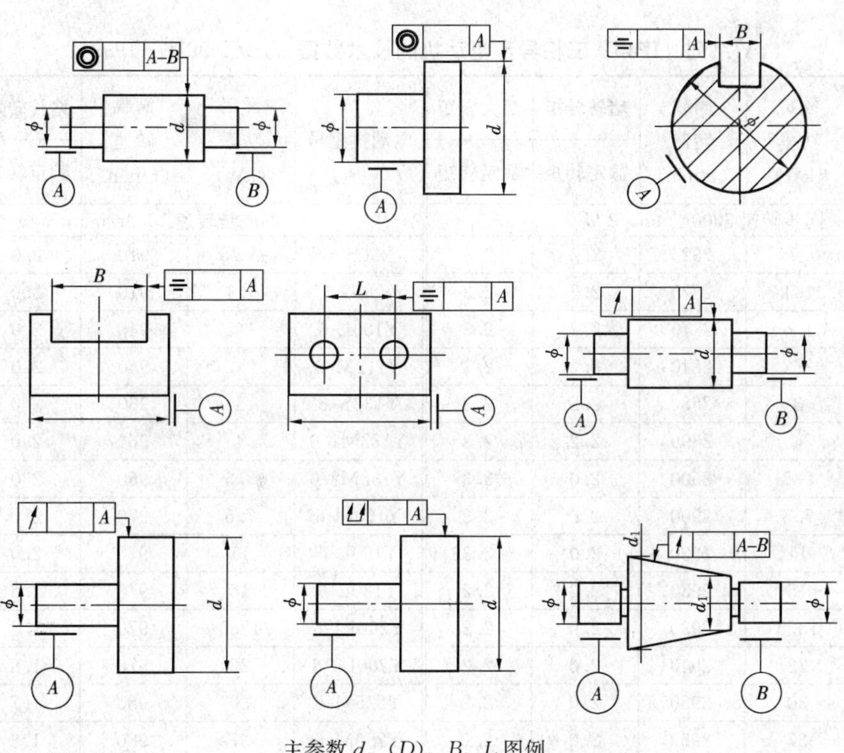

主参数 d、(D)、B、L 图例

续表

精度等级	主参数 d、(D)、L、B (mm)											应用举例(参考)
	>3 ~6	>6 ~10	>10 ~18	>18 ~30	>30 ~50	>50 ~120	>120 ~250	>250 ~500	>500 ~800	>800 ~1250	>1250 ~2000	
5	3	4	5	6	8	10	12	15	20	25	30	6和7级精度齿轮轴的配合面,较高精度的快速轴,汽车发动机曲轴和分配轴的支承轴颈,较高精度机床的轴套
6	5	6	8	10	12	15	20	25	30	40	50	
7	8	10	12	15	20	25	30	40	50	60	80	8级和9级精度齿轮轴的配合面,拖拉机发动机分配轴轴颈,普通精度高速轴(1000r/min以下),长度在1m以下的主传动轴,起重运输机的鼓轮配合孔和导轮的滚动面
8	12	15	20	25	30	40	50	60	80	100	120	
9	25	30	40	50	60	80	100	120	150	200	250	10和11级精度齿轮轴的配合面,发动机气缸套配合面,水泵叶轮离心泵泵件,摩托车活塞,自行车中轴
10	50	60	80	100	120	150	200	250	300	400	500	
11	80	100	120	150	200	250	300	400	500	600	800	用于无特殊要求,一般按尺寸按公差等级IT12制造零件
12	150	200	250	300	400	500	600	800	1000	1200	1500	

注 当被测要素为圆锥面时,取 $d=(d_1+d_2)/2$。

附录2 电动机

附表2.1 Y系列(IP44)三相异步电动机的技术数据(JB/T 9616—1999)

电动机型号	额定功率(kW)	满载转速(r/min)	堵转转矩/额定转矩	最大转矩/额定转矩	电动机型号	额定功率(kW)	满载转速(r/min)	堵转转矩/额定转矩	最大转矩/额定转矩
同步转速3000r/min,2极					同步转速1000r/min,6极				
Y801-2	0.75	2825	2.2	2.3	Y90S-6	0.75	910	2.0	2.0
Y802-2	1.1	2825	2.2	2.3	Y90L-6	1.1	910	2.0	2.0
Y90S-2	1.5	2840	2.2	2.3	Y100L-6	1.5	940	2.0	2.0
Y90L-2	2.2	2840	2.2	2.3	Y112M-6	2.2	940	2.0	2.2
Y100L-2	3	2880	2.2	2.3	Y132S-6	3	960	2.0	2.2
Y112M-2	4	2890	2.2	2.3	Y132M1-6	4	960	2.0	2.2
Y132S1-2	5.5	2900	2.0	2.3	Y132M2-6	5.5	960	2.0	2.2
Y132S2-2	7.5	2900	2.0	2.3	Y160M-6	7.5	970	2.0	2.2
Y160M1-2	11	2930	2.0	2.3	Y160L-6	11	970	2.0	2.2
Y160M2-2	15	2930	2.0	2.2	Y180L-6	15	970	1.8	2.0
Y160L-2	18.5	2930	2.0	2.2	Y200L1-6	18.5	970	1.8	2.0
Y180M-2	22	2940	2.0	2.2	Y200L2-6	22	970	1.8	2.0
Y200L1-2	30	2950	2.0	2.2	Y225M-6	30	980	1.7	2.0
Y200L2-2	37	2950	2.0	2.2	Y250M-6	37	980	1.8	2.0
Y225M-2	45	2970	2.0	2.2	Y280S-6	45	980	1.8	2.0
Y250M-2	55	2970	2.0	2.2	Y280M-6	55	980	1.8	2.0

续表

电动机型号	额定功率(kW)	满载转速(r/min)	堵转转矩/额定转矩	最大转矩/额定转矩	电动机型号	额定功率(kW)	满载转速(r/min)	堵转转矩/额定转矩	最大转矩/额定转矩
同步转速 1500r/min，4 极					Y250M-4	55	1480	2.0	2.2
Y801-4	0.55	1390	2.2	2.3	Y280S-4	75	1480	1.9	2.2
Y802-4	0.75	1390	2.2	2.3	Y280M-4	90	1480	1.9	2.2
Y90S-4	1.1	1400	2.2	2.3	同步转速 750r/min，8 极				
Y90L-4	1.5	1400	2.2	2.3	Y132S-8	2.2	710	2.0	2.0
Y100L1-4	2.2	1420	2.2	2.3	Y132M-8	3	710	2.0	2.0
Y100L2-4	3	1420	2.2	2.3	Y160M1-8	4	720	2.0	2.0
Y112M-4	4	1440	2.2	2.3	Y160M2-8	5.5	720	2.0	2.0
Y132S-4	5.5	1440	2.2	2.3	Y160L-8	7.5	720	2.0	2.0
Y132M-4	7.5	1440	2.2	2.3	Y180L-8	11	730	1.7	2.0
Y160M-4	11	1460	2.2	2.3	Y200L-8	15	730	1.8	2.0
Y160L-4	15	1460	2.2	2.3	Y225S-8	18.5	730	1.7	2.0
Y180M-4	18.5	1470	2.0	2.2	Y225M-8	22	730	1.8	2.0
Y180L-4	22	1470	2.0	2.2	Y250M-8	30	730	1.8	2.0
Y200L-4	30	1470	2.0	2.2	Y280S-8	37	740	1.8	2.0
Y225S-4	37	1480	1.9	2.2	Y280M-8	45	740	1.8	2.0
Y225M-4	45	1480	1.9	2.2					

注　电动机型号意义：以 Y132S2-2-B3 为例，Y 表示系列代号，132 表示机座中心高，S2 表示短机座第二种铁心长度（*M*—中机座，*L*—长机座），2 为电动机的极数，B3 表示安装形式。

附表 2.2　　Y 系列电动机安装代号

安装形式	基本安装型	由 B3 派生安装型				
	B3	V5	V6	B6	B7	B8
示意图						
中心高(mm)	80～280	80～160				

安装形式	基本安装型	由 B5 派生安装型		基本安装	由 B35 派生安装型	
	B5	V1	V3	B35	V15	V36
示意图						
中心高(mm)	80～225	80～280	80～160	80～280	80～160	

附表 2.3 机座带底脚、端盖无凸缘（B3、B6、B7、V5、V6 型）电动机的安装及外形尺寸 （mm）

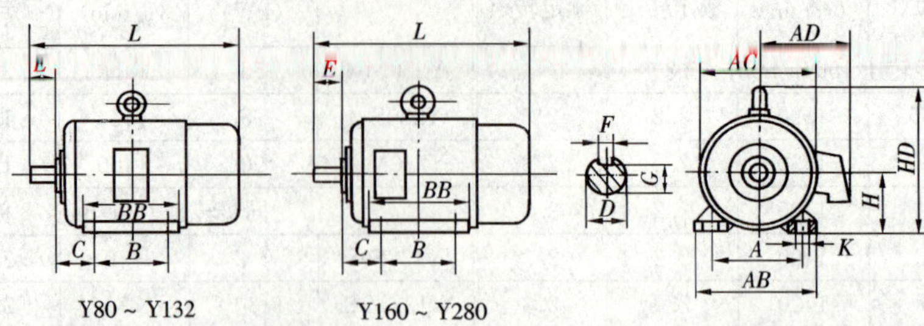

机座号	极数	A	B	C	D		E	F	G	H	K	AB	AC	AD	HD	BB	L
80	2，4	125	100	50	19		40	6	15.5	80		165	165	150	170	130	285
90S		140		56	24		50		20	90	10	180	175	155	190		310
90L	2，4，6		125			+0.009 −0.004		8								155	335
100L		160		63	28		60		24	100	12	205	205	180	245	170	380
112M		190	140	70						112		245	230	190	265	180	400
132S		216		89	38		80	10	33	132		280	270	210	315	200	475
132M			178													238	515
160M		254	210	108	42	+0.018 −0.002		12	37	160	15	330	325	255	385	270	600
160L	2，4，6，8		254													314	645
180M		279	241	121	48		110	14	42.5	180		355	360	285	430	311	670
180L			279													349	710
200L		318	305	133	55			16	49	200		395	400	310	475	379	775
225S	4，8		286		60		140	18	53		19					368	820
225M	2	356	311	149	55		110	16	49	225		435	450	345	530	393	815
	4，6，8				60				53								845
250M	2	406	349	168		+0.030 −0.011		18		250		490	495	385	575	455	930
	4，6，8				65				58								
280S	2		368				140				24					530	1000
	4，6，8	457			75			20	67.5			550	555	410	640		
280M	2		419	190	65			18	58	280						581	1050
	4，6，8				75			20	67.5								

附表 2.4　机座带底脚、端盖有凸缘（B35、V15、V36 型）电动机的安装及外形尺寸　（mm）

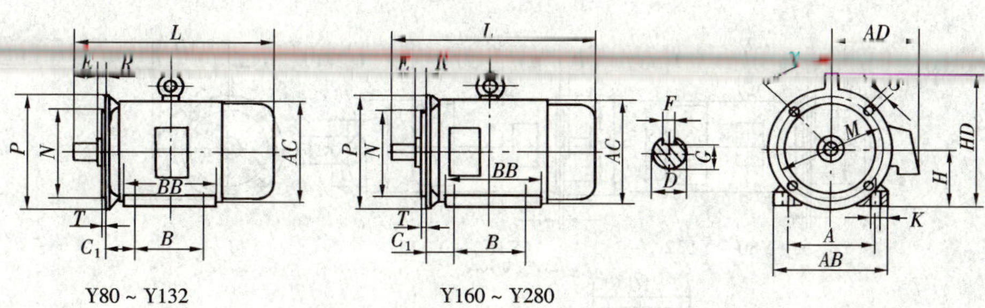

机座号	极数	A	B	C_1	D		E	F	G	H	K	M	N	P	R	S	T	凸缘孔数	AB	AC	AD	HD	BB	L
80	2,4	125	100	50	19		40	6	15.5	80									165	165	150	170	130	285
90S		140		56	24		50		20	90	10	165	130	200		12	3.5		180	175	155	190		310
90L	2,4,6		125			+0.009 −0.004		8															155	335
100L		160		63	28		60		24	100		215	180	250					205	205	180	245	176	380
112M		190	140	70						112	12					15	4		245	230	190	265	180	400
132S		216		89	38		80	10	33	132		265	230	300				4	280	270	210	315	200	475
132M			178																				238	515
160M		254	210	108	42	+0.018 −0.002		12	37	160									330	325	255	385	270	600
160L	2,4,6,8		254				110				15	300	250	350									314	645
180M		279	241	121	48			14	42.5	180									355	360	285	430	311	670
180L			279												0								349	710
200L		318	305	133	55			16	49	200		350	300	400					395	400	310	475	379	775
225S	4,8		286		60		140	18	53		19												368	820
225M	2	365	311	149	55		110	16	49	225		400	350	450					435	450	345	530	393	815
	4,6,8				60				53							19	5							845
250M	2	406	349	168			140	18	53	250								8	490	495	385	575	455	930
	4,6,8				65	+0.030 +0.011			58		24	500	450	550										
280S	2		368																				530	
	4,6,8	457		190	75			20	67.5	280									550	555	410	640		1000
280M	2		419		65			18	58														581	
	4,6,8				75			20	67.5															1050

注　1. Y80～Y200 时，$\gamma=45°$；Y225～Y280 时，$\gamma=22.5°$。

2. N 的极限偏差 130 和 180 为 $^{+0.014}_{-0.011}$，230 和 250 为 $^{+0.016}_{-0.013}$，300 为±0.016，350 为±0.018，450 为±0.020。

附表 2.5　机座不带底脚、端盖有凸缘(B5、V3 型)和立式安装、机座不带底脚、端盖有凸缘、轴伸向下(V1 型)电动机的安装及外形尺寸　(mm)

Y80～Y132

Y160～Y225

Y180～280

机座号	极数	D		E	F	G	M	N	P	R	S	T	凸缘孔数	AC	AD	HE(HE)	L(L)
80	2,4	19	+0.009 −0.004	40	6	15.5	165	130	200	0	12	3.5	4	165	150	185	285
90S	2,4,6	24		50	8	20								175	155	195	310
90L																	335
100L		28		60		24	215	180	250		15	4		205	180	245	380
112M														230	190	265	400
132S		38		80	10	33	265	230	300					270	210	315	475
132M																	515
160M	2,4,6,8	42	+0.018 +0.002	110	12	37	300	250	350					325	255	385	600
160L																	645
180M		48			14	42.5								360	285	430(500)	670(730)
180L																	710(770)
200L		55			16	49	350	300	400					400	310	480(550)	775(850)
225S	4,8	60		140	18	53	400	350	450		19	5	8	450	345	535(610)	820(910)
225M	2	55		110	16	49											815(905)
	4,6,8	60	+0.030 +0.011	140	18	53											845(935)
250M	2													495	385	(650)	(1035)
	4,6,8	65				58											
280S	2						500	450	550					555	410	(720)	(1120)
	4,6,8	75			20	67.5											
280M	2	65			18	58											(1170)
	4,6,8	75			20	67.5											

注　1. Y80～Y200 时,$\gamma=45°$;Y225～Y280 时,$\gamma=22.5°$。

2. N 的极限偏差 130 和 180 为 $^{+0.014}_{-0.011}$,230 和 250 为 $^{+0.016}_{-0.013}$,300 为 ±0.016,350 为 ±0.018,450 为 ±0.020。

3. 括号中的数据一般不宜采纳。

附录3　常用联轴器

附表3.1　**轴孔和键槽的形式、代号及系列尺寸**（GB/T 3852—1997）　（mm）

	长圆柱形轴孔（Y型）	有沉孔的短圆柱形轴孔（J型）	无沉孔的短圆柱形轴孔（J_1型）	有沉孔的圆锥形轴孔（Z型）
轴孔	d，L	d，d_1，R，L，L_1	d，L	d_z，1:10，d_1，R，L，L_1
键槽	A型（b，t_2）	B型（b，t_2，120°）		C型（b，t_2）

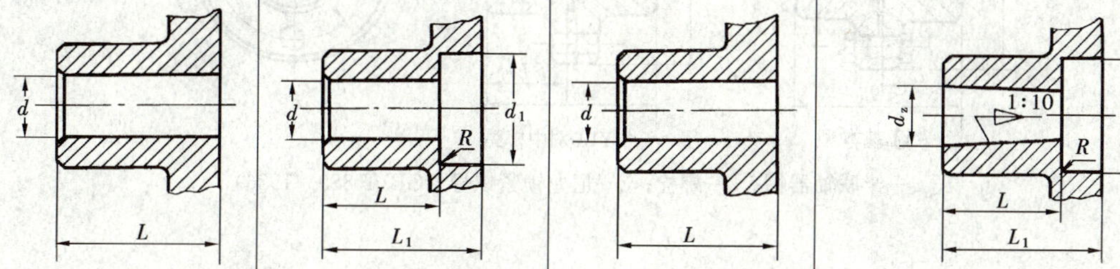

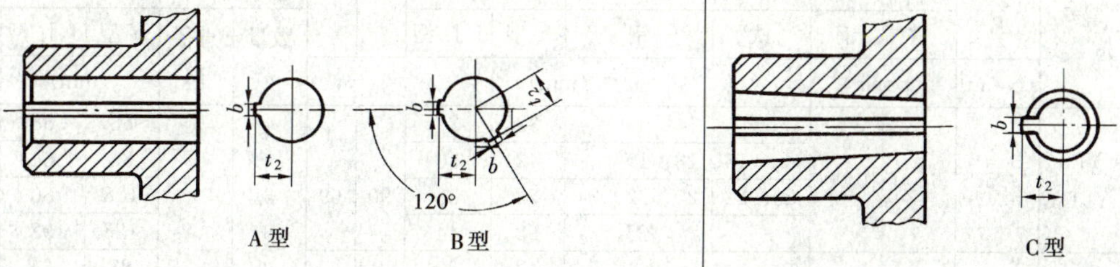

直径 d、d_z	轴孔长度 L Y型	轴孔长度 L J、J_1、Z型	轴孔长度 L_1	沉孔 d_1	沉孔 R	C型键槽 b	C型键槽 t_2 公差尺寸	C型键槽 t_2 极限偏差
16	42	30	42	38	1.5	3	8.7	±0.1
18						4	10.1	
19							10.6	
20	52	38	52				10.9	
22							11.9	
24						5	13.4	
25	62	44	62	48			13.7	
28							15.2	
30	82	60	82	55			15.8	
32					2		17.3	
35							18.3	
38							20.3	
40	112	82	112	65			21.2	±0.2
42							22.2	
45				80			23.7	
48							25.2	
50				95			26.2	

直径 d、d_z	轴孔长度 L Y型	轴孔长度 L J、J_1、Z型	轴孔长度 L_1	沉孔 d_1	沉孔 R	C型键槽 b	C型键槽 t_2 公差尺寸	C型键槽 t_2 极限偏差
55	112	84	112	95	2.5	14	29.2	±0.2
56							29.7	
60	142	107	142	105		16	31.7	
63							32.2	
65							34.2	
70				120		18	36.8	
71							37.3	
75							39.3	
80	172	132	172	140		20	41.6	
85					3		44.1	
90				160		22	47.1	
95							49.6	
100	212	167	212	180		25	51.3	
110							56.3	
120				210		28	62.3	
125					4		64.8	
130	252	202	252	235			66.4	

注　无沉孔的圆锥形轴孔（Z_1型）和B_1型、D型键槽尺寸，详见GB 3852—1983。

附表 3.2　凸缘联轴器（GB/T 5843—1986）　(mm)

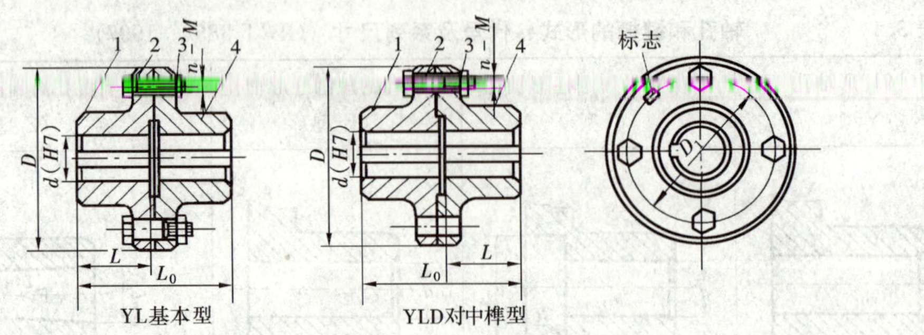

1、4—半联轴器帽；2—螺栓；3—尼龙锁紧螺母（GB/T 889—1986）

型号	公称转矩 T_n	许用转速 n_p		轴孔直径 d(H7)		轴孔长度 L		D	D_1	螺栓		L_0		转动惯量 J	质量
		铁	钢	铁	钢	Y型	J、J_1型			数量	直径	Y型	J、J_1型		
	(N·m)	(r/min)		(mm)						n	M	(mm)		(kg·m²)	(kg)
YL3 YLD3	25	6400	10 000	14		32	27	90	69	3 (3)	M8	68	58	0.0060	1.99
				16、18、19		42	30					88	64		
				20、22	20、22、24	52	38					108	80		
				—	25	62	44					128	92		
YL4 YLD4	40	5700	9500	18、19		42	30	100	80			88	64	0.0093	2.47
				20、22、24		52	38					108	80		
				25	25、28	62	44					128	92		
YL5 YLD5	63	5500	9000	22、24		52	38	105	85	4 (4)		108	80	0.013	3.19
				25、28		62	44					128	92		
				30	30、32	82	60					168	124		
YL6 YLD6	100	5200	8000	24		52	38	110	90	4 (4)		108	80	0.017	3.99
				25、28		62	44					128	92		
				30、32	30、32、35	82	60					168	124		
YL7 YLD7	160	4800	7600	28		62	44	120	95	4 (3)		128	92	0.029	5.66
				30、32、35、38		82	60					168	124		
				—	40	112	82					228	172		
YL8 YLD8	250	4300	7000	32、35、38		82	60	130	105		M10	169	125	0.043	7.29
				40、42	40、42、45	112	84					229	173		
YL9 YLD9	400	4100	6800	38		82	60	140	115	6 (3)		169	125	0.064	9.53
				40、42、45		112	84					229	173		
				48	48、50										
YL10 YLD10	630	3600	6000	45、48、45				160	130	6 (4)	M12			0.112	12.46
				55	55、56										
				—	60	142	107					289	219		

注　1. 括号内的轴孔直径仅适用于钢制联轴器。

2. 括号内的螺栓数量为铰制孔用螺栓数量。

3. 标记示例：YL3 联轴器$\frac{\text{J30}\times 60}{\text{J}_1\text{B28}\times 44}$GB 5843—1986，主动端：J型轴孔，A型键槽，d=30mm，L=60mm；从动端：J_1型轴孔，B型键槽，d=28mm，L=44mm。

附表 3.3　**弹性套柱销联轴器**（GB/T 4323—1984）　(mm)

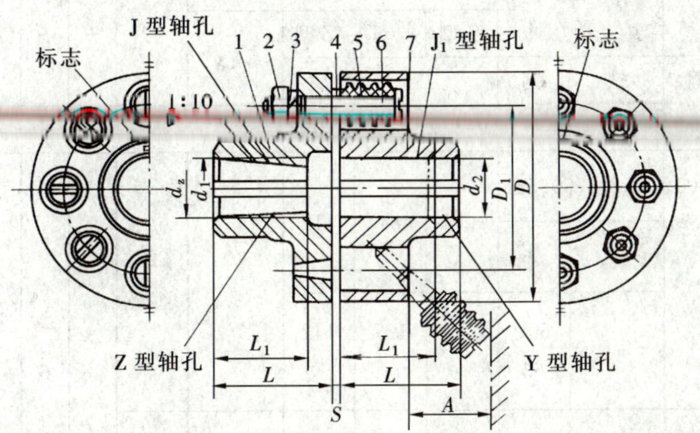

1、7—半联轴器；2—螺母；3—弹簧垫圈；4—挡圈；5—弹性套；6—柱销

型号	许用转矩 T	许用转速 n		轴孔直径 d_1、d_2、d_z		轴孔长度			$L_{推荐}$	D	b	S	$A \leqslant$	质量	转动惯量 J
						Y 型	J、J₁、Z 型								
		铁	钢	铁	钢	L		L_1							
	(N·m)	(r/min)		(mm)										(kg)	(kg·m²)
LT3	31.5	4700	6300	16、18、19		42	30	42	38	95				1.969 64	0.002 16
				20	20、22	52	38	52			23	4	35		
LT4	63	4200	5700	20、22、24					40	106				2.453 19	0.003 36
				—	25、28	62	44	62							
LT5	125	3600	4600	25、28					50	130				5.302 37	0.010 99
				30、32	30、32、35	82	60	82							
LT6	250	3300	3800	32、35、38					55	160	38	5	45	8.379 66	0.025 52
				40	40、42	112	84	112							
LT7	500	2800	3600	40、42、45	40、42、45、48				65	190				12.1774	0.050 91

续表

型号	许用转矩 T	许用转速 n		轴孔直径 d_1、d_2、d_z		轴孔长度				D	b	S	$A\leqslant$	质量	转动惯量 J
						Y型	J、J_1、Z型		$L_{推荐}$						
		铁	钢	铁	钢	L		L_1							
	(N·m)	(r/min)				(mm)								(kg)	(kg·m²)
LT8	710	2400	3000	45、48、50、55		112	84	112	70	224				19.7141	0.120 84
				—	56										
				—	60、63	142	107	142			48	6	65		
LT9	1000	2100	2850	50、50、56		112	84	112	80	250				25.7532	0.190 45
				60、63		142	107	142							
				—	65、70、71										
TL10	2000	1700	2300	63、65、70、71、75		142	107	142	100	315	58	8	80	50.3517	0.579 98
				80、85	80、85、90、95	172	132	172							

注 1. 半联轴器材料：ZG270—500，35号钢或HT200。

2. 短时过载不得超过许用转矩值的2倍。

3. 轴孔形式及长度 L、L_1 可根据需要选取。

4. 弹性套柱销联轴器的主要尺寸关系：

柱销中心分布圆直径 $D_1=15\sim16.5\sqrt[3]{T_c}$

式中 T_c—联轴器的计算转矩，N·m。

联轴器的外径 $D=D_1+(1.5\sim1.6)d_5$ 或 $D=(3.5\sim4)d_1$

式中 d_1、d_5—轴孔直径和弹性套外径。

柱销数 $z=2.8D_1/d_5$

弹性套外径 $d_5=(0.22\sim0.35)d_1$（d_5 图中未标出）

弹性套内径 $d_6=0.5d_5$（d_6 图中未标出）

联轴器总长 $L_0=(3.5\sim4)d_1$（L_0 图中未标出）

工作温度：−20～70℃。

标记示例：LT3弹性套柱销联轴器 $\frac{ZC16\times30}{J_1B18\times30}$ GB/T 4323—1984，主动端：Z型轴孔、C型键槽，$d_z=16$mm，$L_1=30$mm；从动端：J_1 型轴孔、B型键槽，$d_2=18$mm，$L=30$mm。

附表 3.4　　弹性柱销联轴器（GB 5014—1985）　　（mm）

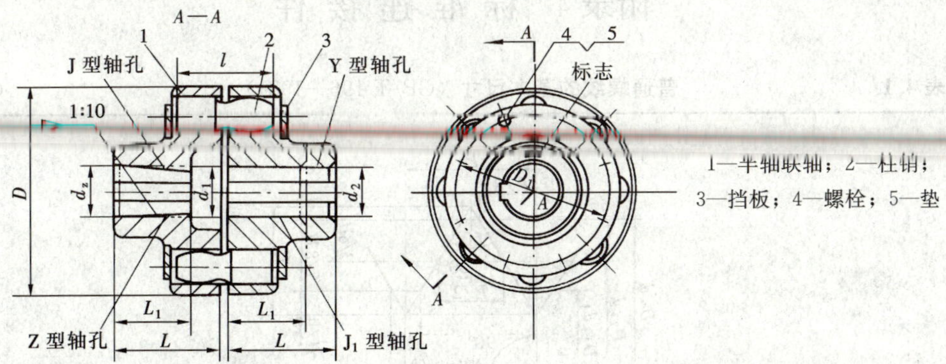

型号	许用转矩 T（N·m）	许用转速 n（r/min）		轴孔直径 d_1、d_2、d_z	轴孔长度			D	d_3	l
		钢	铁		Y 型	J、J_1、Z 型				
					L	L_1	L			
HL2	315	5600	5600	20、22、24	52	38	52	120	20	56
				25、28	62	44	62			
				30、32、(35)	82	60	82			
HL3	630	5000	5000	30、32、35、38	82	60	82	160		72
				40、42、(45)、(48)	112	84	112			
HL4	1250	4000	2800	40、42、45、48、50、55、56	112	84	112	195	30	90
				(60)、(63)	142	107	142			
HL5	2000	3550	2500	50、55、56、60、63、65、70、(71)、(75)	142	107	142	220		
HL6	3150	2800	2100	60、63、65、70、71、75、78	142	107	142	280	40	112
				(85)	172	132	172			
HL7	6300	2240	1700	70、71、75	142	107	142	320		
				80、85、90、95	172	132	172			
HL8	10 000	2120	1600	100、(110)	212	167	212	360	50	127
				80、85、90、95	172	132	172			
				100、110、(120)、(125)	212	167	212			
HL9	16 000	1800	1250	100、110、120、125	212	167	212	410		
				130、(140)	252	202	252			
HL10	25 000	1560	1120	110、120、125	212	167	212	480	60	152
				130、140、150	252	202	252			
				160、(170)、(180)	302	242	302			
HL11	31 500	1320	1000	130、140、150	252	202	252	540		
				160、170、180	302	242	302			
				190、(200)、(220)	352	282	352			

注　1. 最小型号为 HL1，最大型号为 HL14，详见 GB 5014—1985。

2. 带制动轮的弹性柱销联轴器 HLL 型可参阅 GB 5014—1985。

3. 轴孔直径括号内数值仅用于钢制半联轴器。

4. 轴孔型式及长度 L、L_1 可根据需要选取。

5. 弹性柱销联轴器的主要尺寸关系：

柱销中心分布圆直径　$D_1 = 15 \sim 16.5\sqrt[3]{T_c}$

式中　T_c—联轴器的计算转矩（N·m）。

柱销直径 $d_3 =（0.1 \sim 0.14）D_1$（d_3 图中未标出）

柱销长度　$l = 2d_3$

柱销数　$z = 6 \sim 16$

联轴器的外径　$D =（1.2 \sim 1.4）D_1$

6. 标记示例：HL7 联轴器 $\dfrac{ZC75\times107}{JB70\times107}$ GB 5014—1985，主动端：Z 型轴孔，C 型键槽，$d_2 = 75$mm，$L_1 = 107$mm；从动端：J 型轴孔，B 型键槽，$d_2 = 70$mm，$L_1 = 107$mm。

附录4 标 准 连 接 件

附表 4.1 **普通螺纹的基本尺寸**(GB/T 196—1981) (mm)

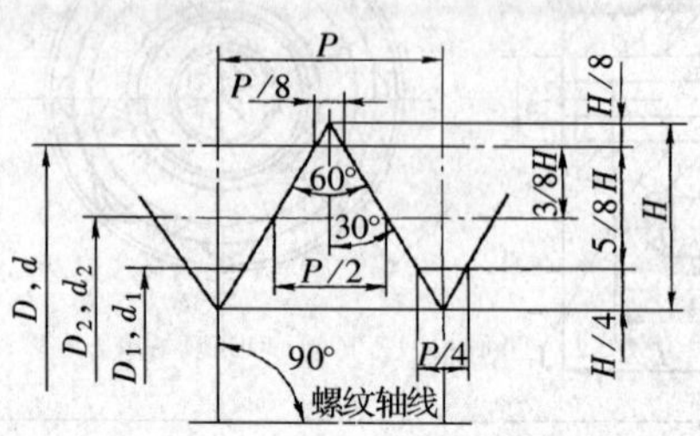

公称直径 d、D 第一系列	公称直径 d、D 第二系列	螺距 P	中径 D_2 或 d_2	小径 D_1 或 d_1
5	5.5	0.8	4.480	4.134
		0.5	4.675	4.459
6		1	5.350	4.917
		0.75	5.513	5.188
		(0.5)		
8		1.25	7.188	6.647
		1	7.350	6.917
		0.75	7.518	7.188
		(0.5)		
10		1.5	9.026	8.376
		1.25	9.188	8.647
		1	9.350	8.917
		0.75	9.513	9.188
12		1.75	10.863	10.106
		1.5	11.026	10.376
		1.25	11.188	10.674
		1	11.350	10.917

公称直径 d、D 第一系列	公称直径 d、D 第二系列	螺距 P	中径 D_2 或 d_2	小径 D_1 或 d_1
	14	2	12.701	11.835
		1.5	13.026	12.376
		(1.25)	13.188	12.647
		1	13.350	12.917
16		2	14.701	13.835
		1.5	15.026	14.376
		1	15.350	14.917
	18	2.5	16.376	15.294
		2	16.701	15.835
		1.5	17.026	16.376
		1	17.350	16.917
20		2.5	18.376	17.294
		2	18.701	17.835
		1.5	19.026	18.376
		1	19.350	18.917
	22	2.5	20.376	19.294
		2	20.701	19.835
		1.5	21.026	20.376
		1	21.350	20.917
24		3	22.051	20.752
		2	22.701	21.835
		1.5	23.026	22.376
		1	23.350	22.917
	27	3	25.051	23.752
		2	25.701	24.835
		1.5	26.026	25.376
		1	26.350	25.917

公称直径 d、D 第一系列	公称直径 d、D 第二系列	螺距 P	中径 D_2 或 d_2	小径 D_1 或 d_1
30		3.5	27.727	26.211
		2	28.701	27.835
		1.5	29.026	28.376
		1	29.350	28.917
	33	3.5	30.727	29.211
		2	31.701	30.835
		1.5	32.026	31.376
36		4	33.402	31.670
		3	34.051	32.752
		2	34.701	33.835
		1.5	35.026	34.376
	45	4.5	42.077	40.129
		3	43.051	41.752
		2	43.701	42.835
		1.5	44.026	43.376
48		5	44.752	42.587
		3	46.051	44.752
		2	46.701	45.835
		1.5	47.026	46.376
	52	5	48.752	46.587
		3	50.051	48.752
		2	50.701	49.835
		1.5	51.026	50.376
56		5.5	52.428	50.046
		4	53.402	51.670
		3	54.051	52.752
		2	54.701	53.835
		1.5	55.026	54.376

注 1. 优先选用第一系列，螺距中的第一个数值为粗牙螺纹用，其余均为细牙螺纹。

2. M14×1.25 仅用于火花塞，M35×1.5 仅用于滚动轴承锁紧螺母。

3. 标记示例：公称直径 10mm、右旋、公差代号为 6h、中等旋合长度的普通粗牙螺纹标记为 M10—6h。

附表 4.2　　六角头螺栓（GB/T 5780—2000、GB/T 5781—2000）　　（mm）

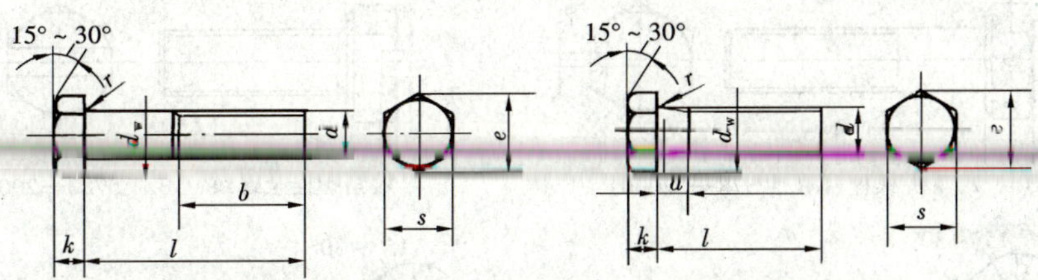

六角头螺栓C级（GB/T 5780—2000）　　六角头螺栓全螺纹C级（GB/T 5781—2000）

<table>
<tr><td colspan="2">螺纹规格 d</td><td>M5</td><td>M6</td><td>M8</td><td>M10</td><td>M12</td><td>(M14)</td><td>M16</td><td>(M18)</td><td>M20</td><td>(M22)</td><td>M24</td><td>(M27)</td><td>M30</td><td>M36</td></tr>
<tr><td colspan="2">s（公称）</td><td>8</td><td>10</td><td>13</td><td>16</td><td>18</td><td>21</td><td>24</td><td>27</td><td>30</td><td>34</td><td>36</td><td>41</td><td>46</td><td>55</td></tr>
<tr><td colspan="2">k（公称）</td><td>3.5</td><td>4</td><td>5.3</td><td>6.4</td><td>7.5</td><td>8.8</td><td>10</td><td>11.5</td><td>12.5</td><td>14</td><td>15</td><td>17</td><td>18.7</td><td>22.5</td></tr>
<tr><td colspan="2">r（最小）</td><td>0.2</td><td>0.25</td><td colspan="2">0.4</td><td colspan="4">0.6</td><td colspan="3">0.8</td><td colspan="3">1</td></tr>
<tr><td colspan="2">e（最小）</td><td>8.6</td><td>10.9</td><td>14.2</td><td>17.6</td><td>19.9</td><td>22.8</td><td>26.2</td><td>29.6</td><td>33</td><td>37.3</td><td>39.6</td><td>45.2</td><td>50.9</td><td>60.8</td></tr>
<tr><td colspan="2">a（最大）</td><td>2.4</td><td>3</td><td>4</td><td>4.5</td><td>5.3</td><td colspan="2">6</td><td colspan="4">7.5</td><td>9</td><td>10.5</td><td>12</td></tr>
<tr><td colspan="2">d_w（最大）</td><td>6.7</td><td>8.7</td><td>11.5</td><td>14.5</td><td>16.5</td><td>19.2</td><td>22</td><td>24.9</td><td>27.7</td><td>31.4</td><td>33.3</td><td>38</td><td>42.8</td><td>51.1</td></tr>
<tr><td rowspan="3">b
（参考）</td><td>l≤125</td><td>16</td><td>18</td><td>22</td><td>26</td><td>30</td><td>34</td><td>38</td><td>42</td><td>46</td><td>50</td><td>54</td><td>60</td><td>66</td><td>78</td></tr>
<tr><td>125<l≤200</td><td>—</td><td>—</td><td>28</td><td>32</td><td>36</td><td>40</td><td>44</td><td>48</td><td>52</td><td>56</td><td>60</td><td>66</td><td>72</td><td>84</td></tr>
<tr><td>l>200</td><td>—</td><td>—</td><td>—</td><td>—</td><td>—</td><td>53</td><td>57</td><td>61</td><td>65</td><td>69</td><td>73</td><td>79</td><td>85</td><td>97</td></tr>
<tr><td colspan="2">l（公称）
GB/T 5780—2000</td><td>25～50</td><td>30～60</td><td>40～80</td><td>45～100</td><td>55～120</td><td>60～140</td><td>65～160</td><td>80～180</td><td>80～200</td><td>90～220</td><td>100～240</td><td>110～260</td><td>120～300</td><td>140～360</td></tr>
<tr><td colspan="2">全螺纹长度 l
GB/T 5781—2000</td><td>10～50</td><td>12～60</td><td>16～80</td><td>20～100</td><td>25～120</td><td>30～140</td><td>35～160</td><td>35～180</td><td>40～200</td><td>45～220</td><td>50～240</td><td>55～280</td><td>60～300</td><td>70～360</td></tr>
<tr><td colspan="2">100mm 长的质量（kg）</td><td>0.013</td><td>0.020</td><td>0.037</td><td>0.063</td><td>0.090</td><td>0.127</td><td>0.127</td><td>0.223</td><td>0.282</td><td>0.359</td><td>0.424</td><td>0.566</td><td>0.721</td><td>1.100</td></tr>
<tr><td colspan="2">l 系列（公称）</td><td colspan="14">10，12，16，20，25，30，35，40，45，50，55，60，65，70，80，90，100，110，120，130，140，150，160，180，200，220，240，260，280，300，320，340，360，380，400，420，440，480，500</td></tr>
</table>

<table>
<tr><td rowspan="2">技术条件</td><td>GB/T 5780 螺纹公差：8g</td><td rowspan="2">材料：钢</td><td rowspan="2">性能等级：d≤39、3.6、4.6、4.8；d>39，按协议</td><td rowspan="2">表面处理：不经处理，电镀、非电解锌粉覆盖</td><td rowspan="2">产品等级：c</td></tr>
<tr><td>GB/T 5781 螺纹公差：8g</td></tr>
</table>

注　1. M5～M36 为商品规格，为销售储备的产品最通用的规格。
2. M42～M64 为通用规格，较商品规格低一档，有时买不到要现制造。
3. 带括号的为非优选的螺纹规格（其他各表均相同）。
4. 末端按 GB/T 2 规定。
5. 标记示例“GB/T5780　M12×80”为简化标记，它代表了标记示例的各项内容，此标准件为常用及大量供应的，与标记示例内容不同的不能用简化标记，应按 GB/T 1237—2000 规定标记。
6. 表面处理：电镀技术按要求 GB/T 5267；非电解锌粉覆盖技术要求按 ISO10683；如需其他表面镀层或表面处理，应由双方协议。
7. GB/T 5780 增加了短规格，推荐采用 GB/T 5781 全螺纹螺栓。
8. 标记示例：螺纹规格 d=M12、公称直径 l=80mm、性能等级为 4.8 级、不经表面处理、C 级的六角头螺栓标记为 GB/T 5780　M12×80。

附表 4.3　　**六角头螺栓**（GB/T 5782—2000、GB/T 5783—2000）　　(mm)

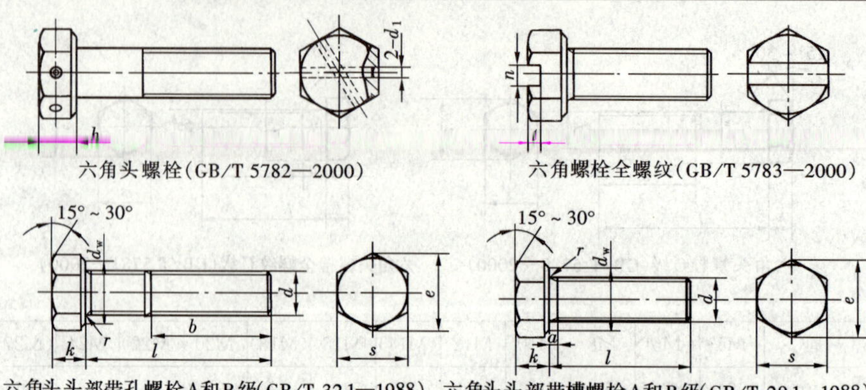

六角头螺栓(GB/T 5782—2000)　　六角螺栓全螺纹(GB/T 5783—2000)

六角头头部带孔螺栓A和B级(GB/T 32.1—1988)
其余的形式与尺寸按 GB/T 5782 规定

六角头头部带槽螺栓A和B级(GB/T 29.1—1988)
其余的形式与尺寸按 GB/T 5783 规定

螺纹规格 d		M3	M4	M5	M6	M8	M10	M12	(M14)	M16	(M18)	M20	(M22)	M24	(M27)	M30	M36
s (公称)		5.5	7	8	10	13	16	18	21	24	27	30	34	36	41	46	55
k (公称)		2	2.8	3.5	4	5.3	6.4	7.5	8.8	10	11.5	12.5	14	15	17	18.7	22.5
r_{min}		0.1	0.2		0.25	0.4	0.6					0.8				1	
e_{min}	A	6.01	7.66	8.79	11.05	14.38	17.77	20.03	23.36	26.75	30.14	33.53	37.72	39.98	—	—	—
	B	5.88	7.50	8.63	10.89	14.20	17.59	19.85	22.78	26.17	29.56	32.95	37.29	39.55	45.2	50.85	60.79
d_{wmin}	A	4.57	5.88	6.88	8.88	11.63	14.63	16.63	19.64	22.49	25.34	28.19	31.71	33.61	—	—	—
	B	4.45	5.74	6.74	8.74	11.47	14.47	16.47	19.15	22	24.85	27.7	31.35	33.25	38	42.75	51.11
b (参考)	l≤125	12	14	16	18	22	26	30	34	38	42	46	50	54	60	66	—
	125<l≤200	18	20	22	24	28	32	36	40	44	48	52	56	60	60	72	84
	l>200	31	33	35	37	41	45	49	53	57	61	65	69	73	79	85	97
a		1.5	2.1	2.4	3	3.75	4.5	5.25	6		7.5			9		10.5	12
n		0.8	1.2		1.6	2	2.5	3	—	—	—	—	—	—	—	—	—
t		0.7	1	1.2	1.4	1.9	2.4	3	—	—	—	—	—	—	—	—	—
h≈		—	—	—	2.0	2.6	3.2	3.7	4.4	5.0	5.7	6.2	7.0	7.5	8.5	9.3	11.2
l (范围值)		20~30	25~40	25~50	30~60	40~80	45~100	50~120	60~140	65~160	70~180	80~200	90~220	80~240	100~260	110~300	140~360
全螺纹长度 l		6~30	8~40	10~50	12~60	16~80	0~100	25~120	30~140	30~150	35~180	40~150	45~200	50~150	55~200	60~200	70~200
l 系列		2, 3, 4, 5, 6, 8, 10, 12, 16, 20, 25, 30, 35, 40, 45, 50, 55, 60, 65, 70, 80, 90, 100, 110, 120, 130, 140, 150, 160, 180, 200, 220, 240, 260, 280, 300, 320, 340, 360, 380, 400, 420, 440, 460, 480, 500															

注　1. 产品等级 A 用于 d≤24mm 和 l≤10d 或 l≤150mm 螺栓，B 级用于 d>24mm 和 l>10d 或 l>150mm 螺栓（按较小值，A 级比 B 级精确）。

2. M3~M36 为商品规格，括号内的螺纹规格尽量不选用。

3. 螺纹末端按 GB/T 2 规定。

4. 标记示例：螺纹规格 d=M12、公称长度 l=80mm、性能等级为 8.8 级、表面氧化、A 级的六角螺栓标记为螺栓 GB/T 5782　M12×80。

附表 4.4　　**开槽螺钉**（GB/T 65—2000～ GB/T 69—2000）　　（mm）

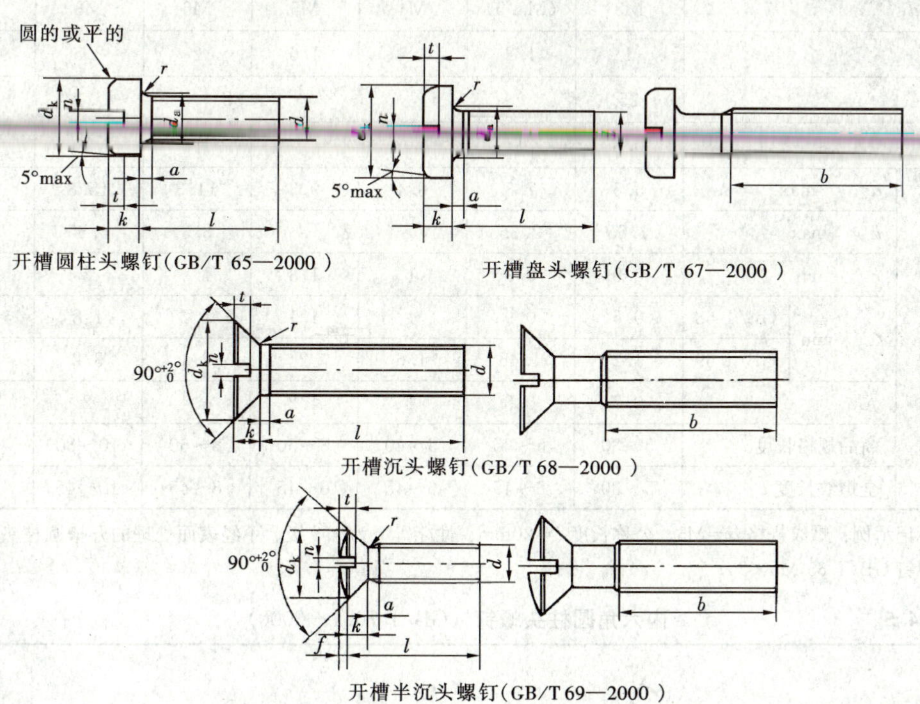

开槽圆柱头螺钉（GB/T 65—2000）

开槽盘头螺钉（GB/T 67—2000）

开槽沉头螺钉（GB/T 68—2000）

开槽半沉头螺钉（GB/T 69—2000）

螺纹规格 d		M3	（M3.5）	M4	M5	M6	M8	M10
a_{max}		1	1.2	1.4	1.6	2	2.5	3
b_{min}		25	38					
n 公称		0.8	1	1.2		1.6	2	2.5
GB/T 65	d_k　max	5.5	6	7	8.5	10	13	16
	k　max	2	2.4	2.6	3.3	39	5	6
	t　min	0.85	1	1.1	1.3	1.6	2	2.4
	d_a　max	3.6	4.1	4.7	5.7	6.8	9.2	11.2
	r　min	0.1		0.2		0.25	0.4	
	商品规格长度 l	4～30	5～35	5～40	6～50	8～60	10～80	12～80
	全螺纹长度 l	4～30	5～40	5～40	6～40	8～40	10～40	12～40
GB/T 67	d_k　max	5.6	7	8	9.5	12	16	20
	k　max	1.8	2.1	2.4	3	3.6	4.8	6
	t　min	0.7	0.8	1	1.2	1.4	1.9	2.4
	d_a　max	3.6	4.1	4.7	5.7	6.8	9.2	11.2
	r　min	0.1		0.2		0.25	0.4	
	商品规格长度 l	4～30	5～35	5～40	6～50	8～60	10～80	12～80
	全螺纹长度 l	4～30	5～40	5～40	6～40	8～40	10～40	12～40

续表

螺纹规格 d			M3	(M3.5)	M4	M5	M6	M8	M10
a_{max}			1	1.2	1.4	1.6	2	2.5	3
b_{min}			25	38					
n 公称			0.8	1	1.2		1.6	2	2.5
GB/T 68 GB/T 69	d_k max		5.5	7.3	8.4	9.3	11.3	15.8	18.3
	k max		1.65	2.35	2.7		3.3	4.65	5
	r min		0.8	0.9	1	1.3	1.5	2	2.5
	t min	GB/T 68	0.6	0.9	1	1.1	1.2	1.8	2
		GB/T 69	1.2	1.45	1.6	2	2.4	3.2	3.8
	f		0.7	0.8	1	1.2	1.4	2	2.3
	商品规格长度 l		5~30	6~35	6~40	8~50	8~60	10~80	12~80
	全螺纹长度 l		5~30	6~45	6~45	8~45	8~45	10~45	12~45

注　标记示例：螺纹规格 d=M5、公称长度 l=20mm、性能等级为4.8级、不经表面处理的开槽圆柱头螺钉标记为螺钉 GB/T 65 M5×20。

附表 4.5　　**内六角圆柱头螺钉**（GB/T 70.1—2000）　　(mm)

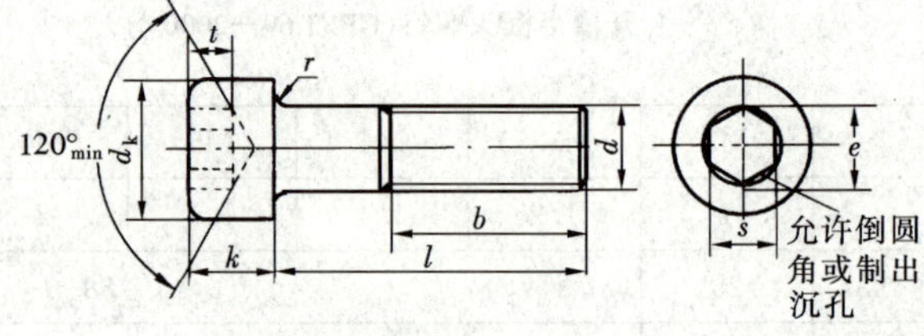

螺纹规格 d	M3	M4	M5	M6	M8	M10	M12	(M14)	M16	M20	M24	M30	M36
d_k（max）	5.5	7	8.5	10	13	16	18	21	24	30	36	45	54
k_{max}	3	4	5	6	8	10	12	14	16	20	24	30	36
t（min）	1.3	2	2.5	3	4	5	6	7	8	10	12	15.5	19
r	0.1	0.2	0.2	0.25	0.4	0.4	0.6	0.6	0.6	0.8	0.8	1	1
s（公称）	2.5	3	4	5	6	8	10	12	14	17	19	22	27
e_{min}	2.9	3.4	4.6	5.7	6.9	9.2	11.4	13.7	16	19	21.7	25.2	30.9
b（参考）	18	20	22	24	28	32	36	40	44	52	60	72	84
l（范围）	5~30	6~40	8~50	10~60	12~80	16~100	20~120	25~140	25~160	30~200	40~200	45~260	55~200
全螺纹时最大长度 $l\leqslant$	20	25	25	30	35	40	45	55 (65)	55	65	80	90	110
l 系列（公称）	2.5，3，4，5，6，8，10，12，(14)，(16)，20，25，30，35，40，45，50，(55)，60，(65)，70，80，90，100，110，120，130，140，150，160，180，200												

注　1. 尽可能不采用括号内的规格。

2. $e_{min}=1.14s_{min}$。

3. 标记示例：螺纹规格 d=M5，公称长度 l=20mm，性能等级为8.8级，表面氧化的A级内六角圆柱头螺钉标记为螺钉 GB/T 70.1—2000　M5×20。

附表 4.6 **开槽紧定螺钉**（GB 71、73、75—1985） (mm)

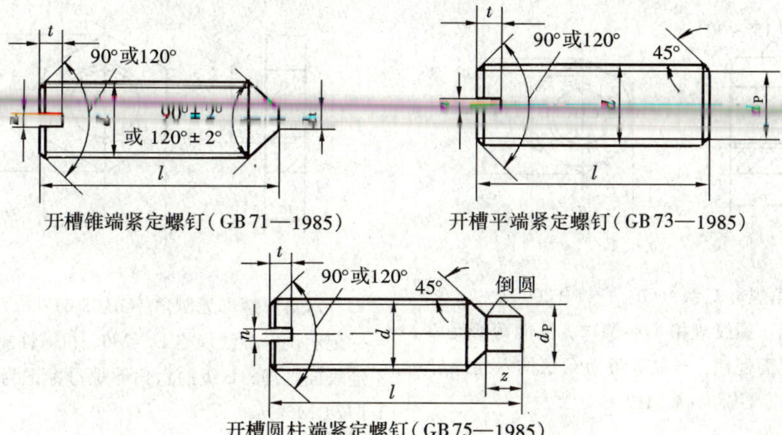

开槽锥端紧定螺钉（GB 71—1985） 开槽平端紧定螺钉（GB 73—1985）

开槽圆柱端紧定螺钉（GB 75—1985）

<table>
<tr><td colspan="3">d</td><td>M3</td><td>M4</td><td>M5</td><td>M6</td><td>M8</td><td>M10</td><td>M12</td></tr>
<tr><td>P</td><td colspan="2">GB 71—1985
GB 73—1985
GB 75—1985</td><td>0.5</td><td>0.7</td><td>0.8</td><td>1</td><td>1.25</td><td>1.5</td><td>1.75</td></tr>
<tr><td>d_t</td><td colspan="2">GB 71—1985</td><td>0.3</td><td>0.4</td><td>0.5</td><td>1.5</td><td>2</td><td>2.5</td><td>3</td></tr>
<tr><td>d_p
max</td><td colspan="2">GB 73—1985
GB 75—1985</td><td>2</td><td>2.5</td><td>3.5</td><td>4</td><td>5.5</td><td>7</td><td>8.5</td></tr>
<tr><td>n 公称</td><td colspan="2">GB 71—1985
GB 73—1985
GB 75—1985</td><td>0.4</td><td>0.6</td><td>0.8</td><td>1</td><td>1.2</td><td>1.6</td><td>2</td></tr>
<tr><td>t_{min}</td><td colspan="2">GB 71—1985
GB 73—1985
GB 75—1985</td><td>0.8</td><td>1.12</td><td>1.28</td><td>1.6</td><td>2</td><td>2.4</td><td>2.8</td></tr>
<tr><td>z_{min}</td><td colspan="2">GB 75—1985</td><td>1.5</td><td>2</td><td>2.5</td><td>3</td><td>4</td><td>5</td><td>6</td></tr>
<tr><td rowspan="6">倒角和
锥顶角</td><td rowspan="2">GB 71—1985</td><td>120°</td><td>l≤3</td><td>l≤4</td><td>l≤5</td><td>l≤6</td><td>l≤8</td><td>l≤10</td><td>l≤12</td></tr>
<tr><td>90°</td><td>l≥4</td><td>l≥5</td><td>l≥6</td><td>l≥8</td><td>l≥10</td><td>l≥12</td><td>l≥14</td></tr>
<tr><td rowspan="2">GB 73—1985</td><td>120°</td><td>l≤3</td><td>l≤4</td><td>l≤5</td><td colspan="2">l≤6</td><td>l≤8</td><td>l≤10</td></tr>
<tr><td>90°</td><td>l≥4</td><td>l≥5</td><td>l≥6</td><td colspan="2">l≥8</td><td>l≥10</td><td>l≥12</td></tr>
<tr><td rowspan="2">GB 75—1985</td><td>120°</td><td>l≤5</td><td>l≤6</td><td>l≤8</td><td>l≤10</td><td>l≤14</td><td>l≤16</td><td>l≤20</td></tr>
<tr><td>90°</td><td>l≥6</td><td>l≥8</td><td>l≥10</td><td>l≥12</td><td>l≥16</td><td>l≥20</td><td>l≥25</td></tr>
<tr><td rowspan="4">l 公称</td><td rowspan="3">商品规格
范 围</td><td>GB 71—1985</td><td>4~6</td><td>6~20</td><td>8~25</td><td>8~30</td><td>10~40</td><td>12~50</td><td>14~60</td></tr>
<tr><td>GB 73—1985</td><td>3~16</td><td>4~20</td><td>5~25</td><td>6~30</td><td>8~40</td><td>10~50</td><td>12~60</td></tr>
<tr><td>GB 75—1985</td><td>5~16</td><td>6~20</td><td>8~25</td><td>8~30</td><td>10~40</td><td>12~50</td><td>14~60</td></tr>
<tr><td>系列值</td><td colspan="8">2，2.5，3，4，5，6，8，10，12，(14)，16，20，25，30，35，50，(55)，60</td></tr>
</table>

注 1. l 系列值中，尽可能不采用括号内规格。

2. ≤M5 的 GB 71—1985 的螺钉，不要求锥端有平面部分（d_t）。

3. P 为螺距。

4. 标记示例：螺纹规格 d=M5，公称长度 l=12mm，性能等级为 14H、表面氧化的开槽锥端紧定螺钉标记为螺钉 GB 71—1985 M5×12—14H。

附表 4.7　　六角螺母（GB/T 41—2000、GB/T 6170～74—2000）　　(mm)

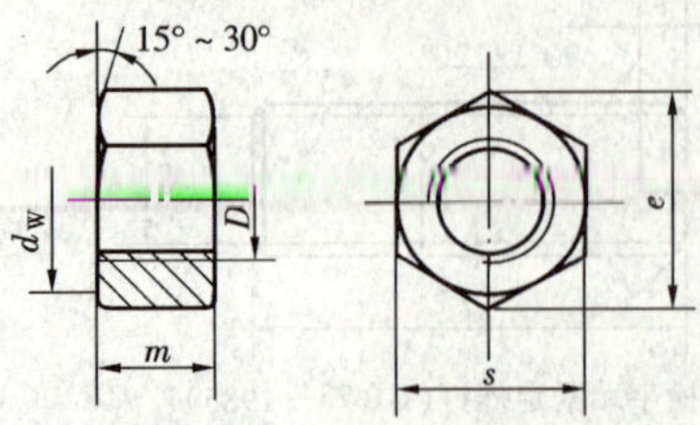

六角螺母 C 级（GB/T 41—2000）

标记示例：螺纹规格 D=M12、性能等级为 5 级、不经表面处理、产品等级为 C 级的六角螺母标记为螺母　GB/T 41 M12

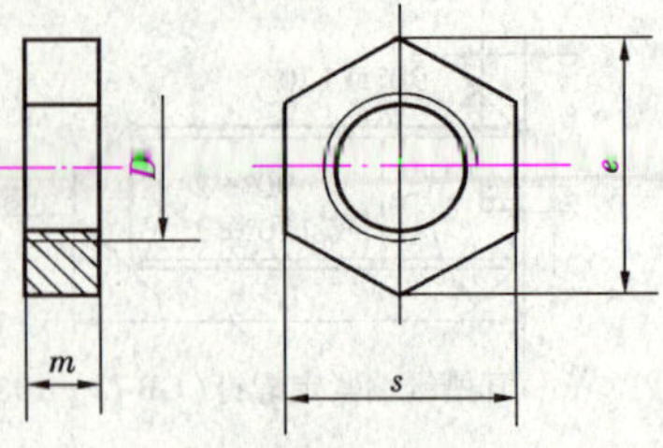

六角薄螺母无倒角（GB/T 6174—2000）

标记示例：螺纹规格 D=M6、机械性能为 HV110、不经表面处理、B 级的六角薄螺母标记为螺母　GB/T 6174 M6

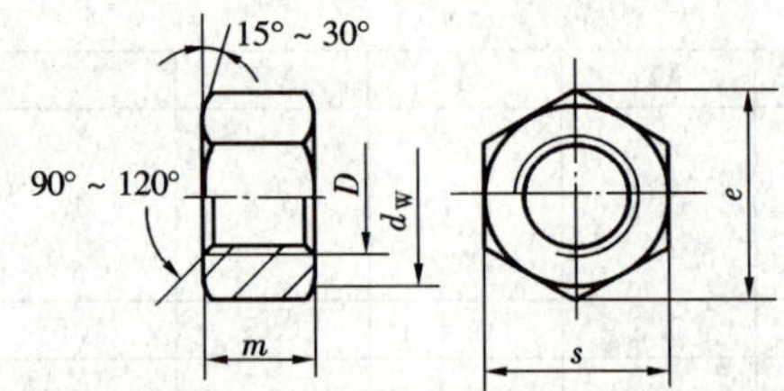

Ⅰ型六角螺母（GB/T 6170—2000）和六角薄螺母（GB/T 6172.1—2000）

标记示例：螺纹规格 D=M12、性能等级为 10 级、不经表面处理、A 级的Ⅰ型六角螺母标记为螺母　GB/T 6170 M12

螺母规格 D=M12、性能等级为 04 级、不经表面处理、A 级的六角薄螺母标记为螺母　GB/T 6172.1 M12

螺纹规格 D		M3	(M3.5)	M4	M5	M6	M8	M10	M12	(M14)	M16	(M18)	M20	(M22)	M24	(M27)	M30	M36
e_{min}	1*	5.9	6.4	7.5	8.6	10.9	14.2	17.6	19.9	22.8	26.2	29.6	33	37.3	39.6	45.2	50.9	60.8
	2**	6	6.6	7.7	8.8	11	14.4	17.8	20	23.4	26.8	29.6	33	37.3	39.6	45.2	50.9	60.8
S 公称		5.5	6	7	8	10	13	16	18	21	24	27	30	34	36	41	46	55
d_W min	1*	—	—	—	6.7	8.7	11.5	14.5	16.5	19.2	22	24.9	27.7	31.4	33.3	38	42.8	51.1
	2**	4.6	5.1	5.9	6.9	8.9	11.6	14.6	16.6	19.6	22.5	24.9	27.7	31.4	33.3	38	42.8	51.1
m_{max}	GB/T 6170	2.4	2.8	3.2	4.7	5.2	6.8	8.4	10.8	12.8	14.8	15.8	18	19.4	21.5	23.8	25.6	31
	GB/T 6172.1 GB/T 6174	1.8	2	2.2	2.7	3.2	4	5	6	7	8	9	10	11	12	13.5	15	18
	GB/T 41	—	—	—	5.6	6.4	7.9	9.5	12.2	13.9	15.9	16.9	19	20.2	22.3	24.7	26.4	31.9

注　1. A 级用于 $D \leqslant 16$mm；B 级用于 $D > 16$mm 的螺母。

2. 尽量不采用括号中的尺寸。

3. GB/T 41 的螺母规格为 M5～M60；GB/T 6174 的螺纹规格为 M1.6～M16。

* 为 GB/T 41 及 GB/T 6174 的尺寸。

** 为 GB/T 6170 及 GB/T 6172.1 的尺寸。

附表 4.8　　**圆螺母**（GB/T 812—1988）　　（mm）

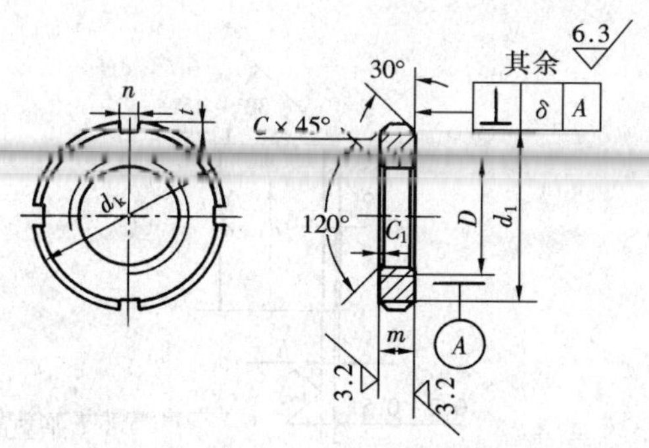

<table>
<tr><th>D</th><th>d_k</th><th>d_1</th><th>m</th><th>n</th><th>t</th><th>C</th><th>C_1</th></tr>
<tr><td>M10×1</td><td>22</td><td>16</td><td rowspan="6">8</td><td rowspan="3">4</td><td rowspan="3">2</td><td rowspan="7">0.5</td><td rowspan="20">0.5</td></tr>
<tr><td>M12×1.25</td><td>25</td><td>19</td></tr>
<tr><td>M14×1.5</td><td>28</td><td>20</td></tr>
<tr><td>M16×1.5</td><td>30</td><td>22</td><td rowspan="8">5</td><td rowspan="8">2.5</td></tr>
<tr><td>M18×1.5</td><td>32</td><td>24</td></tr>
<tr><td>M20×1.5</td><td>35</td><td>27</td></tr>
<tr><td>M22×1.5</td><td>38</td><td>30</td><td rowspan="12">10</td></tr>
<tr><td>M24×1.5</td><td>42</td><td>34</td><td rowspan="7">1</td></tr>
<tr><td>M25×1.5*</td><td>42</td><td>34</td></tr>
<tr><td>M27×1.5</td><td>45</td><td>37</td></tr>
<tr><td>M30×1.5</td><td>48</td><td>40</td></tr>
<tr><td>M33×1.5</td><td>52</td><td>43</td><td rowspan="7">6</td><td rowspan="7">3</td></tr>
<tr><td>M35×1.5*</td><td>52</td><td>43</td></tr>
<tr><td>M36×1.5</td><td>55</td><td>46</td></tr>
<tr><td>M39×1.5</td><td>58</td><td>49</td><td rowspan="10">1.5</td></tr>
<tr><td>M40×1.5*</td><td>58</td><td>49</td></tr>
<tr><td>M42×1.5</td><td>62</td><td>53</td></tr>
<tr><td>M45×1.5</td><td>68</td><td>59</td></tr>
<tr><td>M48×1.5</td><td>72</td><td>61</td><td rowspan="6">12</td><td rowspan="6">8</td><td rowspan="6">3.5</td></tr>
<tr><td>M50×1.5*</td><td>72</td><td>61</td></tr>
<tr><td>M52×1.5</td><td>78</td><td>67</td><td rowspan="4">1</td></tr>
<tr><td>M55×2*</td><td>78</td><td>67</td></tr>
<tr><td>M56×2</td><td>85</td><td>74</td></tr>
<tr><td>M60×2</td><td>90</td><td>79</td></tr>
</table>

<table>
<tr><th>D</th><th>d_k</th><th>d_1</th><th>m</th><th>n</th><th>t</th><th>C</th><th>C_1</th></tr>
<tr><td>M64×2</td><td>95</td><td>84</td><td rowspan="3">12</td><td rowspan="2">8</td><td rowspan="2">3.5</td><td rowspan="19">1.5</td><td rowspan="19">1</td></tr>
<tr><td>M65×28*</td><td>95</td><td>84</td></tr>
<tr><td>M68×2</td><td>100</td><td>88</td><td rowspan="6">10</td><td rowspan="6">4</td></tr>
<tr><td>M72×2</td><td>105</td><td>93</td><td rowspan="5">15</td></tr>
<tr><td>M75×2*</td><td>105</td><td>93</td></tr>
<tr><td>M76×2</td><td>110</td><td>98</td></tr>
<tr><td>M80×2</td><td>115</td><td>103</td></tr>
<tr><td>M85×2</td><td>120</td><td>108</td></tr>
<tr><td>M90×2</td><td>125</td><td>112</td><td rowspan="5">18</td><td rowspan="4">2</td><td rowspan="4">5</td></tr>
<tr><td>M95×2</td><td>130</td><td>117</td></tr>
<tr><td>M100×2</td><td>135</td><td>122</td></tr>
<tr><td>M105×2</td><td>140</td><td>127</td></tr>
<tr><td>M110×2</td><td>150</td><td>135</td><td rowspan="6">14</td><td rowspan="6">6</td></tr>
<tr><td>M115×2</td><td>155</td><td>140</td><td rowspan="4">22</td></tr>
<tr><td>M120×2</td><td>160</td><td>145</td></tr>
<tr><td>M125×2*</td><td>165</td><td>150</td></tr>
<tr><td>M130×2</td><td>170</td><td>155</td></tr>
<tr><td>M140×2</td><td>180</td><td>165</td><td rowspan="4">26</td></tr>
<tr><td>M150×2</td><td>200</td><td>180</td><td rowspan="6">16</td><td rowspan="6">7</td></tr>
<tr><td>M160×3</td><td>210</td><td>190</td><td rowspan="5">2</td><td rowspan="5">1.5</td></tr>
<tr><td>M170×3</td><td>220</td><td>200</td></tr>
<tr><td>M180×3</td><td>230</td><td>210</td><td rowspan="3">30</td></tr>
<tr><td>M190×3</td><td>240</td><td>220</td></tr>
<tr><td>M200×3</td><td>250</td><td>230</td></tr>
</table>

注　1. 槽数 n：当 $D \leqslant$ M100×2 时，$n=4$；当 $D \geqslant$ M105×2 时，$n=6$。

2. 标有＊者仅用滚动轴承锁紧装置。

3. 标记示例：螺纹规格 D=M1×1.5、材料为 45 号钢、槽或全部热处理后硬度 35～45HRC、表面氧化的圆螺母标记为螺母　GB/T 812—1988　M16×1.5。

附表 4.9 平垫圈（GB/T 848—1985，GB/T 97.1、97.2—1985，GB/T 95—1985） (mm)

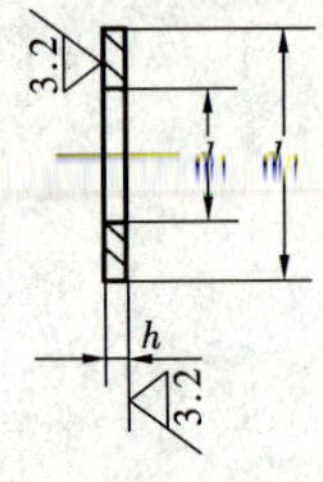

小垫圈（GB/T 848—1985）
平垫圈（GB/T 97.1—1985）

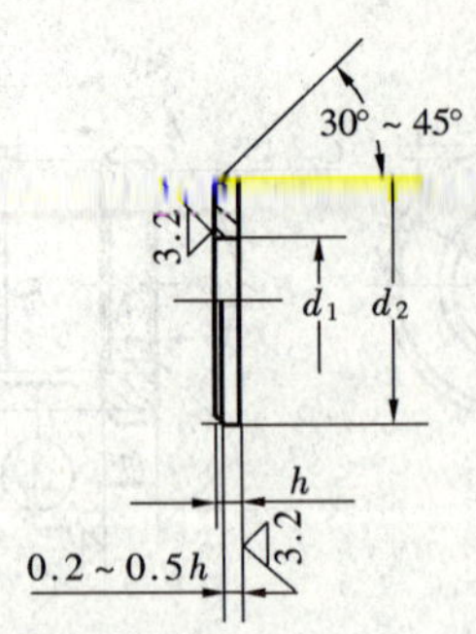

平垫圈—倒角型（GB/T 97.2—1985）

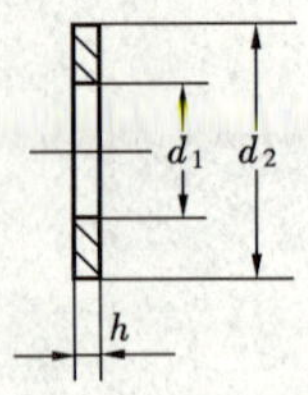

平垫圈—C 级（GB/T 95—1985）

<table>
<tr><td colspan="2">公称尺寸（螺纹规格）d</td><td>4</td><td>5</td><td>6</td><td>8</td><td>10</td><td>12</td><td>14</td><td>16</td><td>20</td><td>24</td><td>30</td><td>36</td></tr>
<tr><td rowspan="4">d_1 公称（min）</td><td>GB/T 848—1985</td><td rowspan="2">4.3</td><td rowspan="4">5.3</td><td rowspan="4">6.4</td><td rowspan="4">8.4</td><td rowspan="4">10.5</td><td rowspan="4">13</td><td rowspan="4">15</td><td rowspan="4">17</td><td rowspan="4">21</td><td rowspan="4">25</td><td rowspan="4">31</td><td rowspan="4">37</td></tr>
<tr><td>GB/T 97.1—1985</td></tr>
<tr><td>GB/T 97.2—1985</td><td rowspan="2">—</td></tr>
<tr><td>GB/T 95—1995</td></tr>
<tr><td rowspan="4">d_2 公称（max）</td><td>GB/T 848—1985</td><td>8</td><td>9</td><td>11</td><td>15</td><td>18</td><td>20</td><td>24</td><td>28</td><td>34</td><td>39</td><td>50</td><td>60</td></tr>
<tr><td>GB/T 97.1—1985</td><td>9</td><td rowspan="3">10</td><td rowspan="3">12</td><td rowspan="3">16</td><td rowspan="3">20</td><td rowspan="3">24</td><td rowspan="3">28</td><td rowspan="3">30</td><td rowspan="3">37</td><td rowspan="3">44</td><td rowspan="3">56</td><td rowspan="3">66</td></tr>
<tr><td>GB/T 97.2—1985</td><td rowspan="2">—</td></tr>
<tr><td>GB/T 95—1995</td></tr>
<tr><td rowspan="4">h 公称</td><td>GB/T 848—1985</td><td>0.5</td><td rowspan="4">1</td><td colspan="3">1.6</td><td>2</td><td colspan="2">2.5</td><td>3</td><td rowspan="4" colspan="2">4</td><td rowspan="4">5</td></tr>
<tr><td>GB/T 97.1—1985</td><td>0.8</td><td rowspan="3" colspan="2">1.6</td><td rowspan="3">2</td><td rowspan="3" colspan="2">2.5</td><td rowspan="3" colspan="2">3</td></tr>
<tr><td>GB/T 97.2—1985</td><td rowspan="2">—</td></tr>
<tr><td>GB/T 95—1995</td></tr>
</table>

注 1. 标注示例：标准系列，公称尺寸 d=8mm、性能等级为 140HV 级、不经表面处理的平垫圈标记为垫圈 GB 97.1—1985 8—140HV。

2. GB/T 97.2 规格 d 为 5～36。

3. C 级垫圈没有 $\overset{32}{\bigtriangledown}$ 和去毛刺。

4. GB/T 848 主要用于带圆柱头的螺钉，其他用于标准六角的螺栓、螺钉和螺母。

附表 4.10　　**弹簧垫圈**（GB 93—1987，GB 859—1987）　　（mm）

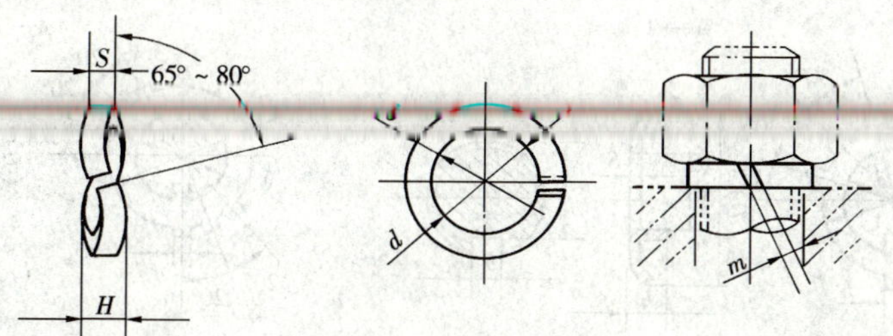

规格（螺纹大径）	d min	GB 93—1987			GB 859—1987			
		S（b）公称	H max	0<m≤	S 公称	b 公称	H max	0<m≤
3	3.1	0.8	2	0.4	0.6	1	1.5	0.3
4	4.1	1.1	2.75	0.50	0.8	1.2	2	0.5
5	5.1	1.3	3.25	0.65	1.1	1.5	2.75	0.55
6	6.2	1.6	4	0.8	1.3	2	3.25	0.65
8	8.2	2.1	5.25	1.05	1.6	2.5	4	0.8
10	10.2	2.6	6.5	1.3	2	3	5	1
12	12.3	3.1	7.75	1.55	2.5	3.5	6.25	1.25
(14)	14.3	3.6	9	1.8	3	4	7.5	1.5
16	16.3	4.1	10.25	2.05	3.2	4.5	8	1.6
(18)	18.3	4.5	11.25	2.25	3.5	5	9	1.8
20	20.5	5	12.5	2.5	4	5.5	10	2
(22)	22.5	5.5	13.75	2.75	4.5	6	11.25	2.25
24	24.5	6	15	3	4.8	6.5	12.5	2.5
(27)	27.5	6.8	17	3.4	5.5	7	13.75	2.75
30	30.5	7.5	18.75	3.75	6	8	15	3
36	36.6	9	22.5	4.5				

注　1. 标记示例：规格 16mm，材料为 65Mn 钢、表面氧化的标准型弹簧垫圈标记为垫圈　GB/T 93 16。

2. 尽量不采用括号内的规格。

附表 4.11 **圆螺母用止动垫圈**（GB 858—1988） (mm)

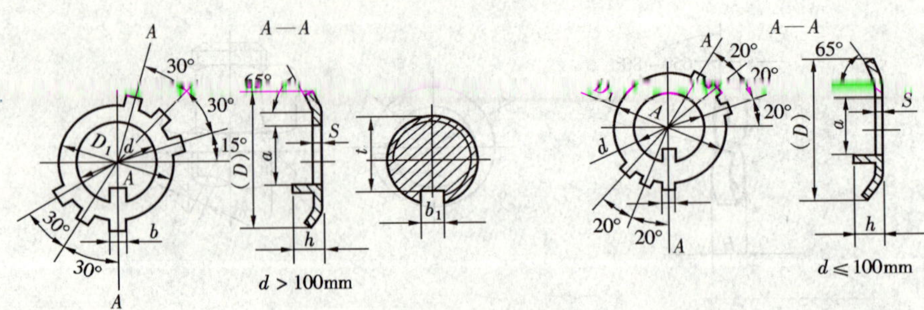

规格（螺纹大径）	d	(D)	D_1	S	b	a	h	轴端 b_1	轴端 t	规格（螺纹大径）	d	(D)	D_1	S	b	a	h	轴端 b_1	轴端 t
14	14.5	32	30		3.8	11	3	4	10	55*	56	82	67			52			—
16	16.5	34	22			13			12	56	57	90	74			53			52
18	18.5	35	24			15			14	60	61	94	79		7.7	57	6	8	56
20	20.5	38	27			17			16	64	65	100	84			61			60
22	22.5	42	30	1	4.8	19	4	5	18	65*	66	100	84			62			—
24	24.5	45	34			21			20	68	69	105	88	1.5		65			64
25*	25.5	45	34			22			—	72	73	110	93			69			68
27	27.5	48	37			24			23	75*	76	110	93		9.6	71		10	—
30	30.5	52	40			27			26	76	77	115	98			72			70
33	33.5	56	43			30			29	80	81	120	103			76			74
35*	35.5	56	43			32			—	85	86	125	108			81			79
36	36.5	60	46			33			32	90	91	130	112			86			84
39	39.5	62	49		5.7	36	5	6	35	95	96	135	117		11.6	91	7	12	89
40*	40.5	62	49	1.5		37			—	100	101	140	122			96			94
42	42.5	66	53			39			38	105	106	145	127	2		101			99
45	45.5	72	59			42			41	110	111	156	135			106			104
48	48.5	76	61			45			44	115	116	160	140		13.5	111		14	109
50*	50.5	76	61		7.7	47		8	—	120	121	166	145			116			114
52	52.5	82	67			49	6		48	125	126	170	150			121			11

注 1. 标有 * 仅用于滚动轴承锁紧装置。

2. 标记示例：规格 16mm，材料 Q235、经退火表面氧化的圆螺母用止动垫圈标记为垫圈 GB 858—1988。

附表 4.12　**普通平键的基本规格**（GB 1095、1096—1979）　(mm)

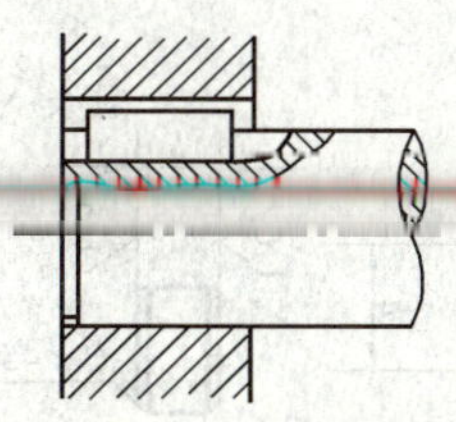
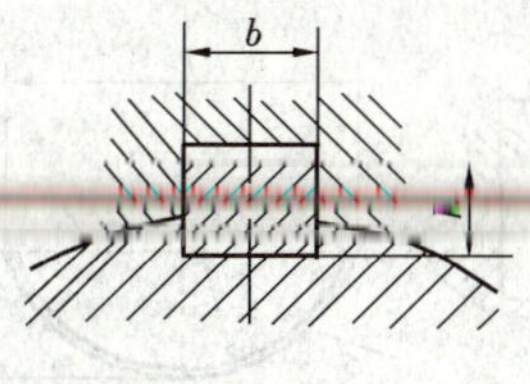

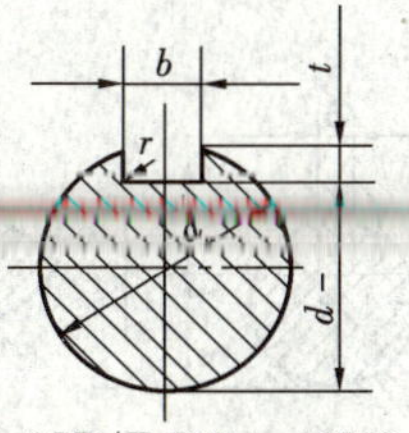

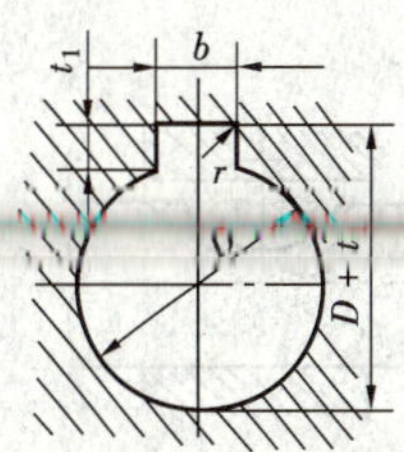

普通平键、键和键槽的剖面尺寸（GB/T 1095—1979）

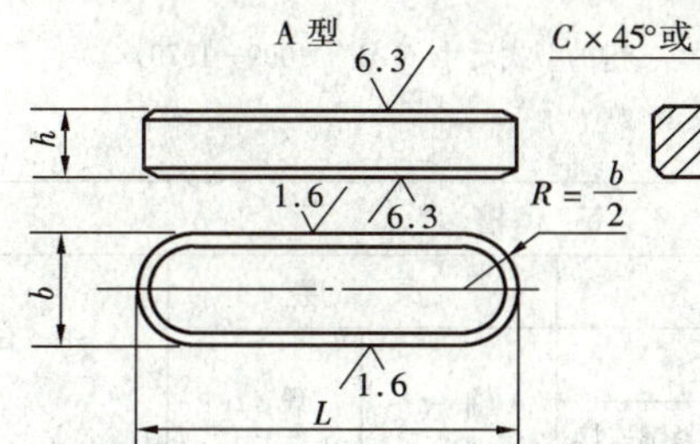

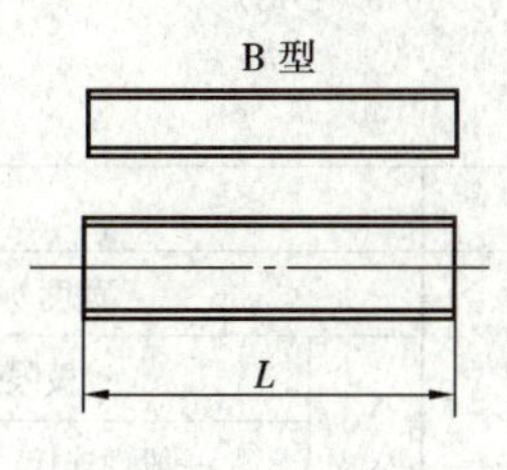

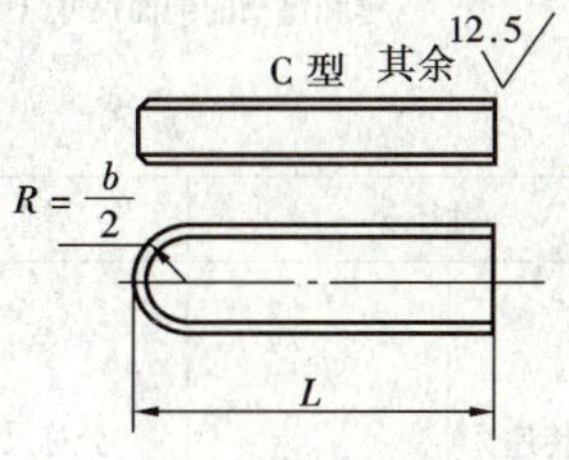

普通平键型式尺寸（GB/T 1096—1979）

轴	键	键槽											
轴颈 d	公称尺寸 $b\times h$	宽度 b						深度				半径 r	
		公称尺寸 b	偏差					轴 t		毂 t_1			
			较松键连接		一般键连接		较紧键连接						
			轴 H9	毂 D10	轴 N9	毂 Js9	轴毂 P9	公称	偏差	公称	偏差	最小	最大
6～8	2×2	2	+0.025 0	+0.060 +0.020	−0.004 −0.029	±0.0125	−0.006 −0.031	1.2	+0.1 0	1	+0.1 0	0.08	0.16
>8～10	3×3	3						1.8		1.4			
>10～12	4×4	4	+0.030 0	+0.078 +0.030	0 +0.030	±0.015	−0.012 −0.042	2.5		1.8			
>12～17	5×5	5						3.0		2.3			
>17～22	6×6	6						3.5		2.8		0.16	0.25
>22～30	8×7	8	+0.036 0	+0.098 +0.040	0 −0.036	±0.018	−0.015 −0.051	4.0		3.3			
>30～38	10×8	10						5.0		3.3			
>38～44	12×8	12	+0.043 0	+0.120 +0.050	0 −0.043	±0.0215	−0.018 −0.061	5.0	+0.2 0	3.3	+0.02 0	0.25	0.40
>44～50	14×9	14						5.5		3.8			
>50～58	16×10	16						6.0		4.3			
>58～65	18×11	18						7.0		4.4			
>65～75	20×12	20	+0.052 0	+0.149 +0.065	0 −0.052	±0.026	+0.022 −0.074	7.5		4.9		0.40	0.60
>75～85	22×14	22						9.0		5.4			
>85～95	25×14	25						9.0		5.4			
>95～110	28×16	28						10.0		6.4			

注　1. $d-t$ 和 $D+t_1$ 两组组合尺寸的偏差按相应的 t 和 t_1 的偏差选取，但 $d-t$ 偏差值应取“−”；工作图中，轴槽深用 t 或 $d-t$ 标注，毂槽深用 $D+t_1$ 标注。

2. 对于键，b 的偏差按 h9，h 的偏差按 h11，L 的偏差按 h14。

3. 键长 L 系列为 6.8，10，12，14，16，18，20，22，25，28，32，35，40，45，50，55，60，70，80，90，100，…，500。

4. 标记示例：平头普通平键（B 型）、b=18mm、h=11mm、L=100mm 标记为键　B18×100　GB/T 1096—1979；单圆头普通平键（C 型）、b=18mm、h=11mm、L=100mm 标记为键　C18×100　GB/T 1096—1979。

附表 4.13　　半圆键（GB/T 1098、1099—1979）　　(mm)

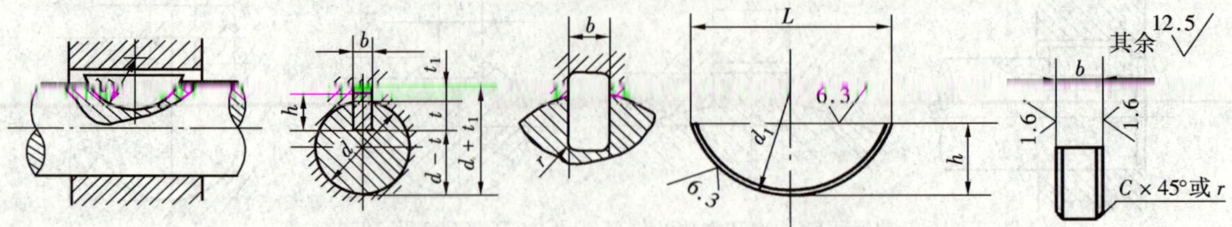

键和键槽的剖面尺寸（GB/T 1098—1979）　　键的型式尺寸（GB/T 1099—1979）

轴径 d		键	键槽									
			宽度 b				深度				半径 r	
				极限偏差			轴 t		毂 t_1			
键传递扭矩	键定位	公称尺寸 $b\times h\times d_1$	公称尺寸	一般键连接		较紧键连接						
				轴 N9	毂 Js9	轴和毂 P9	公称尺寸	极限偏差	公称尺寸	极限偏差	最小	最大
自 3~4	自 3~4	1.0×1.4×4	1.0				1.0		0.6			
>4~5	>4~6	1.5×1.6×7	1.5				2.0	+0.1	0.8			
>5~6	>6~8	2.0×2.6×7	2.0				1.8		1.0			
>6~7	>8~10	2.0×3.7×10	2.0	−0.004 −0.029	±0.012	−0.006 −0.031	2.9	0	1.0	+0.1	0.08	0.16
>7~8	>10~12	2.5×3.7×10	2.5				2.7		1.2			
>8~10	>12~15	3.0×5.0×12	3.0				3.8		1.4			
>10~12	>15~18	3.0×6.5×16	3.0				5.3		1.4			
>12~14	>18~20	4.0×6.5×16	4.0				5.0		1.8			
>14~16	>20~22	4.0×7.5×19	4.0				6.0	+0.2	1.8			
>16~18	>22~25	5.0×6.5×16	5.0	0		−0.012	4.5	0	2.3	0	0.16	0.25
>18~20	>25~28	5.0×7.5×19	5.0		±0.015		5.5		2.3			
>20~22	>28~32	5.0×9.0×22	5.0	−0.030		−0.042	7.0		2.3			
>22~25	>32~36	6.0×9.0×22	6.0				6.5		2.8			
>25~28	>36~40	6.0×10.0×25	6.0				7.5	+0.3	2.8	+0.2		
>28~32	40	8.0×11.0×28	8.0	0	±0.018	−0.015	8.0	0	3.3		0.25	0.40
>32~38	—	10.0×13.0×32	10.0	−0.036		−0.051	10.0		3.3	0		

注　1. $d-t$ 和 $D+t_1$ 两组组合尺寸的偏差按相应的 t 和 t_1 的偏差选取，但 $d-t$ 偏差值应取“－”；工作图中，轴槽深用 t 或 $d-t$ 标注，毂槽深用 $D+t_1$ 标注。

2. 标记示例：b=6mm、h=10mm、d_1=25mm 半圆键标记为键　6×25GB 1099—1979。

附表 4.14　圆锥销（GB/T 117—2000）　（mm）

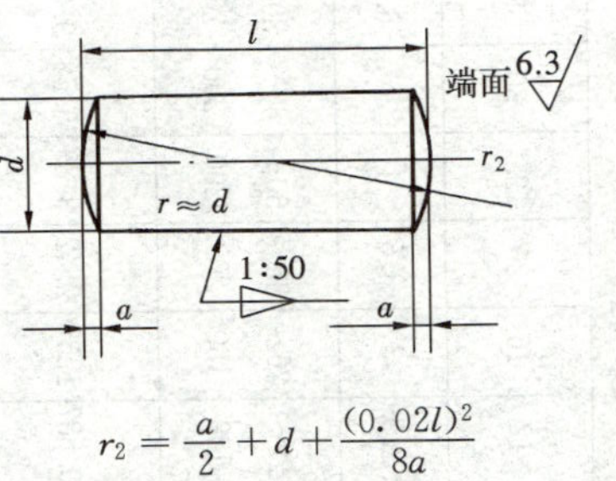

$$r_2=\frac{a}{2}+d+\frac{(0.02l)^2}{8a}$$

d h10	0.6	0.8	1	1.2	1.5	2	2.5	3	4	5	6	8	10	12	16	20	25	30	40	50
a	0.08	0.1	0.12	0.16	0.2	0.25	0.3	0.4	0.5	0.63	0.8	1	1.2	1.6	2	2.5	3	4	5	6.3
商品规格 l	4～8	5～12	6～16	6～20	8～24	10～35	10～35	12～45	14～55	18～60	22～90	22～120	26～160	32～180	40～200	45～200	50～200	55～200	60～200	65～200
l 系列	2，3，4，5，6，8，10，12，14，16，18，20，22，24，26，28，30，35，40，45，50，55，60，65，70，75，80，85，90，95，100，120，140，160，180，200																			
技术条件　材料	易切钢：Y12、Y15；碳素钢：35、45；合金钢：30CrMnSiA；不锈钢：1Cr13、2Cr13、Cr17Ni2、0Cr18Ni9Ti																			
技术条件　表面处理	①钢：不经处理、氧化、磷化、镀锌钝化；②不锈钢：简单处理；③其他表面镀层或表面处理，由供需双方协议；④所有公差仅适用于涂、镀前的公差																			

注　1. d 的其他公差，如 $a11$、$c11$、$f8$ 由供需双方协议。

2. 公称长度大于 200mm，按 20mm 递增。

3. A 型（磨削）：锥面表面粗糙度值 $Ra=0.8\mu m$；B 型（切削或冷镦）：锥面表面粗糙度值 $Ra=3.2\mu m$。

4. 标记示例：公称直径 $d=6$mm、公称长度 $l=30$mm、材料为 35 号钢、热处理硬度 28～38HRC、表面氧化处理 A 型圆锥销的标记为销　GB/T 117　6×30。

附表 4.15　　**圆柱销**（GB/T 119.1—2000、GB/T 119.2—2000）　　（mm）

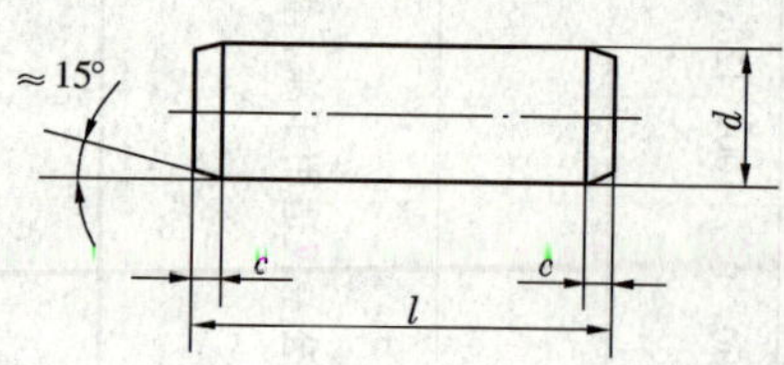

圆柱销　不淬硬钢和奥氏体不锈钢
（GB/T 119.1—2000）

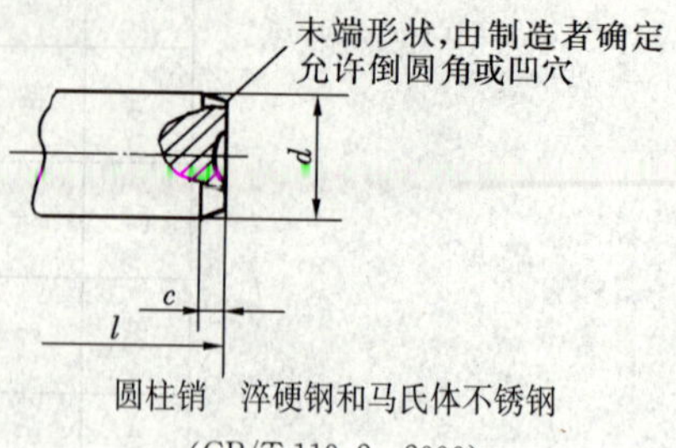

圆柱销　淬硬钢和马氏体不锈钢
（GB/T 119.2—2000）

标记示例：

公称直径 $d=6$mm、其公差为 m6、公称长度 $l=30$mm、材料为钢、不经淬火、不经表面处理的圆柱销标记为销 GB/T 119.1 6m6×30。

公称直径 $d=6$mm、其公差为 m6、公称长度 $l=30$mm、材料为 A1 组奥氏体不锈钢、表面简单处理的圆柱销标记为销　GB/T 119.1 6m6×30—A1。

标记示例：

公称直径 $d=6$mm、其公差为 m6、公称长度 $l=30$mm、材料为钢、普通淬火（A 型）、表面氧化处理的圆柱销标记为销　GB/T 119.2　6×30。

公称直径 $d=6$mm、其公差为 m6、公称长度 $l=30$mm、材料为 C1 组马氏体不锈钢、表面简单处理的圆柱销标记为销　GB/T 119.2　6×30—C1。

d m6/h8	0.6	0.8	1	1.2	1.5	2	2.5	3	4	5	6	8	10	12	16	20	25	30	40	50
$c\approx$	0.12	0.16	0.2	0.25	0.3	0.35	0.4	0.5	0.63	0.8	1.2	1.6	2	2.5	3	3.5	4	5	6.3	8
商品规格 l	2～6	2～8	4～10	4～12	4～16	6～20	6～24	8～30	8～40	10～50	12～60	14～80	18～95	22～140	26～180	35～200	50～200	60～200	80～200	95～200
重量/每米 (kg/m)	0.002	0.004	0.006	—	0.014	0.024	0.037	0.054	0.097	0.147	0.221	0.395	0.611	0.887	1.57	2.42	3.83	5.52	9.64	15.2
L 系列	2，3，4，5，6，8，10，12，14，16，18，20，22，24，26，28，30，32，35，40，45，50，55，60，65，70，75，80，85，90，100，120，140，160，180，200																			

技术条件		
	材料	GB/T 119.1　钢：奥氏体不锈钢 A1。GB/T 119.2 钢：A 型，普通淬火；B 型，表面淬火；马氏体不锈钢 C1
	表面粗糙度	GB/T 119.1　公差　m6：$Ra\leqslant0.8\mu$m；h8：$Ra\leqslant1.6\mu$m。GB/T 119.2　$Ra\leqslant0.8\mu$m
	表面处理	①钢：不经处理、氧化、磷化、镀锌钝化；②不锈钢：简单处理；③其他表面镀层或表面处理，应由供需双方协议；④所有公差仅适用于涂、镀前的公差

注　1. d 的其他公差由供需双方协议。

2. GB/T 119.2 d 的尺寸范围为 1～20mm。

3. 公称长度大于 200mm（GB/T 119.1），大于 100mm（GB/T 119.2），按 20mm 递增。

附录 5　滚　动　轴　承

附表 5.1　深沟球轴承（GB/T 276—1994）

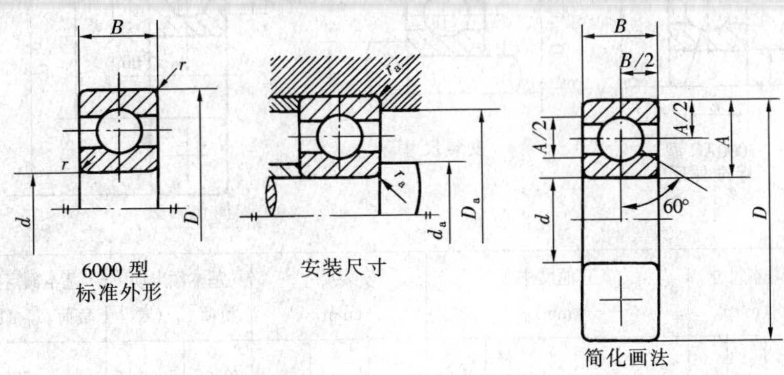

6000 型
标准外形
安装尺寸
简化画法

轴承型号	基本尺寸（mm）				安装尺寸（mm）			基本额定负载（kN）		极限转速（r/min）	
	d	D	B	r_{smin}	d_{amin}	D_{amax}	r_{asmax}	C_r	C_{or}	脂润滑	油润滑
6204	20	47	14	1	26	41	1	9.88	6.18	14 000	18 000
6205	25	52	15	1	31	46	1	10.8	6.95	12 000	16 000
6206	30	62	16	1	36	56	1	15.0	10.0	9500	13 000
6207	35	72	17	1.1	42	65	1	19.8	13.5	8500	11 000
6208	40	80	18	1.1	47	73	1	22.8	15.8	8000	10 000
6209	45	85	19	1.1	52	78	1	24.5	17.5	7000	9000
6210	50	90	20	1.1	57	83	1	27.0	19.8	6700	8500
6211	55	100	21	1.5	64	91	1.5	33.5	25.0	6000	7500
6212	60	110	22	1.5	69	101	1.5	36.8	27.8	5600	7000
6213	65	120	23	1.5	74	111	1.5	44.0	34.0	5000	6300
6214	70	125	24	1.5	79	116	1.5	46.8	37.5	4800	6000
6304	20	52	15	1.1	27	45	1	12.2	7.78	13 000	17 000
6305	25	62	17	1.1	32	55	1	17.2	11.2	10 000	14 000
6306	30	72	19	1.1	37	65	1	20.8	14.2	9000	12 000
6307	35	80	21	1.5	44	71	1.5	25.8	17.8	8000	10 000
6308	40	90	23	1.5	49	81	1.5	31.2	22.2	7000	9000
6309	45	100	25	1.5	54	91	1.5	40.8	29.8	6300	8000
6310	50	110	27	2	60	100	2	47.5	35.6	6000	7500
6311	55	120	29	2	65	110	2	55.2	41.8	5600	6700
6312	60	130	31	2.1	72	118	2.1	62.8	48.5	5300	6300
6313	65	140	33	2.1	77	128	2.1	72.2	56.5	4500	5600
6314	70	150	35	2.1	82	138	2.1	80.2	63.2	4300	5300
6404	20	72	19	1.1	27	65	1	23.8	16.8	9500	13 000
6405	25	80	21	1.5	34	71	1.5	29.5	21.2	8500	11 000
6406	30	90	23	1.5	39	81	1.5	36.5	26.8	8000	10 000
6407	35	100	25	1.5	44	91	1.5	43.8	32.5	6700	8500
6408	40	110	27	2	50	100	2	50.2	37.8	6300	8000
6409	45	120	29	2	55	110	2	59.2	45.5	5600	7000
6410	50	130	31	2.1	62	118	2.1	71.0	55.2	5200	6500
6411	55	140	33	2.1	67	128	2.1	77.5	62.5	4800	6000
6412	60	150	35	2.1	72	138	2.1	83.8	70.0	4500	5600
6413	65	160	37	2.1	77	148	2.1	90.8	78.0	4300	5300

附表 5.2 角接触球轴承（GB/T 292—1994）

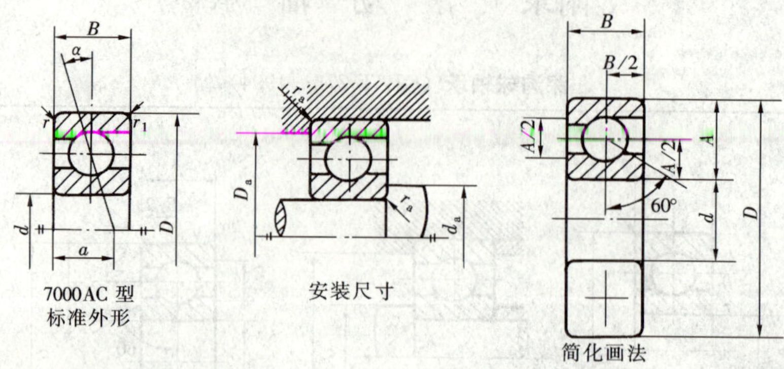

7000AC 型 标准外形　　安装尺寸　　简化画法

轴承型号		基本尺寸 (mm)			其他尺寸 (mm)				安装尺寸 (mm)			基本额定动负荷 C_r (kN)		基本额定静负荷 C_{or} (kN)		极限转速 (r/min)	
		d	D	B	a 7000C型	a 7000AC型	r_{smin}	r_{1smin}	d_{amin}	D_{amin}	r_{asmax}	7000C型	7000AC型	70007	7000AC型	脂润滑	油润滑
7204C	7204AC	20	47	14	11.5	14.9	1	0.3	26	41	1	11.2	10.8	7.46	7.00	13 000	18 000
7205C	7205AC	25	52	15	12.7	16.4	1	0.3	31	46	1	12.8	12.2	8.95	8.38	11 000	16 000
7206C	7206AC	30	62	16	14.2	18.7	1	0.3	36	56	1	17.8	16.8	12.8	12.2	9000	13 000
7207C	7207AC	35	72	17	15.7	21	1.1	0.6	42	65	1	23.5	22.5	17.5	16.5	8000	11 000
7208C	7208AC	40	80	18	17	23	1.1	0.6	47	73	1	26.8	25.8	20.5	19.2	7500	10 000
7209C	7209AC	45	85	19	18.2	24.7	1.1	0.6	52	78	1	29.8	28.2	23.8	22.5	6700	9000
7210C	7210AC	50	90	20	19.4	26.3	1.1	0.6	57	83	1	32.8	31.5	26.8	25.2	6300	8500
7211C	7211AC	55	100	21	20.9	28.6	1.5	0.6	64	91	1.5	40.8	38.8	33.8	31.8	5600	7500
7212C	7212AC	60	110	22	22.4	30.8	1.5	0.6	69	101	1.5	44.8	42.8	37.8	35.5	5300	7000
7213C	7213AC	65	120	23	24.2	33.5	1.5	0.6	74	111	1.5	53.8	51.2	46.0	43.2	4800	6300
7214C	7214AC	70	125	24	25.3	35.1	1.5	0.6	79	116	1.5	56.0	53.2	49.2	46.2	4500	6700
7304C	7304AC	20	52	15	11.3	16.8	1.1	0.6	27	45	1	14.2	13.8	9.68	9.10	12000	17 000
7305C	7305AC	25	62	17	13.1	19.1	1.1	0.6	32	55	1	21.5	20.8	15.8	14.8	9500	14 000
7306C	7306AC	30	72	19	15	22.2	1.1	0.6	37	65	1	26.2	25.2	19.8	18.5	8500	12 000
7307C	7307AC	35	80	21	16.6	24.5	1.5	0.6	44	71	1.5	34.2	32.8	26.8	24.8	7500	10 000
7308C	7308AC	40	90	23	18.5	27.5	1.5	0.6	49	81	1.5	40.2	38.5	32.3	30.5	6700	9000
7309C	7309AC	45	100	25	20.2	30.2	1.5	0.6	54	91	1.5	49.2	47.5	39.8	37.2	6000	8000
7310C	7310AC	50	110	27	22	33	2	1	60	100	2	58.5	55.5	47.2	44.5	5600	7500
7311C	7311AC	55	120	29	23.8	35.8	2	1	65	110	2	70.5	67.2	60.5	56.8	5000	6700
7312C	7312AC	60	130	31	25.6	38.7	2.1	1.1	72	118	2.1	80.5	77.8	70.2	65.8	4800	6300
7313C	7313AC	65	140	33	27.4	41.5	2.1	1.1	77	128	2.1	91.5	89.8	80.5	75.5	4300	5600
7314C	7314AC	70	150	35	29.2	44.3	2.1	1.1	82	138	2.1	102	98.5	91.5	86.0	4000	5300
7406AC		30	90	23		26.1	1.5	0.6	39	81	1		42.5		32.2	7500	10 000
7407AC		35	100	25		29	1.5	0.6	44	91	1.5		53.8		42.5	6300	8500
7408AC		40	110	27		31.8	2	1	50	100	2		62.0		49.5	6000	8000
7409AC		45	120	29		34.6	2	1	55	110	2		66.8		52.8	5300	7000
7410AC		50	130	31		37.4	2.1	1.1	62	118	2.1		76.5		64.2	5000	6700
7412AC		60	150	35		43.1	2.1	1.1	72	138	2.1		102		90.8	4300	5600
7414AC		70	180	42		51.5	3	1.1	84	166	2.5		125		125	3600	4800
7416AC		80	200	48		58.1	3	1.1	94	186	2.5		152		162	3200	4300
7418AC		90	215	54		64.8	4	1.5	108	197	3		178		205	2800	3600

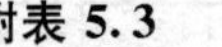

附表 5.3　　**圆锥滚子轴承**（GB/T 297—1994）

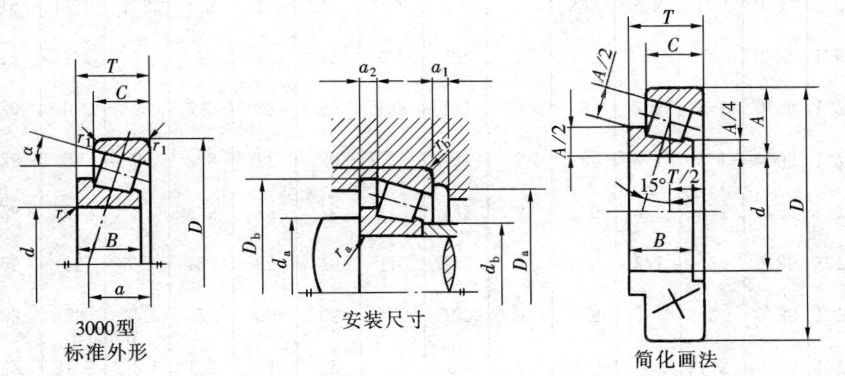

3000型
标准外形

安装尺寸

简化画法

轴承型号	基本尺寸					其他尺寸			安装尺寸								e	Y	Y_0	基本额定负荷（kN）		极限转速（r/min）	
	d	D	T	B	C	$a\approx$	r_{smin}	r_{1smin}	d_{amin}	d_{bmax}	D_{amax}	D_{bmin}	a_{1min}	a_{2min}	r_{asmax}	r_{bsmax}				C_r	C_o	脂润滑	油润滑
30203	17	40	13.25	12	11	9.8	1	1	23	23	34	37	2	2.5	1	1	0.35	1.7	1	19.8	13.2	9000	12 000
30204	20	47	15.25	14	12	11.2	1	1	26	27	41	43	2	3.5	1	1	0.35	1.7	1	26.8	18.2	8000	10 000
30205	25	52	16.25	15	13	12.6	1	1	31	31	46	48	2	3.5	1	1	0.37	1.6	0.9	32.2	23	7000	9000
30206	30	62	17.25	16	14	13.8	1	1	36	37	56	58	2	3.5	1	1	0.37	1.6	0.9	41.2	29.5	6000	7500
30207	35	72	18.25	17	15	15.3	1.5	1.5	42	44	65	67	3	3.5	1.5	1.5	0.37	1.6	0.9	51.5	37.2	5300	6700
30208	40	80	19.75	18	16	16.9	1.5	1.5	47	49	73	75	3	4	1.5	1.5	0.37	1.6	0.9	59.8	42.8	5000	6300
30209	45	85	20.75	19	16	18.6	1.5	1.5	52	53	78	80	3	5	1.5	1.5	0.4	1.5	0.8	64.2	47.8	4500	5600
30210	50	90	21.75	20	17	20	1.5	1.5	57	58	83	86	3	5	1.5	1.5	0.42	1.4	0.8	72.2	55.2	4300	5300
30211	55	100	22.75	21	18	21	2	1.5	64	64	91	95	4	5	2	1.5	0.4	1.5	0.8	86.5	65.5	3800	4800

续表

轴承型号	基本尺寸					其他尺寸			安装尺寸								e	Y	Y_0	基本额定负荷（kN）		极限转速（r/min）	
	d	D	T	B	C	$a\approx$	r_{smin}	r_{1smin}	d_{amin}	d_{bmax}	D_{amax}	D_{bmin}	a_{1min}	a_{2min}	r_{asmax}	r_{bsmax}				C_r	C_{or}	脂润滑	油润滑
30212	60	110	23.75	22	19	22.4	2	1.5	69	69	101	103	4	5	2	1.5	0.4	1.5	0.8	97.8	74.5	3600	4500
30213	65	120	24.25	23	20	24	2	1.5	74	77	111	114	4	5	2	1.5	0.4	1.5	0.8	112	86.2	3200	4000
30214	70	125	26.25	24	21	25.9	2	1.5	79	81	116	119	4	5.5	2	1.5	0.42	1.4	0.8	125	97.5	3000	3800
30303	17	47	15.25	14	12	10	1	1	23	25	41	43	3	3.5	1	1	0.29	2.1	1.2	26.8	17.2	8500	11 000
30304	20	52	16.25	15	13	11	1.5	1.5	27	28	45	48	3	3.5	1.5	1.5	0.3	2	1.1	31.5	20.8	7500	9500
30305	25	62	18.25	17	15	13	1.5	1.5	32	34	55	58	3	3.5	1.5	1.5	0.3	2	1.1	44.8	30	6300	8000
30306	30	72	20.75	19	16	15	1.5	1.5	37	40	65	66	3	5	1.5	1.5	0.31	1.9	1	55.8	38.5	5600	7000
30307	35	80	22.75	21	18	17	2	1.5	44	45	71	74	3	5	2	1.5	0.31	1.9	1	71.2	50.2	5000	6300
30308	40	90	25.25	23	20	19.5	2	1.5	49	52	81	84	3	5.5	2	1.5	0.35	1.7	1	86.2	63.8	4500	5600
30309	45	100	27.25	25	22	21.5	2	1.5	54	59	91	94	3	5.5	2	1.5	0.35	1.7	1	102	76.2	4000	5000
30310	50	110	29.25	27	23	23	2.5	2	60	65	100	103	4	6.5	2.1	2	0.35	1.7	1	122	92.5	3800	4800
30311	55	120	31.5	29	25	25	2.5	2	65	70	110	112	4	6.5	2.1	2	0.35	1.7	1	145	112	3400	4300
30312	60	130	33.5	31	26	26.5	3	2.5	72	76	118	121	5	7.5	2.5	2.1	0.35	1.7	1	162	125	3200	4000
30313	65	140	36	33	28	29	3	2.5	77	83	128	131	5	8	2.5	2.1	0.35	1.7	1	185	142	2800	3600
30314	70	150	38	35	30	30.6	3	2.5	82	89	138	141	5	8	2.5	2.1	0.35	1.7	1	208	162	2600	3400
32206	30	62	21.25	20	17	15.4	1	1	36	36	56	58	3	4.5	1	1	0.37	1.6	0.9	49.2	37.2	6000	7500
32207	35	72	24.25	23	19	17.6	1.5	1.5	42	42	65	68	3	5.5	1.5	1.5	0.37	1.6	0.9	67.5	52.5	5300	6700
32208	40	80	24.75	23	19	19	1.5	1.5	47	48	73	75	3	6	1.5	1.5	0.37	1.6	0.9	74.2	56.8	5000	6300

续表

轴承型号	基本尺寸					其他尺寸			安装尺寸								e	Y	Y_0	基本额定负荷（kN）		极限转速（r/min）	
	d	D	T	B	C	$a\approx$	r_{smin}	r_{1smin}	d_{amin}	d_{bmax}	D_{amax}	D_{bmin}	a_{1min}	a_{2min}	r_{asmax}	r_{bsmax}				C_r	C_{0r}	脂润滑	油润滑
32209	45	85	24.75	23	19	20	1.5	1.5	52	53	78	81	3	6	1.5	1.5	0.4	1.5	0.8	79.5	62.3	4500	5600
32210	50	90	24.75	23	19	21	1.5	1.5	57	57	83	86	3	6	1.5	1.5	0.42	1.4	0.8	84.8	68	4300	5300
32211	55	100	26.75	25	21	22.5	2	1.5	64	62	91	96	4	6	2	1.5	0.4	1.5	0.8	102	81.5	3800	4800
32212	60	110	29.75	28	24	24.9	2	1.5	69	68	101	105	4	6	2	1.5	0.4	1.5	0.8	125	102	3600	4500
32213	65	120	32.75	31	27	27.2	2	1.5	74	75	111	115	4	6	2	1.5	0.4	1.5	0.8	152	125	3200	4000
32214	70	125	33.25	31	27	27.9	2	1.5	79	79	116	120	4	6.5	2	1.5	0.42	1.4	0.8	158	135	3000	3800
32303	17	47	20.25	19	16	12	1	1	23	24	41	43	3	4.5	1	1	0.29	2.1	1.2	33.5	23	8500	11 000
32304	20	52	22.25	21	18	13.4	1.5	1.5	27	26	45	48	3	4.5	1.5	1.5	0.3	2	1.1	40.8	28.8	7500	9500
32305	25	62	25.25	24	20	15.5	1.5	1.5	32	32	55	58	3	5.5	1.5	1.5	0.3	2	1.1	58.5	42.5	6300	8000
32306	30	72	28.75	27	23	18.8	1.5	1.5	37	38	65	66	4	6	1.5	1.5	0.31	1.9	1	77.5	58.8	5600	7000
32307	35	80	32.75	31	25	20.5	2	1.5	44	43	71	74	4	8	2	1.5	0.31	1.9	1	93.8	72.2	5000	6300
32308	40	90	35.25	33	27	23.4	2	1.5	49	49	81	83	4	8.5	2	1.5	0.35	1.7	1	110	87.3	4500	5600
32309	45	100	38.25	36	30	25.6	2	1.5	54	56	91	93	4	8.5	2	1.5	0.35	1.7	1	138	111.8	4000	5000
32310	50	110	42.25	40	33	28	2.5	2	60	61	100	102	5	9.5	2.1	2	0.35	1.7	1	168	140	3800	4800
32311	55	120	45.5	43	35	30.6	2.5	2	65	66	110	111	5	10.5	2.1	2	0.35	1.7	1	192	162	3400	4300
32312	60	130	48.5	46	37	32	3	2.5	72	72	118	122	6	11.5	2.5	2.1	0.35	1.7	1	215	180	3200	4000
32313	65	140	51	48	39	34	3	2.5	77	79	128	131	6	12	2.5	2.1	0.35	1.7	1	245	208	2800	3600
32314	70	150	54	51	42	36.5	3	2.5	82	84	138	141	6	12	2.5	2.1	0.35	1.7	1	285	242	2600	3400

附录6 圆柱齿轮精度

附表 6.1 **齿轮精度标准体系的构成**（GB/T 10095.1与GB/T 10095.2）

序号	标准或指导性技术文件号	名称	采用ISO标准程度及文件号
1	GB/T 10095.1—2001	渐开线圆柱齿轮—精度—第1部分：轮齿同侧齿面偏差的定义和允许值	等同ISO 1328—1：1997
2	GB/T 10095.2—2001	渐开线圆柱齿轮—精度—第2部分：径向综合偏差与径向跳动的定义和允许值	等同ISO 1328—2：1997
3	GB/Z 18620.1—2002	圆柱齿轮—检验实施规范—第1部分：齿轮同侧齿面偏差的检验	等同ISO/R 10064—1：1992
4	GB/Z 18620.2—2002	圆柱齿轮—检验实施规范—第2部分：径向综合偏差、径向跳动、齿厚和侧隙的检验	等同ISO/R 10064—2：1996
5	GB/Z 18620.3—2002	圆柱齿轮—检验实施规范—第3部分：齿轮坯、轴中心距和轴线平行度的推荐文件	等同ISO/R 10064—3：1996
6	GB/Z 18620.4—2002	圆柱齿轮—检验实施规范—第4部分：表面结构和轮齿接触斑点检验的推荐文件	等同ISO/R 10064—4：1998

附表 6.2 **新旧标准对照**

内容	序号	新标准	旧标准	备注
适用范围	1	基本齿廓符合GB/T 1356规定的单个渐开线圆柱齿轮	平行轴传动的渐开线圆柱齿轮及其齿轮副、法向模数≥1mm，基本齿廓按GB 13566—1988	
齿轮及齿轮误差项目代号	2.1	单个齿距偏差 f_{fp} 单个齿距极限偏差 $\pm f_{fp}$	齿距偏差 Δf_{fp} 齿距极限偏差 $\pm f_{fp}$	
	2.2	齿距累积偏差 F_{pk} 齿距累积偏差 $\pm F_{pk}$	k 个齿距累积误差 $\pm F_{pk}$ k 个齿距累积公差 F_{pk}	
	2.3	齿距累积偏差 F_p 齿距累积总公差 F_p	齿距累积误差 ΔF_p 齿距累积公差 F_p	
	2.4	齿廓总偏差 F_α 齿廓总公差 F_α	齿形误差 Δf_f 齿形公差 f_f	
	2.4.1	齿廓形状偏差 $f_{f\alpha}$ 齿廓形状公差 $f_{f\alpha}$		

续表

内容	序号	新标准	旧标准	备注
齿轮及齿轮误差项目代号	2.4.2	齿廓倾斜偏差 $f_{H\alpha}$ 齿廓倾斜极限偏差 $\pm f_{H\alpha}$		
	2.5.1	螺旋线形状偏差 $f_{f\beta}$ 螺旋线形状公差 $f_{f\beta}$		
	2.5.2	螺旋线倾斜偏差 $f_{H\beta}$ 螺旋线倾斜极限偏差 $\pm f_{H\beta}$		
	2.6	切向综合总偏差 F'_i 切向综合总公差 F'_i	切向综合误差 $\Delta F'_i$ 切向综合公差 F'_i	
	2.7	一齿切向综合偏差 f'_i 一齿切向综合公差 f'_i	一齿切向综合误差 $\Delta f'_i$ 一齿切向综合公差 f'_i	
	2.8	径向综合总偏差 F''_i 径向综合总偏差 F''_i	径向综合误差 $\Delta F''_i$ 径向综合公差 F''_i	
	2.9	一齿径向综合偏差 f''_i 一齿径向综合公差 f''_i	一齿径向综合误差 $\Delta f''_i$ 一齿径向综合公差 f''_i	
	2.10	径向跳动 F_r 径向跳动公差 F_r	齿圈径向跳动 ΔF_r 齿圈径向跳动 F_r	
	2.11		公法线长度变动 ΔF_w 公法线长度变动公差 F_w	
	2.12		基节偏差 Δf_{pb} 基节极限偏差 $\pm f_{pb}$	
	2.13		接触线误差 ΔF_b 接触线公差 F_b	
	2.14		轴向齿距偏差 ΔF_{px} 轴向齿距极限偏差 $\pm F_{px}$	
	2.15		螺旋线波度误差 $\Delta f_{f\beta}$ 螺旋线波度公差 $f_{f\beta}$	
	2.16		齿厚偏差 ΔE_s 齿厚上偏差 E_{ss} 齿厚下偏差 E_{si} 齿厚公差 T_s	GB/Z 18620.2 给出的代号 齿厚上偏差 E_{sns} 齿厚下偏差 E_{sni} 齿厚公差 T_{sn}
	2.17		公法线平均长度偏差 ΔE_{wm} 公法线平均长度上偏差 E_{wms} 公法线平均长度下偏差 E_{nmi} 公法线平均长度公差 T_{wm}	GB/Z 18620.2 给出的代号 公法线长度上偏差 E_{ws} 公法线长度下偏差 E_{mni}
	2.18		齿轮副的切向综合误差 $\Delta F'_{ic}$ 齿轮副的切向综合公差 F'_{ic}	

续表

内容	序号	新　标　准	旧　标　准	备　注
齿轮及齿轮误差项目代号	2.19		齿轮副的一齿切向综合误差 $\Delta f'_{ic}$ 齿轮副的一齿切向综合公差 f'_{ic}	
	2.20		齿轮副的接触斑点	
	2.21		齿轮副侧隙 圆周侧隙 j_t 法向侧隙 j_n 最大极限侧隙 j_{tmax} j_{nmax} 最小极限侧隙 j_{tmin} j_{nmin}	
	2.22		齿轮副的中心距偏差 Δf_a 齿轮副的中心距极限偏差 $\pm f_a$	
	2.23		轴线的平行度误差 x 方向的轴线平行度误差 $\pm f_x$ x 方向的轴线平行度公差 f_x $f_x=F_\beta$ y 方向的轴线平行度误差 Δf_y y 方向的轴线平行度公差 f_y $f_y=0.5F_\beta$	GB/Z 19620.3 提供如下推荐数值： 轴线平面内的轴线平行度公差 $f_{\Sigma\delta}=2f_{\Sigma\beta}$ 垂平面内的轴线平行度公差 $f_{\Sigma\beta}=0.5\ [L/b]\ f_\beta$
精度等级	3	GB/T 10095.1 0～12 级，共 13 个精度等级 GB/T 10095.2 F''_i、f''_i共有 9 个精度等级即 4～12 级 F_r 有 13 个精度等级，即 0～12 级	对齿轮对齿轮副规定了 12 个精度等级； 齿轮各项公差和极限偏差分成三个（公差）组	
齿坯要求	4		以标准补充件形式，推荐了轴（孔）的尺寸、形位公差以及基准面的跳动公差	以 GB/Z 18620.3 形式，推荐了基准面与安装面的形状公差、安装面的跳动公差
齿轮检验与公差	5	在 GB/T 10095.4 中，F'_i、f'_i、$f_{f\alpha}$、$f_{H\alpha}$、$f_{f\beta}$、$f_{H\beta}$ 等项目不是必检项目	根据齿轮副的使用要求和生产规模，在各公差组中，选定检验组来检定和验收齿轮的精度。 第Ⅰ公差组的检验组： $\Delta F'_i$；ΔF_p 与 ΔF_{pk}；ΔF_p；$\Delta F''_i$与 ΔF_w； ΔF_r（10～12 级）； 第Ⅱ公差组的检验组： $\Delta f'_i$；Δf_f 与 Δf_{pb}；Δf_f 与 Δf_{pt}；Δf_β；$\Delta f''_i$； Δf_{pt}与 Δf_{pb}（9～12 级）； Δf_{pt}与 $\Delta f_{\beta b}$（10～12 级）； 第Ⅲ公差组的检验组： ΔF_β；ΔF_n；ΔF_{px}与 Δf_f；ΔF_{px} 与 ΔF_b	

续表

内容	序号	新　标　准	旧　标　准	备　注
		公差计算式（5 级）（具体计算略，需要时可查阅有关资料）	公差计算式（5 级）（略）	
齿轮副检验	6		若齿轮副的 $\Delta F'_{ic}$、$\Delta f'_{ic}$，接触斑点（位置和大小）和侧隙等 4 方面要求均能满足，则齿轮副即认为合格。 $F'_{ic}=F'_{i1}+F'_{i2}$； $f'_{ic}=f'_{i1}+f'_{i2}$	GB/Z 18620.4 推荐了轮齿接触斑点检验方法，其提供的数值数不是 GB 精度判据，而作为共同协议的指南来使用，是测量齿轮副的一般要求
侧隙	7		齿轮副的侧隙要求，应根据工作条件用最大极限侧隙 j_{nmax}（或 j_{tmax}）与最小极限侧隙 j_{nmin}（或 j_{nmin}）来规定。标准规定了中心距极限偏差 $\pm f_a$ 值，规定了齿厚极限偏差上偏差、下偏差（用 c～s 共 14 个代号表示，字母代号为齿轮精度等级相应的值的倍数）	GB/Z 18620.2 的附录 A 提供了齿轮啮合时选择齿厚公差和最小侧隙方法以及最小侧隙的建议数值。没有给出齿厚极限偏差值。给出了公法线长度的偏差与齿厚偏差关系式。GB/Z 18620.3 提出了确定中心距公差时需要注意的问题，没有给出具体的公差数值表

附表 6.3　　中心距极限偏差 $\pm f_a$　　（μm）

齿轮精度等级			1～2	3～4	5～6	7～8	9～10	11～12
f_a			1/2IT4	1/2IT6	1/2IT7	1/2IT8	1/2IT9	1/2IT11
齿轮副的中心距	大于 6	到 10	2	4.5	7.5	11	18	45
	10	18	2.5	5.5	9	13.5	21.5	55
	18	30	3	6.5	10.5	16.5	26	65
	30	50	3.5	8	12.5	19.5	31	80
	50	80	4	9.5	15	23	37	90
	80	120	5	11	17.5	27	43.5	110
	120	180	6	12.5	20	31.5	50	125
	180	250	7	14.5	23	36	57.5	145
	250	315	8	16	26	40.5	65	160
	315	400	9	18	28.5	44.5	70	180
	400	500	10	20	31.5	48.5	77.5	200
	500	630	11	22	35	55	87	220
	630	800	12.5	25	40	62	100	250
	800	1000	14.5	28	45	70	115	280
	1000	1250	17	33	52	82	130	330

注　1. 本表摘自 GB 10095—1988。

2. 表中齿轮精度等级为齿轮第Ⅱ公差组的精度等级。

附表 6.4 **对于粗齿距（中大模数）齿轮最小侧隙 j_{bnmin} 的推荐数据** (mm)

m_n	最小中心距 a					
	50	100	200	400	800	1600
1.5	0.09	0.11	—	—	—	—
2	0.10	0.12	0.15	—	—	—
3	0.12	0.14	0.17	0.24	—	—
5	—	0.18	0.21	0.28	—	—
8	—	0.24	0.27	0.34	0.47	—
12	—	—	0.35	0.42	0.55	—
18	—	—	—	0.54	0.67	0.94

附表 6.5 **公法线长度变动公差 F_w 值** (μm)

分度圆直径 (mm)	精度等级						
	4	5	6	7	8	9	10
≥5～20	7.3	10	14	20	29	41	58
>20～50	8.2	12	16	23	32	46	65
>50～125	9.3	14	19	27	37	53	74
>125～280	11	16	22	31	44	62	88
>280～560	14	19	26	37	53	74	105
>560～1000	16	22	32	45	63	90	126
>1000～1600	19	26	37	53	75	106	150
>1600～2500	22	31	44	62	88	124	176

附表 6.6 **单个齿距极限偏差 $\pm f_{pt}$**

分度圆直径 d (mm)	模数 m (mm)	精度等级												
		0	1	2	3	4	5	6	7	8	9	10	11	12
		$\pm f_{pt}$ (μm)												
20<d≤50	0.5≤m≤2	0.9	1.2	1.8	2.5	3.5	5.0	7.0	10.0	14.0	20.0	28.0	40.0	56.0
	2<m≤3.5	1.0	1.4	1.9	2.7	3.9	5.5	7.5	11.0	15.0	22.0	31.0	44.0	62.0
	3.5<m≤6	1.1	1.5	2.1	3.0	4.3	6.0	8.5	12.0	17.0	24.0	34.0	48.0	68.0
	6<m≤10	1.2	1.7	2.5	3.5	4.9	7.0	10.0	14.0	20.0	28.0	40.0	56.0	79.0
50<d≤125	0.5≤m≤2	0.9	1.3	1.9	2.7	3.8	5.5	7.5	11.0	15.0	21.0	30.0	43.0	61.0
	2<m≤3.5	1.0	1.5	2.1	2.9	4.1	6.0	8.5	12.0	17.0	23.0	33.0	47.0	66.0
	3.5<m≤6	1.1	1.6	2.3	3.2	4.6	6.5	9.0	13.0	18.0	26.0	36.0	52.0	73.0
	6<m≤10	1.3	1.8	2.6	3.7	5.0	7.5	10.0	15.0	21.0	30.0	42.0	59.0	84.0
	10<m≤16	1.6	2.2	3.1	4.4	6.5	9.0	13.0	18.0	25.0	35.0	50.0	71.0	100.0
	16<m≤25	2.0	2.8	3.9	5.5	8.0	11.0	16.0	22.0	31.0	44.0	63.0	89.0	125.0
125<d≤280	0.5≤m≤2	1.1	1.5	2.1	3.0	4.2	6.0	8.5	12.0	17.0	24.0	34.0	48.0	67.0
	2<m≤3.5	1.1	1.6	2.3	3.2	4.6	6.5	9.0	13.0	18.0	26.0	36.0	51.0	73.0
	3.5<m≤6	1.2	1.8	2.5	3.5	5.0	7.0	10.0	14.0	20.0	28.0	40.0	56.0	79.0
	6<m≤10	1.4	2.0	2.8	4.0	5.5	8.0	11.0	16.0	23.0	32.0	45.0	64.0	90.0
	10<m≤16	1.7	2.4	3.3	4.7	6.5	9.5	13.0	19.0	27.0	38.0	53.0	75.0	107.0
	16<m≤25	2.1	2.9	4.1	6.0	8.0	12.0	16.0	23.0	33.0	47.0	66.0	93.0	132.0
	25<m≤40	2.7	3.8	5.5	7.5	11.0	15.0	21.0	30.0	43.0	61.0	86.0	121.0	171.0

续表

分度圆直径 d（mm）	模数 m（mm）	精度等级												
		0	1	2	3	4	5	6	7	8	9	10	11	12
		$\pm f_{pt}$（μm）												
$280<d\leqslant 560$	$0.5\leqslant m\leqslant 2$	1.2	1.7	2.4	3.3	4.7	6.5	9.5	13.0	19.0	27.0	38.0	54.0	76.0
	$2<m\leqslant 3.5$	1.3	1.8	2.5	3.6	5.0	7.0	10.0	14.0	20.0	29.0	41.0	57.0	81.0
	$3.5<m\leqslant 6$	1.4	1.9	2.7	3.9	5.5	8.0	11.0	16.0	22.0	31.0	44.0	62.0	88.0
	$6<m\leqslant 10$	1.5	2.2	3.1	4.4	6.0	8.5	12.0	17.0	25.0	35.0	49.0	70.0	99.0
	$10<m\leqslant 16$	1.8	2.5	3.6	5.0	7.0	10.0	14.0	20.0	29.0	41.0	58.0	81.0	115.0
	$16<m\leqslant 25$	2.2	3.1	4.4	6.0	9.0	12.0	18.0	25.0	35.0	50.0	71.0	99.0	140.0
	$25<m\leqslant 40$	2.8	4.0	5.5	8.0	11.0	16.0	22.0	32.0	45.0	63.0	90.0	127.0	180.0
	$40<m\leqslant 70$	3.9	5.5	8.0	11.0	16.0	22.0	31.0	45.0	63.0	89.0	126.0	178.0	252.0
$560<d\leqslant 1000$	$0.5\leqslant m\leqslant 2$	1.3	1.9	2.7	3.8	5.5	7.5	11.0	15.0	21.0	30.0	43.0	61.0	86.0
	$2<m\leqslant 3.5$	1.4	2.0	2.9	4.0	5.5	8.0	11.0	16.0	23.0	32.0	46.0	65.0	91.0
	$3.5<m\leqslant 6$	1.5	2.2	3.1	4.3	6.0	8.5	12.0	17.0	24.0	35.0	49.0	69.0	98.0
	$6<m\leqslant 10$	1.7	2.4	3.4	4.8	7.0	9.5	14.0	19.0	27.0	38.0	54.0	77.0	109.0
	$10<m\leqslant 16$	2.0	2.8	3.9	5.5	8.0	11.0	16.0	22.0	31.0	44.0	63.0	89.0	125.0
	$16<m\leqslant 25$	2.3	3.3	4.7	6.5	9.5	13.0	19.0	27.0	38.0	53.0	75.0	106.0	150.0
	$25<m\leqslant 40$	3.0	4.2	6.0	8.5	12.0	17.0	24.0	34.0	47.0	67.0	95.0	134.0	190.0
	$40<m\leqslant 70$	4.1	6.0	8.0	12.0	16.0	23.0	33.0	46.0	65.0	93.0	131.0	185.0	262.0
$1000<d\leqslant 1600$	$2\leqslant m\leqslant 3.5$	1.6	2.3	3.2	4.5	6.5	9.0	13.0	18.0	26.0	36.0	51.0	72.0	103.0

附表 6.7　　齿距累积公差 F_p

分度圆直径 d（mm）	模数 m（mm）	精度等级												
		0	1	2	3	4	5	6	7	8	9	10	11	12
		F_p（μm）												
$20<d\leqslant 50$	$0.5\leqslant m\leqslant 2$	2.5	3.6	5.0	7.0	10.0	14.0	20.0	29.0	41.0	57.0	81.0	115.0	162.0
	$2<m\leqslant 3.5$	2.6	3.7	5.0	7.5	10.0	15.0	21.0	30.0	42.0	59.0	84.0	119.0	168.0
	$3.5<m\leqslant 6$	2.7	3.9	5.5	7.5	11.0	15.0	22.0	31.0	44.0	62.0	87.0	123.0	174.0
	$6<m\leqslant 10$	2.9	4.1	6.0	8.0	12.0	16.0	23.0	33.0	46.0	65.0	93.0	131.0	185.0
$50<d\leqslant 125$	$0.5\leqslant m\leqslant 2$	3.3	4.6	6.5	9.0	13.0	18.0	26.0	37.0	52.0	74.0	104.0	147.0	208.0
	$2<m\leqslant 3.5$	3.3	4.7	6.5	9.5	13.0	19.0	27.0	38.0	53.0	76.0	107.0	151.0	214.0
	$3.5<m\leqslant 6$	3.4	4.9	7.0	9.5	14.0	19.0	28.0	39.0	55.0	78.0	110.0	156.0	220.0

续表

分度圆直径 d (mm)	模数 m (mm)	精度等级 0	1	2	3	4	5	6	7	8	9	10	11	12
		F_p (μm)												
50<d≤125	6<m≤10	3.6	5.0	7.0	10.0	14.0	20.0	29.0	41.0	58.0	82.0	116.0	164.0	231.0
	10<m≤16	3.9	5.5	7.5	11.0	15.0	22.0	31.0	44.0	62.0	88.0	124.0	175.0	248.0
	16<m≤25	4.3	6.0	8.5	12.0	17.0	24.0	34.0	48.0	68.0	96.0	136.0	193.0	273.0
125<d≤280	0.5≤m≤2	4.3	6.0	8.5	12.0	17.0	24.0	35.0	49.0	69.0	98.0	138.0	195.0	276.0
	2<m≤3.5	4.4	6.0	9.0	12.0	18.0	25.0	35.0	50.0	70.0	100.0	141.0	199.0	282.0
	3.5<m≤6	4.5	6.5	9.0	13.0	18.0	25.0	36.0	51.0	72.0	102.0	144.0	204.0	288.0
	6<m≤10	4.7	6.5	9.5	13.0	19.0	26.0	37.0	53.0	75.0	106.0	149.0	211.0	299.0
	10<m≤16	4.9	7.0	10.0	14.0	20.0	28.0	39.0	56.0	79.0	112.0	158.0	223.0	316.0
	16<m≤25	5.5	7.5	11.0	15.0	21.0	30.0	43.0	60.0	85.0	120.0	170.0	241.0	341.0
	25<m≤40	6.0	8.5	12.0	17.0	24.0	34.0	47.0	67.0	95.0	134.0	190.0	269.0	380.0
280<d≤560	0.5≤m≤2	5.5	8.0	11.0	16.0	23.0	32.0	46.0	64.0	91.0	129.0	182.0	257.0	364.0
	2<m≤3.5	6.0	8.0	12.0	16.0	23.0	33.0	46.0	65.0	92.0	131.0	185.0	261.0	370.0
	3.5<m≤6	6.0	8.5	12.0	17.0	24.0	33.0	47.0	66.0	94.0	133.0	188.0	266.0	376.0
	6<m≤10	6.0	8.5	12.0	17.0	24.0	34.0	48.0	68.0	97.0	137.0	193.0	274.0	387.0
	10<m≤16	6.5	9.0	13.0	18.0	25.0	36.0	50.0	71.0	101.0	143.0	202.0	285.0	404.0
	16<m≤25	6.5	9.5	13.0	19.0	27.0	38.0	54.0	76.0	107.0	151.0	214.0	303.0	428.0
	25<m≤40	7.5	10.0	15.0	21.0	29.0	41.0	58.0	83.0	117.0	165.0	234.0	331.0	468.0
	40<m≤70	8.5	12.0	17.0	24.0	34.0	48.0	68.0	95.0	135.0	191.0	270.0	382.0	540.0
560<d≤1000	0.5≤m≤2	7.5	10.0	15.0	21.0	29.0	41.0	59.0	83.0	117.0	166.0	235.0	332.0	469.0
	2<m≤3.5	7.5	10.0	15.0	21.0	30.0	42.0	59.0	84.0	119.0	168.0	238.0	336.0	475.0
	3.5<m≤6	7.5	11.0	15.0	21.0	30.0	43.0	60.0	85.0	120.0	170.0	241.0	341.0	482.0
	6<m≤10	7.5	11.0	15.0	22.0	31.0	44.0	62.0	87.0	123.0	174.0	246.0	348.0	492.0
	10<m≤16	8.0	11.0	16.0	22.0	32.0	45.0	64.0	90.0	127.0	180.0	254.0	360.0	509.0
	16<m≤25	8.5	12.0	17.0	24.0	33.0	47.0	67.0	94.0	133.0	189.0	267.0	378.0	534.0
	25<m≤40	9.0	13.0	18.0	25.0	36.0	51.0	72.0	101.0	143.0	203.0	287.0	405.0	573.0
	40<m≤70	10.0	14.0	20.0	29.0	40.0	57.0	81.0	114.0	161.0	228.0	323.0	457.0	646.0
1000<d≤1600	2≤m≤3.5	9.0	13.0	18.0	26.0	37.0	52.0	74.0	105.0	148.0	209.0	296.0	418.0	591.0

附表 6.8　　**齿廓公差 F_α**

分度圆直径 d（mm）	模　数 m（mm）	精度等级												
		0	1	2	3	4	5	6	7	8	9	10	11	12
		F_α（μm）												
$20<d\leqslant 50$	$0.5\leqslant m\leqslant 2$	0.9	1.3	1.8	2.6	3.6	5.0	7.5	10.0	15.0	21.0	29.0	41.0	58.0
	$2<m\leqslant 3.5$	1.3	3.8	2.5	3.6	5.0	7.0	10.0	14.0	20.0	29.0	40.0	57.0	81.0
	$3.5<m\leqslant 6$	1.6	2.2	3.1	4.4	6.0	9.0	12.0	18.0	25.0	35.0	50.0	70.0	99.0
	$6<m\leqslant 10$	1.9	2.7	3.8	5.5	7.5	11.0	15.0	22.0	31.0	43.0	61.0	87.0	123.0
$50<d\leqslant 125$	$0.5\leqslant m\leqslant 2$	1.0	1.5	2.1	2.9	4.1	6.0	8.5	12.0	17.0	23.0	33.0	47.0	66.0
	$2<m\leqslant 3.5$	1.4	2.0	2.8	3.9	5.5	8.0	11.0	16.0	22.0	31.0	44.0	63.0	89.0
	$3.5<m\leqslant 6$	1.7	2.4	3.4	4.8	6.5	9.5	13.0	19.0	27.0	38.0	54.0	76.0	108.0
	$6<m\leqslant 10$	2.0	2.9	4.1	6.0	8.0	12.0	16.0	23.0	33.0	46.0	65.0	92.0	131.0
	$10<m\leqslant 16$	2.5	3.5	5.0	7.0	10.0	14.0	20.0	28.0	40.0	56.0	79.0	112.0	159.0
	$16<m\leqslant 25$	3.0	4.2	6.0	8.5	12.0	17.0	24.0	34.0	48.0	68.0	96.0	136.0	192.0
$125<d\leqslant 280$	$0.5\leqslant m\leqslant 2$	1.2	1.7	2.4	3.5	4.9	7.0	10.0	14.0	20.0	28.0	39.0	55.0	78.0
	$2<m\leqslant 3.5$	1.6	2.2	3.2	4.5	6.5	9.0	13.0	18.0	25.0	36.0	50.0	71.0	101.0
	$3.5<m\leqslant 6$	1.9	2.6	3.7	5.5	7.5	11.0	15.0	21.0	30.0	42.0	60.0	84.0	119.0
	$6<m\leqslant 10$	2.2	3.2	4.5	6.5	9.0	13.0	18.0	25.0	36.0	50.0	71.0	101.0	143.0
	$10<m\leqslant 16$	2.7	3.8	5.5	7.5	11.0	15.0	21.0	33.0	43.0	60.0	85.0	121.0	171.0
	$16<m\leqslant 25$	3.2	4.5	6.5	9.0	13.0	18.0	25.0	36.0	51.0	72.0	102.0	144.0	204.0
	$25<m\leqslant 40$	3.8	5.5	7.5	11.0	15.0	22.0	31.0	43.0	61.0	87.0	123.0	174.0	246.0
$280<d\leqslant 560$	$0.5\leqslant m\leqslant 2$	1.5	2.1	2.9	4.1	6.0	8.5	12.0	17.0	23.0	33.0	47.0	66.0	94.0
	$2<m\leqslant 3.5$	1.8	2.6	3.6	5.0	7.5	10.0	15.0	21.0	29.0	41.0	58.0	82.0	116.0
	$3.5<m\leqslant 6$	2.1	3.0	4.2	6.0	8.5	12.0	17.0	24.0	34.0	48.0	67.0	95.0	135.0
	$6<m\leqslant 10$	2.5	3.5	4.9	7.0	10.0	14.0	20.0	28.0	40.0	56.0	79.0	112.0	158.0
	$10<m\leqslant 16$	2.9	4.1	6.0	8.0	12.0	6.0	23.0	33.0	47.0	66.0	93.0	132.0	186.0
	$16<m\leqslant 25$	3.4	4.8	7.0	9.5	14.0	9.0	27.0	39.0	55.0	78.0	110.0	155.0	219.0
	$25<m\leqslant 40$	4.1	6.0	8.0	12.0	16.0	23.0	33.0	46.0	65.0	92.0	131.0	185.0	261.0
	$40<m\leqslant 70$	5.0	7.0	10.0	14.0	20.0	28.0	40.0	57.0	80.0	113.0	160.0	227.0	321.0
$560<d\leqslant 1000$	$0.5\leqslant m\leqslant 2$	1.8	2.5	3.5	5.0	7.0	10.0	14.0	20.0	28.0	40.0	56.0	79.0	112.0
	$2<m\leqslant 3.5$	2.1	3.0	4.2	6.0	8.5	12.0	17.0	24.0	34.0	48.0	67.0	95.0	135.0
	$3.5<m\leqslant 6$	2.4	3.4	4.8	7.0	9.5	14.0	19.0	27.0	38.0	54.0	77.0	109.0	154.0
	$6<m\leqslant 10$	2.8	3.9	5.5	8.0	11.0	16.0	22.0	31.0	44.0	62.0	88.0	125.0	177.0
	$10<m\leqslant 16$	3.2	4.5	6.5	9.0	13.0	18.0	26.0	36.0	51.0	72.0	102.0	145.0	205.0
	$16<m\leqslant 25$	3.7	5.5	7.5	11.0	15.0	21.0	30.0	42.0	59.0	84.0	119.0	168.0	238.0
	$25<m\leqslant 40$	4.4	6.0	8.5	12.0	17.0	25.0	35.0	49.0	70.0	99.0	140.0	198.0	280.0
	$40<m\leqslant 70$	5.5	7.5	11.0	15.0	21.0	30.0	42.0	60.0	85.0	120.0	170.0	240.0	339.0
$1000<d\leqslant 1600$	$2\leqslant m\leqslant 3.5$	2.4	3.4	4.9	7.0	9.5	14.0	19.0	27.0	39.0	55.0	78.0	110.0	155.0

附表 6.9　　**螺旋线公差 F_β**

分度圆直径 d（mm）	齿　宽 b（mm）	精度等级												
		0	1	2	3	4	5	6	7	8	9	10	11	12
		F_β（μm）												
20＜d≤50	4≤b≤10	1.1	1.6	2.0	3.2	4.5	6.5	9.0	13.0	18.0	25.0	36.0	51.0	72.0
	10＜b≤20	1.3	1.8	2.5	3.6	5.0	7.0	10.0	14.0	20.0	29.0	40.0	57.0	81.0
	20＜b≤40	1.4	2.0	2.9	4.1	5.5	8.0	11.0	16.0	23.0	32.0	46.0	65.0	92.0
	40＜b≤80	1.7	2.4	3.4	4.8	6.5	9.5	13.0	19.0	27.0	38.0	54.0	76.0	107.0
	80＜b≤160	2.0	2.9	4.1	5.5	8.0	11.0	16.0	23.0	32.0	46.0	65.0	92.0	130.0
50＜d≤125	4≤b≤10	1.2	1.7	2.4	3.3	4.7	6.5	9.5	13.0	19.0	27.0	38.0	53.0	76.0
	10＜b≤20	1.3	1.9	2.6	3.7	5.5	7.5	11.0	15.0	21.0	30.0	42.0	60.0	84.0
	20＜b≤40	1.5	2.1	3.0	4.2	6.0	8.5	12.0	17.0	24.0	34.0	48.0	68.0	95.0
	40＜b≤80	1.7	2.5	3.5	4.9	7.0	10.0	14.0	20.0	28.0	39.0	56.0	79.0	111.0
	80＜b≤160	2.1	2.9	4.2	6.0	8.5	12.0	17.0	24.0	33.0	47.0	67.0	94.0	133.0
	160＜b≤250	2.5	3.5	4.9	7.0	10.0	14.0	20.0	28.0	40.0	56.0	79.0	112.0	158.0
	250＜b≤400	2.9	4.1	6.0	8.0	12.0	16.0	23.0	33.0	46.0	65.0	92.0	130.0	184.0
125＜d≤280	4≤b≤10	1.3	1.8	2.5	3.6	5.0	7.0	10.0	14.0	20.0	29.0	40.0	57.0	81.0
	10＜b≤20	1.4	2.0	2.8	4.0	5.5	8.0	11.0	16.0	22.0	32.0	45.0	63.0	90.0
	20＜b≤40	1.6	2.2	3.2	4.5	6.5	9.0	13.0	18.0	25.0	36.0	50.0	71.0	101.0
	40＜b≤80	1.8	2.6	3.6	5.0	7.5	10.0	15.0	21.0	29.0	41.0	58.0	82.0	117.0
	80＜b≤160	2.2	3.1	4.3	6.0	8.5	12.0	17.0	25.0	35.0	49.0	69.0	98.0	139.0
	160＜b≤250	2.6	3.6	5.0	7.0	10.0	14.0	20.0	29.0	41.0	58.0	82.0	116.0	164.0
	250＜b≤400	3.0	4.2	6.0	8.5	12.0	17.0	24.0	34.0	47.0	67.0	95.0	134.0	190.0
	400＜b≤650	3.5	4.9	7.0	10.0	14.0	20.0	28.0	40.0	56.0	79.0	112.0	158.0	224.0
280＜d≤560	10＜b≤20	1.5	2.1	3.0	4.3	6.0	8.5	12.0	17.0	24.0	34.0	48.0	68.0	97.0
	20＜b≤40	1.7	2.4	3.4	4.8	6.5	9.5	13.0	19.0	27.0	38.0	54.0	76.0	108.0
	40＜b≤80	1.9	2.7	3.9	5.5	7.5	11.0	15.0	22.0	31.0	44.0	62.0	87.0	124.0
	80＜b≤160	2.3	3.2	4.6	6.5	9.0	13.0	18.0	26.0	36.0	52.0	73.0	103.0	146.0
	160＜b≤250	2.7	3.8	5.5	7.5	11.0	15.0	21.0	30.0	43.0	60.0	85.0	121.0	171.0
	250＜b≤400	3.1	4.3	6.0	8.5	12.0	17.0	25.0	35.0	49.0	70.0	98.0	139.0	197.0
	400＜b≤650	3.6	5.0	7.0	10.0	14.0	20.0	29.0	41.0	58.0	82.0	115.0	163.0	231.0
	650＜b≤1000	4.3	6.0	8.5	12.0	17.0	24.0	34.0	48.0	68.0	96.0	136.0	193.0	272.0
560＜d≤1000	10＜b≤20	1.6	2.3	3.3	4.7	6.5	9.5	13.0	19.0	26.0	37.0	53.0	74.0	105.0
	20＜b≤40	1.8	2.6	3.6	5.0	7.5	10.0	15.0	21.0	29.0	41.0	58.0	82.0	116.0
	40＜b≤80	2.1	2.9	4.1	6.0	8.5	12.0	17.0	23.0	33.0	47.0	66.0	93.0	132.0
	80＜b≤160	2.4	3.4	4.8	7.0	9.5	14.0	19.0	27.0	39.0	55.0	77.0	109.0	154.0
	160＜b≤250	2.8	4.0	5.5	8.0	11.0	16.0	22.0	32.0	45.0	63.0	90.0	127.0	179.0
	250＜b≤400	3.2	4.5	6.5	9.0	13.0	18.0	26.0	36.0	51.0	73.0	103.0	145.0	205.0
	400＜b≤650	3.7	5.5	7.5	11.0	15.0	21.0	30.0	42.0	60.0	85.0	120.0	169.0	239.0
	650＜b≤1000	4.4	6.0	9.0	12.0	18.0	25.0	35.0	50.0	70.0	99.0	140.0	199.0	281.0

附表 6.10　**齿廓形状公差 $f_{f\alpha}$**

分度圆直径 d（mm）	模　数 m（mm）	精度等级												
		0	1	2	3	4	5	6	7	8	9	10	11	12
		$f_{f\alpha}$（μm）												
$20<d\leqslant50$	$0.5\leqslant m\leqslant2$	0.7	1.0	1.4	2.0	2.8	4.0	5.5	8.0	11.0	16.0	22.0	32.0	45.0
	$2<m\leqslant3.5$	1.0	1.4	2.0	2.8	3.9	5.5	8.0	11.0	16.0	22.0	31.0	44.0	62.0
	$3.5<m\leqslant6$	1.2	1.7	2.4	3.4	4.8	7.0	9.5	14.0	19.0	27.0	39.0	54.0	77.0
	$6<m\leqslant10$	1.5	2.1	3.0	4.2	6.0	8.5	12.0	17.0	24.0	34.0	48.0	67.0	95.0
$50<d\leqslant125$	$0.5\leqslant m\leqslant2$	0.8	1.1	1.6	2.3	3.2	4.5	6.5	9.0	13.0	18.0	26.0	36.0	51.0
	$2<m\leqslant3.5$	1.1	1.5	2.1	3.0	4.3	6.0	8.5	12.0	17.0	24.0	34.0	49.0	69.0
	$3.5<m\leqslant6$	1.3	1.8	2.6	3.7	5.0	7.5	10.0	15.0	21.0	29.0	42.0	59.0	83.0
	$6<m\leqslant10$	1.6	2.2	3.2	4.5	6.5	9.0	13.0	18.0	25.0	36.0	51.0	72.0	101.0
	$10<m\leqslant16$	1.9	2.7	3.9	5.5	7.5	11.0	15.0	22.0	31.0	44.0	62.0	87.0	123.0
	$16<m\leqslant25$	2.3	3.3	4.7	6.5	9.5	13.0	19.0	26.0	37.0	53.0	75.0	106.0	149.0
$125<d\leqslant280$	$0.5\leqslant m\leqslant2$	0.9	1.3	1.9	2.7	3.8	5.5	7.5	11.0	15.0	21.0	30.0	43.0	60.0
	$2<m\leqslant3.5$	1.2	1.7	2.4	3.4	4.9	7.0	9.5	14.0	19.0	28.0	39.0	55.0	78.0
	$3.5<m\leqslant6$	1.4	2.0	2.9	4.1	6.0	8.0	12.0	16.0	23.0	33.0	46.0	65.0	93.0
	$6<m\leqslant10$	1.7	2.4	3.5	4.9	7.0	10.0	14.0	20.0	28.0	39.0	55.0	78.0	111.0
	$10<m\leqslant16$	2.1	2.9	4.0	6.0	8.5	12.0	17.0	23.0	33.0	47.0	66.0	94.0	133.0
	$16<m\leqslant25$	2.5	3.5	5.0	7.0	10.0	14.0	22.0	28.0	40.0	56.0	79.0	112.0	158.0
	$25<m\leqslant40$	3.0	4.2	6.0	8.5	12.0	17.0	24.0	34.0	48.0	68.0	96.0	135.0	191.0
$280<d\leqslant560$	$0.5\leqslant m\leqslant2$	1.1	1.6	2.3	3.2	4.5	6.5	9.0	13.0	18.0	26.0	36.0	51.0	72.0
	$2<m\leqslant3.5$	1.4	2.0	2.8	4.0	5.5	8.0	11.0	16.0	22.0	32.0	45.0	64.0	90.0
	$3.5<m\leqslant6$	1.6	2.3	3.3	4.6	6.5	9.0	13.0	18.0	26.0	37.0	52.0	74.0	104.0
	$6<m\leqslant10$	1.9	2.7	3.8	5.5	7.5	11.0	15.0	22.0	31.0	43.0	61.0	87.0	123.0
	$10<m\leqslant16$	2.3	3.2	4.5	6.5	9.0	13.0	18.0	26.0	36.0	51.0	72.0	102.0	145.0
	$16<m\leqslant25$	2.7	3.8	5.5	7.5	11.0	15.0	21.0	30.0	43.0	60.0	85.0	121.0	170.0
	$25<m\leqslant40$	3.2	4.5	3.5	9.0	13.0	18.0	25.0	36.0	51.0	72.0	101.0	144.0	203.0
	$40<m\leqslant70$	3.9	5.5	3.0	11.0	16.0	22.0	31.0	44.0	62.0	88.0	125.0	177.0	250.0
$560<d\leqslant1000$	$0.5\leqslant m\leqslant2$	1.4	1.9	2.7	3.8	5.5	7.5	11.0	15.0	22.0	31.0	43.0	61.0	87.0
	$2<m\leqslant3.5$	1.6	2.3	3.3	4.6	6.5	9.0	13.0	18.0	26.0	37.0	52.0	74.0	104.0
	$3.5<m\leqslant6$	1.9	2.6	3.7	5.5	7.5	11.0	15.0	21.0	30.0	42.0	59.0	84.0	119.0
	$6<m\leqslant10$	2.1	3.0	4.3	6.0	8.5	12.0	17.0	24.0	34.0	48.0	68.0	97.0	137.0
	$10<m\leqslant16$	2.5	3.5	5.0	7.0	10.0	14.0	20.0	28.0	40.0	56.0	79.0	112.0	159.0
	$16<m\leqslant25$	2.9	4.1	6.0	8.0	12.0	16.0	23.0	33.0	46.0	65.0	92.0	131.0	185.0
	$25<m\leqslant40$	3.4	4.3	7.0	9.5	14.0	19.0	27.0	38.0	54.0	77.0	109.0	154.0	217.0
	$40<m\leqslant70$	4.1	6.0	8.5	12.0	17.0	23.0	33.0	47.0	66.0	93.0	132.0	187.0	264.0
$1000<d\leqslant1600$	$2\leqslant m\leqslant3.5$	1.9	2.7	3.8	5.5	7.5	11.0	15.0	21.0	30.0	42.0	60.0	85.0	120.0

附表 6.11 齿廓倾斜极限偏差$\pm f_{H\alpha}$

分度圆直径 d (mm)	模数 m (mm)	精度等级												
		0	1	2	3	4	5	6	7	8	9	10	11	12
		$\pm f_{H\alpha}$ (μm)												
$20<d\leqslant50$	$0.5\leqslant m\leqslant2$	0.6	0.8	1.2	1.6	2.3	3.3	4.6	6.5	9.5	13.0	19.0	26.0	37.0
	$2<m\leqslant3.5$	0.8	1.1	1.6	2.3	3.2	4.5	6.5	9.0	13.0	18.0	26.0	36.0	51.0
	$3.5<m\leqslant6$	1.0	1.4	2.0	2.8	3.9	5.5	8.0	11.0	16.0	22.0	32.0	45.0	63.0
	$6<m\leqslant10$	1.2	1.7	2.4	3.4	4.8	7.0	9.5	14.0	19.0	27.0	39.0	55.0	78.0
$50<d\leqslant125$	$0.5\leqslant m\leqslant2$	0.7	0.9	1.3	1.9	2.6	3.7	5.5	7.5	11.0	15.0	21.0	30.0	42.0
	$2<m\leqslant3.5$	0.9	1.2	1.8	2.5	3.5	5.0	7.0	10.0	14.0	20.0	28.0	40.0	57.0
	$3.5<m\leqslant6$	1.1	1.5	2.1	3.0	4.3	6.0	8.5	12.0	17.0	24.0	34.0	48.0	68.0
	$6<m\leqslant10$	1.3	1.8	2.6	3.7	5.0	7.5	10.0	15.0	21.0	29.0	41.0	58.0	83.0
	$10<m\leqslant16$	1.6	2.2	3.1	4.4	6.5	9.0	13.0	18.0	25.0	35.0	50.0	71.0	100.0
	$16<m\leqslant25$	1.9	2.7	3.8	5.5	7.5	11.0	15.0	21.0	30.0	43.0	60.0	86.0	121.0
$125<d\leqslant280$	$0.5\leqslant m\leqslant2$	0.8	1.1	1.6	2.2	3.1	4.4	6.0	9.0	12.0	18.0	25.0	35.0	50.0
	$2<m\leqslant3.5$	1.0	1.4	2.0	2.8	4.0	5.5	8.0	11.0	16.0	23.0	32.0	45.0	64.0
	$3.5<m\leqslant6$	1.2	1.7	2.4	3.3	4.7	6.5	9.5	13.0	19.0	27.0	38.0	54.0	76.0
	$6<m\leqslant10$	1.4	2.0	2.8	4.0	5.5	8.0	11.0	16.0	23.0	32.0	45.0	64.0	90.0
	$10<m\leqslant16$	1.7	2.4	3.4	4.8	6.5	9.5	13.0	19.0	27.0	38.0	54.0	76.0	108.0
	$16<m\leqslant25$	2.0	2.8	4.0	5.5	8.0	11.0	16.0	23.0	32.0	45.0	64.0	91.0	129.0
	$25<m\leqslant40$	2.4	3.4	4.8	7.0	9.5	14.0	19.0	27.0	39.0	55.0	77.0	109.0	155.0
$280<d\leqslant560$	$0.5\leqslant m\leqslant2$	0.9	1.3	1.9	2.6	3.7	5.5	7.5	11.0	15.0	21.0	30.0	42.0	60.0
	$2<m\leqslant3.5$	1.2	1.6	2.3	3.3	4.6	6.5	9.0	13.0	18.0	26.0	37.0	52.0	74.0
	$3.5<m\leqslant6$	1.3	1.9	2.7	3.8	5.5	7.5	11.0	15.0	21.0	30.0	43.0	61.0	86.0
	$6<m\leqslant10$	1.6	2.2	3.1	4.4	6.5	9.0	13.0	18.0	25.0	35.0	50.0	71.0	100.0
	$10<m\leqslant16$	1.8	2.6	3.7	5.0	7.5	10.0	15.0	21.0	29.0	42.0	59.0	83.0	118.0
	$16<m\leqslant25$	2.2	3.1	4.3	6.0	8.5	12.0	17.0	24.0	35.0	49.0	69.0	98.0	138.0
	$25<m\leqslant40$	2.6	3.6	5.0	7.5	10.0	15.0	21.0	29.0	41.0	58.0	82.0	116.0	164.0
	$40<m\leqslant70$	3.2	4.5	6.5	9.0	13.0	18.0	25.0	36.0	50.0	71.0	101.0	143.0	202.0
$560<d\leqslant1000$	$0.5\leqslant m\leqslant2$	1.1	1.6	2.2	3.2	4.5	6.5	9.0	13.0	18.0	25.0	36.0	51.0	72.0
	$2<m\leqslant3.5$	1.3	1.9	2.7	3.8	5.5	7.5	11.0	15.0	21.0	30.0	43.0	61.0	86.0
	$3.5<m\leqslant6$	1.5	2.2	3.0	4.3	6.0	8.5	12.0	17.0	24.0	34.0	49.0	69.0	97.0
	$6<m\leqslant10$	1.7	2.5	3.5	4.9	7.0	10.0	14.0	20.0	28.0	40.0	56.0	79.0	112.0
	$10<m\leqslant16$	2.0	2.9	4.0	5.5	8.0	11.0	16.0	23.0	32.0	46.0	65.0	92.0	129.0
	$16<m\leqslant25$	2.3	3.3	4.7	6.5	9.5	13.0	19.0	27.0	38.0	53.0	75.0	106.0	150.0
	$25<m\leqslant40$	2.8	3.9	5.5	8.0	11.0	16.0	22.0	31.0	44.0	62.0	88.0	125.0	176.0
	$40<m\leqslant70$	3.3	4.7	6.5	9.5	13.0	19.0	27.0	38.0	53.0	76.0	107.0	151.0	214.0
$1000<d\leqslant1600$	$2\leqslant m\leqslant3.5$	1.5	2.2	3.1	4.4	6.0	8.5	12.0	17.0	25.0	35.0	49.0	70.0	99.0

附表 6.12　　螺旋线形状公差 $f_{f\beta}$ 和螺旋线倾斜极限偏差 $\pm f_{H\beta}$

分度圆直径 d (mm)	齿宽 b (mm)	精度等级												
		0	1	2	3	4	5	6	7	8	9	10	11	12
		($f_{f\beta}$ 和 $f_{H\beta}$) (μm)												
20<d≤50	4≤b≤10	0.8	1.1	1.6	2.3	3.2	4.5	6.5	9.0	13.0	18.0	26.0	36.0	51.0
	10<b≤20	0.9	1.3	1.8	2.5	3.6	5.0	7.0	10.0	14.0	20.0	29.0	41.0	58.0
	20<b≤40	1.0	1.4	2.0	2.9	4.1	6.0	8.0	12.0	16.0	23.0	33.0	46.0	65.0
	40<b≤80	1.2	1.7	2.4	3.4	4.8	7.0	9.5	14.0	19.0	27.0	38.0	54.0	77.0
	80<b≤160	1.4	2.0	2.9	4.1	6.0	8.0	12.0	16.0	23.0	33.0	46.0	65.0	93.0
50<d≤125	4≤b≤10	0.8	1.2	1.7	2.4	3.4	4.8	6.5	9.5	13.0	19.0	27.0	38.0	54.0
	10<b≤20	0.9	1.3	1.9	2.7	3.8	5.5	7.5	11.0	15.0	21.0	30.0	43.0	60.0
	20<b≤40	1.1	1.5	2.1	3.0	4.3	6.0	8.5	12.0	17.0	24.0	34.0	48.0	68.0
	40<b≤80	1.2	1.8	2.5	3.5	5.0	7.0	10.0	14.0	20.0	28.0	40.0	56.0	79.0
	80<b≤160	1.5	2.1	3.0	4.2	6.0	8.5	12.0	17.0	24.0	34.0	48.0	67.0	95.0
	160<b≤250	1.8	2.5	3.5	5.0	7.0	10.0	14.0	20.0	28.0	40.0	56.0	80.0	113.0
	250<b≤400	2.1	2.9	4.1	6.0	8.0	12.0	16.0	23.0	33.0	46.0	66.0	93.0	132.0
125<d≤280	4≤b≤10	0.9	1.3	1.8	2.5	3.6	5.0	7.0	10.0	14.0	20.0	29.0	41.0	58.0
	10<b≤20	1.0	1.4	2.0	2.8	4.0	5.5	8.0	11.0	16.0	23.0	32.0	45.0	64.0
	20<b≤40	1.1	1.6	2.2	3.2	4.5	6.5	9.0	13.0	18.0	25.0	36.0	51.0	72.0
	40<b≤80	1.3	1.8	2.6	3.7	5.0	7.5	10.0	15.0	21.0	29.0	42.0	59.0	83.0
	80<b≤160	1.5	2.2	3.1	4.4	6.0	8.5	12.0	17.0	25.0	35.0	49.0	70.0	99.0
	160<b≤250	1.8	2.6	3.6	5.0	7.5	10.0	15.0	21.0	29.0	41.0	58.0	83.0	117.0
	250<b≤400	2.1	3.0	4.2	6.0	8.5	12.0	17.0	24.0	34.0	48.0	68.0	96.0	135.0
	400<b≤650	2.5	3.5	5.0	7.0	10.0	14.0	20.0	28.0	40.0	56.0	80.0	113.0	160.0
280<d≤560	10<b≤20	1.1	1.5	2.2	3.0	4.3	6.0	8.5	12.0	17.0	24.0	34.0	49.0	69.0
	20<b≤40	1.2	1.7	2.4	3.4	4.8	7.0	9.5	14.0	19.0	27.0	38.0	54.0	77.0
	40<b≤80	1.4	1.9	2.7	3.9	5.5	8.0	11.0	16.0	22.0	31.0	44.0	62.0	88.0
	80<b≤160	1.6	2.3	3.2	4.6	6.5	9.0	13.0	18.0	26.0	37.0	52.0	73.0	104.0
	160<b≤250	1.9	2.7	3.8	5.5	7.5	11.0	15.0	22.0	30.0	43.0	61.0	86.0	122.0
	250<b≤400	2.2	3.1	4.4	6.0	9.0	12.0	18.0	25.0	35.0	50.0	70.0	99.0	140.0
	400<b≤650	2.6	3.6	5.0	7.5	10.0	15.0	21.0	29.0	41.0	58.0	82.0	116.0	165.0
	650<b≤1000	3.0	4.3	6.0	8.5	12.0	17.0	24.0	34.0	49.0	69.0	97.0	137.0	194.0
560<d≤1000	10<b≤20	1.2	1.7	2.3	3.3	4.7	6.5	9.5	13.0	19.0	26.0	37.0	53.0	75.0
	20<b≤40	1.3	1.8	2.6	3.7	5.0	7.5	10.0	15.0	21.0	29.0	41.0	58.0	83.0
	40<b≤80	1.5	2.1	2.9	4.1	6.0	8.5	12.0	17.0	23.0	33.0	47.0	66.0	94.0
	80<b≤160	1.7	2.4	3.4	4.9	7.0	9.5	14.0	19.0	27.0	39.0	55.0	78.0	110.0
	160<b≤250	2.0	2.8	4.0	5.5	8.0	11.0	16.0	23.0	32.0	45.0	64.0	90.0	128.0
	250<b≤400	2.3	3.2	4.6	6.5	9.0	13.0	18.0	26.0	37.0	52.0	73.0	103.0	146.0
	400<b≤650	2.7	3.8	5.5	7.5	11.0	15.0	21.0	30.0	43.0	60.0	85.0	121.0	171.0
	650<b≤1000	3.1	4.4	6.5	9.0	13.0	18.0	25.0	35.0	50.0	71.0	100.0	142.0	200.0

附表 6.13 径向跳动公差 F_r

分度圆直径 d (mm)	法向模数 m_n (mm)	精度等级												
		0	1	2	3	4	5	6	7	8	9	10	11	12
		F_r (μm)												
20≤d≤50	0.5≤m≤2	2.0	3.0	4.0	5.5	8.0	11	16	23	32	46	65	92	130
	2<m≤3.5	2.0	3.0	4.0	6.0	8.5	12	17	24	34	47	67	95	134
	3.5<m≤6	2.0	3.0	4.5	6.0	8.5	12	17	25	35	49	70	99	139
	6<m≤10	2.5	3.5	4.5	6.5	9.5	13	19	26	37	52	74	105	148
50<d≤125	0.5≤m≤2	2.5	3.5	5.0	7.5	10	15	21	29	42	59	83	118	167
	2<m≤3.5	2.5	4.0	5.5	7.5	11	15	21	30	43	61	86	121	171
	3.5<m≤6	3.0	4.0	5.5	8.0	11	16	22	31	44	62	88	125	176
	6<m≤10	3.0	4.0	6.0	8.0	12	16	23	33	46	65	92	131	185
	10<m≤16	3.0	4.5	6.0	9.0	12	18	25	35	50	70	99	140	198
	16<m≤25	3.5	5.0	7.0	9.5	14	19	27	39	55	77	109	154	218
125<d≤280	0.5≤m≤2	3.5	5.0	7.0	10	14	20	28	39	55	78	110	156	221
	2<m≤3.5	3.5	5.0	7.0	10	14	20	28	40	56	80	113	159	225
	3.5<m≤6	3.5	5.0	7.0	10	14	20	29	41	58	82	115	163	231
	6<m≤10	3.5	5.5	7.5	11	15	21	30	42	60	85	120	169	239
	10<m≤16	4.0	5.5	8.0	11	16	22	32	45	63	89	126	179	252
	16<m≤25	4.5	6.0	8.5	12	17	24	34	48	68	96	136	193	272
	25<m≤40	4.5	6.5	9.5	13	19	27	38	54	76	107	152	215	304
280<d≤560	0.5≤m≤2	4.5	6.5	9.0	13	18	26	36	51	73	103	146	206	291
	2<m≤3.5	4.5	6.5	9.0	13	18	26	37	52	74	105	148	209	296
	3.5<m≤6	4.5	6.5	9.5	13	19	27	38	53	75	106	150	213	301
	6<m≤10	5.0	7.0	9.5	14	19	27	39	55	77	109	155	219	310
	10<m≤16	5.0	7.0	10	14	20	29	40	57	81	114	161	228	323
	16<m≤25	5.5	7.5	11	15	21	30	43	61	86	121	171	242	343
	25<m≤40	6.0	8.5	12	17	23	33	47	66	94	132	187	265	374
	40<m≤70	7.0	9.5	14	19	27	38	54	76	108	153	216	306	432
560<d≤1000	0.5≤m≤2	6.0	8.5	12	17	23	33	47	66	94	133	188	266	376
	2<m≤3.5	6.0	8.5	12	17	24	34	48	67	95	134	190	269	380
	3.5<m≤6	6.0	8.5	12	17	24	34	48	68	96	136	193	272	385
	6<m≤10	6.0	8.5	12	17	25	35	49	70	98	139	197	279	394
	10<m≤16	6.5	9.0	13	18	25	36	51	72	102	144	204	288	407
	16<m≤25	6.5	9.5	13	19	27	38	53	76	107	151	214	302	427
	25<m≤40	7.0	10	14	20	29	41	57	81	115	162	229	324	459
	40<m≤70	8.0	11	16	23	32	46	65	91	129	183	258	365	517
1000<d≤1600	2≤m≤3.5	7.5	10	15	21	30	42	59	84	118	167	236	334	473

附表 6.14 圆柱齿轮轮坯公差

<table>
<tr><td colspan="2">齿轮精度等级</td><td>5</td><td>6</td><td>7</td><td>8</td><td>9</td><td>10</td></tr>
<tr><td>孔</td><td>尺寸公差
形状公差</td><td>IT5</td><td>IT6</td><td colspan="2">IT7</td><td colspan="2">IT8</td></tr>
<tr><td>轴</td><td>尺寸公差
形状公差</td><td colspan="2">IT5</td><td colspan="2">IT6</td><td colspan="2">IT7</td></tr>
<tr><td colspan="2">齿顶圆直径</td><td>IT7</td><td colspan="3">IT8</td><td colspan="2">IT9</td></tr>
</table>

注 1. 当精度等级不同时，按最高的精度等级确定轮坯公差值。

2. 当顶圆作测量基准时，必须考虑齿轮的径向跳动（见附表 6.15）；顶圆不作测量基准时，其尺寸公差按 IT11 给定，但不大于 0.1mm。

附表 6.15　**齿坯基准面径向和端面跳动公差**　(μm)

分度圆直径 (mm)	精度等级		
	5、6	7、8	9、10
≤125	11	18	28
>125~400	14	22	36
>400~800	20	32	50
>800~1600	28	45	71

附录 7　圆柱蜗杆、蜗轮精度（GB 10089—1988）

附表 7.1　**蜗杆传动检验推荐项目**

精度范围		精度等级			
		7	8		9
蜗杆精度		f_{px}　f_{pxL}　f_{f1}			
蜗轮精度		f_{pt}　F_p			
安装精度		接触斑点 f_a　f_x　f_Σ			
侧　隙		E_{ss1}　T_{s1}			
蜗轮圆周速度 (m/s)		≥7.5	≥3		≥1.5
Ⅱ	f_{px}	蜗杆轴向齿距极限偏差	Ⅲ	f_x	中间平面极限偏差
Ⅱ	f_{pxL}	蜗杆轴向齿距累积公差	Ⅲ	f_Σ	轴交角极限偏差
Ⅲ	f_{f1}	蜗杆齿形公差		f_a	中心距极限偏差
Ⅱ	f_{pt}	蜗轮周节极限偏差		$E_{s\Delta}$	蜗杆齿厚上偏差误差补偿
Ⅰ	F_p	蜗轮周节累积公差		T_{s1}	蜗杆齿厚公差
				T_{s1}	蜗轮齿厚公差

附表 7.2　**蜗杆公差和极限偏差 f_{px}、f_{pxL}、f_{f1} 值**　(μm)

代　号	模　数	精度等级				
		5	6	7	8	9
$\pm f_{px}$	≥1~3.5	4.8	7.5	11	14	20
	>3.5~6.3	6.3	9	14	20	25
	>6.3~10	7.5	12	17	25	32
	>10~16	10	16	22	32	46
	>16~25	—	22	32	45	63
f_{pxL}	≥1~3.5	8.5	13	18	25	36
	>3.5~6.3	10	16	24	34	48
	>6.3~10	13	21	32	45	63
	>10~16	17	28	40	58	80
	>16~25	—	40	53	75	100
f_{f1}	≥1~3.5	7.1	11	16	22	32
	>3.5~6.3	9	14	22	3	45
	>6.3~10	12	19	28	40	53
	>10~16	16	25	36	53	75
	>16~25	—	36	53	75	100

附表 7.3　　**蜗轮周节极限偏差（±f_{pt}）的 f_{pt} 值**　　(μm)

分度圆直径 d_2 (mm)	模数 m (mm)	精度等级				
		5	6	7	8	9
≤125	≥1～3.5	6	10	14	20	28
	>3.5～6.3	8	13	18	25	36
	>6.3～10	9	14	20	28	40
>125～400	≥1～3.5	7	11	16	22	32
	>3.5～6.3	9	14	20	28	40
	>6.3～10	10	16	22	32	45
	>10～16	11	18	25	36	50
>400～800	≥1～3.5	8	13	18	25	36
	>3.5～6.3	9	14	20	28	40
	>6.3～10	11	18	25	36	50
	>10～16	13	20	28	40	56
	>16～25	16	25	36	50	71

附表 7.4　　**蜗轮周节累积公差 F_p 值**　　(μm)

分度圆弧长 L (mm)	精度等级				
	5	6	7	8	9
≤11.2	7	11	16	22	32
>11.2～20	10	16	22	32	45
>20～32	12	20	28	40	56
>32～50	14	22	32	45	63
>50～80	16	25	36	50	71
>80～160	20	32	45	63	90
>160～315	28	45	63	90	125
>315～630	40	63	90	125	180
>630～1000	50	80	112	160	224

注　F_p 按分度圆弧长度 L 查表；查 F_p 时，取 $L=\frac{1}{2}\pi d_2=\frac{1}{2}\pi m z_2$。

附表 7.5　　**中心距极限偏差（±f_a）的 f_a 值**　　(μm)

<table>
<tr><th rowspan="2">传动中心距 a (mm)</th><th colspan="5">精度等级</th></tr>
<tr><th>5</th><th>6</th><th>7</th><th>8</th><th>9</th></tr>
<tr><td>≤30</td><td colspan="2">17</td><td colspan="2">26</td><td>42</td></tr>
<tr><td>>30～50</td><td colspan="2">20</td><td colspan="2">31</td><td>50</td></tr>
<tr><td>>50～80</td><td colspan="2">23</td><td colspan="2">37</td><td>60</td></tr>
<tr><td>>80～120</td><td colspan="2">27</td><td colspan="2">44</td><td>70</td></tr>
<tr><td>>120～180</td><td colspan="2">32</td><td colspan="2">50</td><td>80</td></tr>
<tr><td>>180～250</td><td colspan="2">36</td><td colspan="2">58</td><td>92</td></tr>
<tr><td>>250～315</td><td colspan="2">40</td><td colspan="2">65</td><td>105</td></tr>
<tr><td>>315～400</td><td colspan="2">45</td><td colspan="2">70</td><td>115</td></tr>
<tr><td>>400～500</td><td colspan="2">50</td><td colspan="2">78</td><td>125</td></tr>
<tr><td>>500～630</td><td colspan="2">55</td><td colspan="2">87</td><td>140</td></tr>
<tr><td>>630～800</td><td colspan="2">62</td><td colspan="2">100</td><td>160</td></tr>
<tr><td>>800～1000</td><td colspan="2">70</td><td colspan="2">115</td><td>180</td></tr>
</table>

附表 7.6　中间平面极限偏差（$\pm f_x$）的 f_x　(μm)

传动中心距 a (mm)	精度等级				
	5	6	7	8	9
≤30	11		21		34
>30～50	16		26		40
>50～80	18.5		30		48
>80～120	22		36		56
>120～180	27		40		64
>180～250	29		47		74
>250～315	32		52		85
>315～400	36		56		92
>400～500	40		63		100
>500～630	44		70		112
>630～800	50		80		130
>800～1000	56		92		145

附表 7.7　轴交角极限偏差（$\pm f_\Sigma$）的 f_Σ 值　(μm)

蜗轮齿宽 b_2 (mm)	精度等级				
	5	6	7	8	9
≤30	8	10	12	17	24
>30～50	9	11	14	19	28
>50～80	10	13	16	22	32
>80～120	12	15	19	24	36
>120～180	14	17	22	28	42
>180～250	16	20	25	32	48
>250	—	22	28	36	53

附表 7.8　蜗杆传动的最小法向侧隙 j_{nmin} 值　(μm)

传动中心距 a (mm)	侧隙种类							
	h	g	f	e	d	c	b	a
≤30	0	9	13	21	33	52	84	130
>30～50	0	11	16	25	39	62	100	160
>50～80	0	13	19	30	46	74	120	190
>80～120	0	15	22	35	54	87	140	220
>120～180	0	18	25	40	63	100	160	250
>180～250	0	20	29	46	72	115	185	290
>250～315	0	23	32	52	81	130	210	320
>315～400	0	25	36	57	89	140	230	360
>400～500	0	27	40	63	97	155	250	400
>500～630	0	30	44	70	110	175	280	440
>630～800	0	35	50	80	125	200	320	500
>800～1000	0	40	56	90	140	230	360	560

注　1. 传动的最小圆周侧隙 $j_{tmin} \approx j_{nmin}$（$\cos\gamma' \cos\alpha_n$），式中，$\gamma'$为蜗杆节圆柱导程角；$\alpha_n$ 为蜗杆法向齿形角。

2. 本表按标准温度 20℃考虑，如温度较高可适当考虑线膨胀因素。

附表 7.9　　蜗杆齿厚上偏差（E_{ss1}）中的误差补偿部分 $E_{s\Delta}$ 值　　(μm)

精度等级	模数 m (mm) \ 传动中心距 a (mm)	≤30	>30~50	>50~80	>80~120	>120~180	>180~250	>250~315	>315~400	>400~500	>500~630	>630~800	>800~1000
5	≥1~3.5	25	25	28	32	36	40	45	48	51	56	63	71
	>3.5~6.3	28	28	30	36	38	40	45	50	63	58	65	75
	>6.3~10	—	—	—	38	40	45	48	50	56	60	68	75
	>10~16	—	—	—	—	45	48	50	56	60	65	71	80
6	≥1~3.5	30	30	32	36	40	45	48	50	56	60	65	75
	>3.5~6.3	32	36	38	40	45	48	50	56	60	63	70	75
	>6.3~10	42	45	45	48	50	52	56	60	63	68	75	80
	>10~16	—	—	—	58	60	63	65	68	71	75	80	85
	>16~25	—	—	—	—	75	78	80	85	85	90	95	100
7	≥1~3.5	45	48	50	56	60	71	75	80	85	95	105	120
	>3.5~6.3	50	56	58	63	68	75	80	85	90	100	110	125
	>6.3~10	60	63	65	71	75	80	85	90	95	105	115	130
	>10~16	—	—	—	80	85	90	95	100	105	110	125	135
	>16~25	—	—	—	—	115	120	120	125	130	135	145	155
8	≥1~3.5	50	56	58	63	68	75	80	85	90	100	110	125
	>3.5~6.3	68	71	75	78	80	85	90	95	100	110	120	130
	>6.3~10	80	85	90	90	95	100	100	105	110	120	130	140
	>10~16	—	—	—	110	115	115	120	125	130	135	140	155
	>16~25	—	—	—	—	150	155	155	160	160	170	175	180
9	≥1~3.5	75	80	90	95	100	110	120	130	140	155	170	190
	>3.5~6.3	90	95	100	105	110	120	130	140	150	160	180	200
	>6.3~10	110	115	120	125	130	140	145	155	160	170	190	210
	>10~16	—	—	—	160	165	170	180	185	190	200	220	230
	>16~25	—	—	—	—	215	220	225	230	235	245	255	270

注　精度等级按蜗杆第Ⅱ公差组确定。

附表 7.10　　蜗杆齿厚公差 T_{s1} 值　　(μm)

模数 m (mm) \ 精度等级	4	5	6	7	8	9
≥1~3.5	25	30	36	45	53	67
>3.5~6.3	32	38	45	56	71	90
>6.3~10	40	48	60	71	90	110
>10~16	50	60	80	95	120	150
>16~25	—	85	110	130	160	200

附表 7.11　　蜗轮齿厚公差 T_{s2} 值　　(μm)

分度圆直径 d_2 (mm)	模数 m (mm) \ 精度等级	5	6	7	8	9
≤125	≥1~3.5	56	71	90	110	130
	>3.5~6.3	63	85	110	130	160
	>6.3~10	67	90	120	140	170

续表

分度圆直径 d_2 (mm)	模数 m (mm)	精度等级				
		5	6	7	8	9
>125～400	≥1～3.5	60	80	100	110	140
	>3.5～6.3	67	90	120	140	170
	>6.3～10	71	100	130	160	190
	>10～16	80	110	140	170	210
	>16～25	—	130	170	210	260
>400～800	≥1～3.5	63	85	110	130	160
	>3.5～6.3	67	90	120	140	170
	>6.3～10	71	100	130	160	190
	>10～16	85	120	160	190	230
	>16～25	—	140	190	230	290
>800～1600	≥1～3.5	67	90	120	140	170
	>3.5～6.3	71	100	130	160	190
	>6.3～10	80	110	140	170	210
	>10～16	85	120	160	190	230
	>16～25	—	140	190	230	290

注　1. 精度等级按蜗轮第Ⅱ公差组确定。

2. 在最小法向侧隙能保证的条件下，T_{s2}公差带允许采用对称分布。

附表 7.12　　蜗杆、蜗轮齿坯尺寸和形状公差

取公差组中最高精度等级		6	7	8	9
孔	尺寸公差	IT6	IT7		IT8
	形状公差	IT5	IT6		IT7
轴	尺寸公差	IT5	IT6		IT7
	形状公差	IT4	IT5		IT6
齿顶圆直径公差		IT8			IT9

注　齿顶圆不做测量齿厚基准时，尺寸公差按 IT11，但不大于 0.1mm。

附表 7.13　　蜗杆、蜗轮齿坯基准面径向和端面跳动

基准直径 (mm)	取公差组中最高精度等级		
	5～6	7～8	9～10
≤31.5	4	7	10
>31.5～63	6	10	16
>63～125	8.5	14	22
>125～400	11	18	28
>400～800	14	22	36

附录8　参

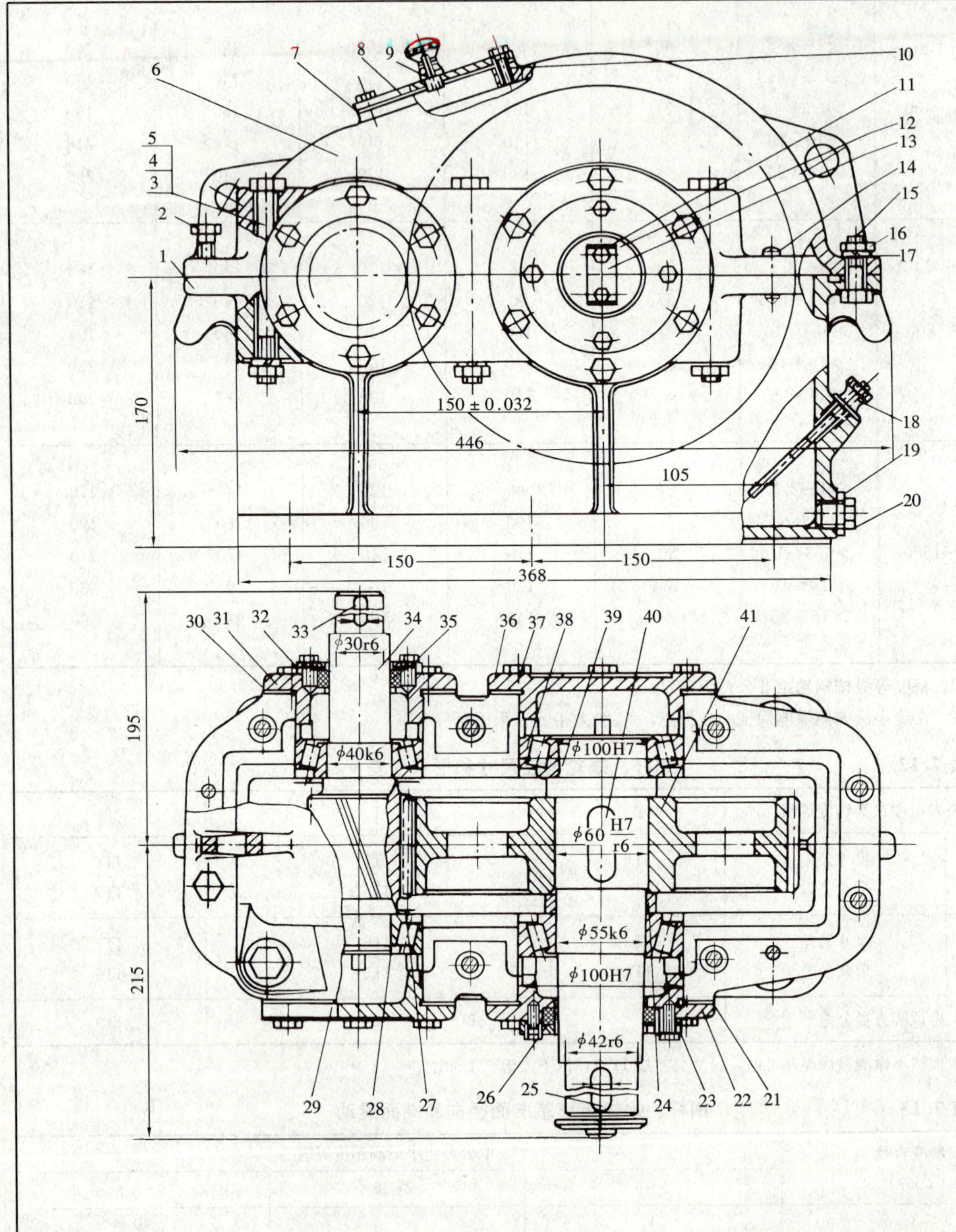

附图 8.1　单级圆柱

考 图 例

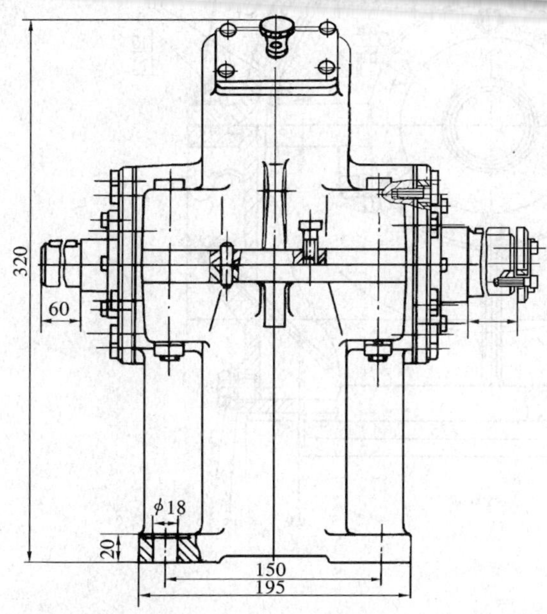

技 术 要 求

1. 装配前，全部零件用煤油清洗，箱体内不许有杂物存在。在内壁涂两次不被机油侵蚀的涂料。
2. 用铅丝检验啮合侧隙。其侧隙不小于 0.16mm，铅丝不得大于最小侧隙的 4 倍。
3. 用涂色法检验斑点。齿高接触斑点不小于 40%；齿长接触斑点不小于 50%。必要时可采用研磨或刮后研磨，以便改善接触情况。
4. 调整轴承时所留轴向间隙如下：$\phi40$ 为 0.05～0.1mm；$\phi55$ 为 0.08～0.15mm。
5. 装配时，剖分面不允许使用任何填料，可涂以密封油漆或水玻璃。试转时应检查剖分面、各接触面及密封处，均不准漏油。
6. 箱座内装 SH0357—92 中的 50 号工业齿轮油至规定高度。
7. 表面涂灰色油漆。

技术参数表

功率（kW）	高速轴转速（r/min）	传动比
4.5	480	4.16

41	大齿轮	1	45			19	六角螺塞 M18×1.5	1	Q235A	JB/ZQ 4450—1986	
40	键 18×50	1	Q275A	GB/T 1096—1979		18	油标	1	Q235A		
39	轴	1	45			17	垫圈 10	2	65Mn	GB/T 93—1987	
38	轴承 30311E	2		GB/T 297—1994		16	螺母 M10	2	Q235A	GB/T 41	
37	螺栓 M8×25	24	Q235A	GB/T 5780		15	螺栓 M10×35	4	Q235A	GB/T 5782	
36	轴承端盖	1	HT200			14	销 A8×30	2	35	GB/T 117	
35	U 型油封 35×60×12	1	耐油橡胶	HG 4—338—1966		13	防松垫片	1	Q215A		
34	齿轮轴	1	45			12	轴端挡圈	1	Q235A		
33	键 8×50	1	Q275A	GB/T 1096—1979		11	螺栓 M6×25	2	Q235A	GB/T 5782	
32	密封盖板	1	Q235A			10	螺栓 M6×20	4	Q235A	GB/T 5782	
31	轴承端盖	1	HT200			9	通气器	1	Q235A		
30	调整垫片	2	成组			8	窥视孔盖	1	Q215A		
29	轴承端盖	1	HT200			7	垫片	1	石棉橡胶纸		
28	轴承 30308E	2		GB/T 297—1994		6	箱盖	1	HT200		
27	挡油环	2	Q215A			5	垫圈 12	6	65Mn	GB/T 93—1987	
26	U 型油封 50×72×12	1	耐油橡胶	HG 4—338—1966		4	螺母 M12	6	Q235A	GB/T 41	
25	键 12×56	1	Q275A	GB/T 1096—1979		3	螺栓 M12×100	6	Q235A	GB/T 5782	
24	定距环	1	Q235A			2	起盖螺钉 M10×30	1	Q235A	GB/T 5780	
23	密封盖板	1	Q235A			1	箱座	1	HT200		
22	轴承端盖	1	HT200			序号	名　称	数量	材料	标准	备注
21	调整垫片	2 组	08F			（标题栏）					
20	油圈 25×18	1	工业用革								

齿轮减速器（之一）

4
5
6
7
3
2
1
8
9
10
11
300±0.041
835
30
275
275
650
14
13
12
150
25
24
23
22
21
20
19
18
17
16
15
φ60r6
φ130 H7/h6
φ75k6
φ110 H7/r6
φ100k6
φ180 H7/h6
φ85r6
315
330
26
27
28
29
30
31
32

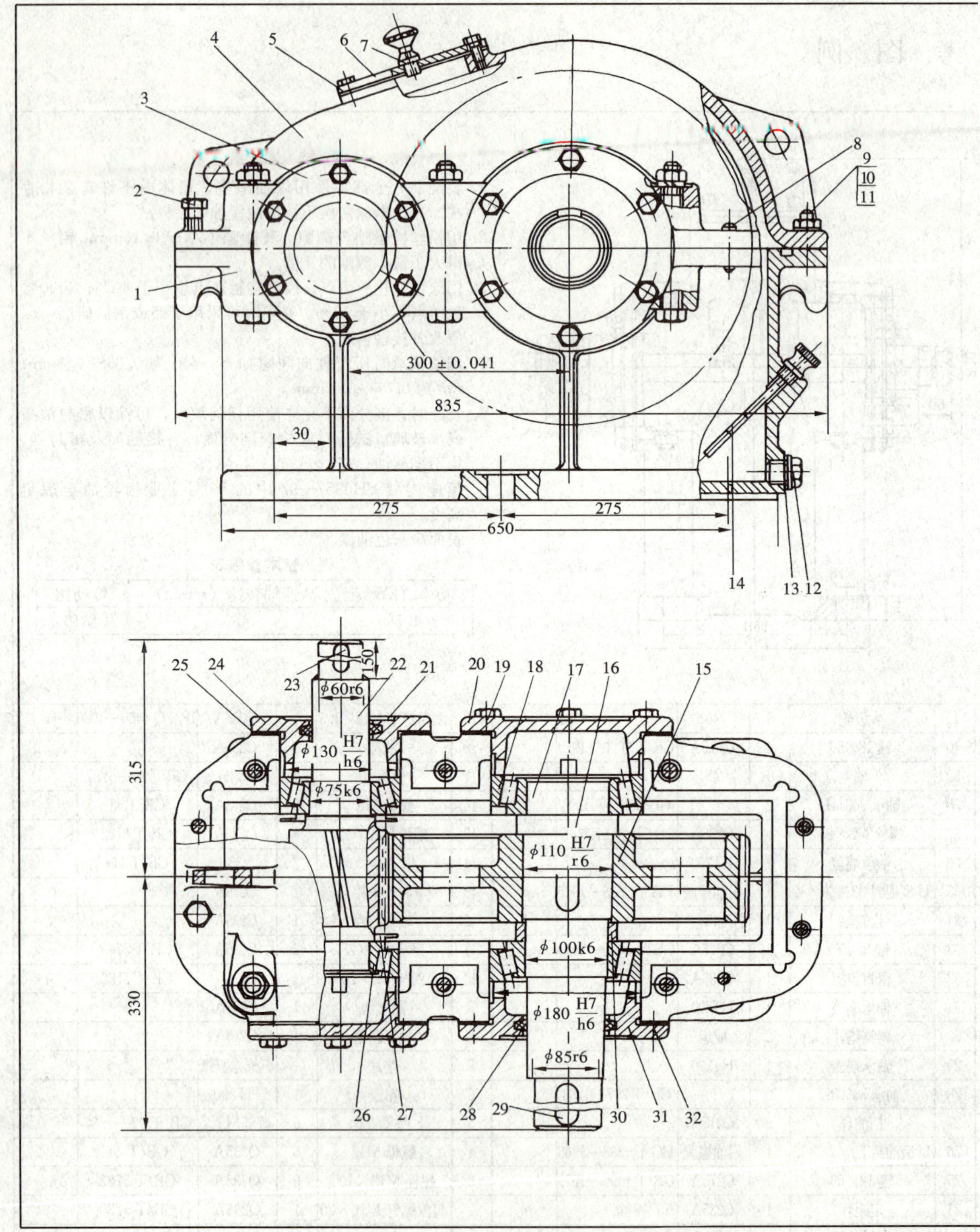

附图 8.2 单级圆柱

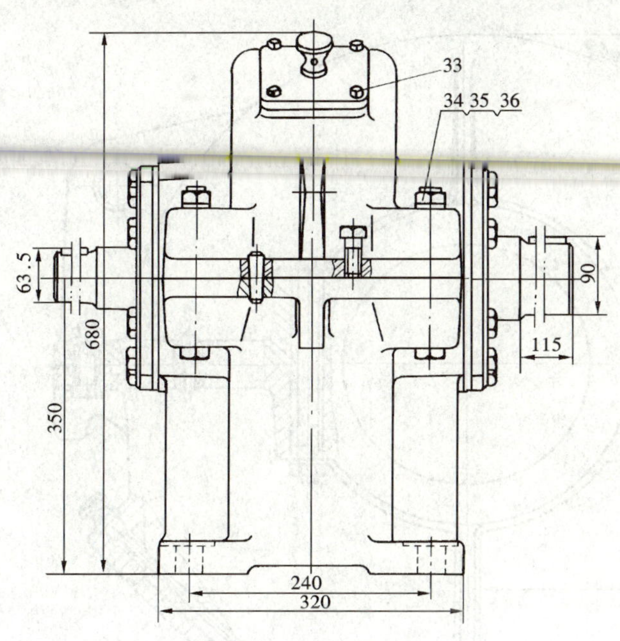

技术参数表

输入功率 P_1 (kW)	输入转速 n_1 (r/min)	传动比 i	模数 m_n (mm)	齿数 z_2/z_1	螺旋角 β
50	500	3.93	4	118/30	9°22′8″

技　术　要　求

1. 装配前，所有零件要用煤油或汽油洗净、机体内不许有任何杂物存在，机体内壁应涂上防侵蚀的涂料。
2. 齿轮采用浸油润滑，轴承采用飞溅润滑，机体内装齿轮油 HL-CKC68 至规定高度。
3. 所有接合面及密封处都不允许漏油，剖分面允许涂密封胶或水玻璃，不得加任何垫片。
4. 啮合侧隙可用铅丝检验，侧隙不小于 0.21mm。
5. 用涂色法检验接触斑点，沿齿高不小于 40%，沿齿宽不小于 50%。
6. 调整轴承轴向间隙时，应留有轴向间隙 0.12～0.20mm。
7. 作空载试验，正反转各一小时，要求运转平稳、噪声小，连接固定处不得有松动，温升正常。

36	弹簧垫圈	6	65Mn	18 GB 93—1987
35	螺母	6	Q235	M18 GB/T 6171—2000
34	螺栓	6	Q235	M18×185 GB 5782A—2000
33	螺栓	4	Q235	M8×25 GB 5782A—2000
32	调节垫片	2组	08F	
31	透盖	1	HT200	
30	轴套	1	Q235	
29	键	1	45	22×100 GB 1096—1979
28	毡圈油封	1	半粗羊毛毡	FJ145—1979
27	挡油环	2	08F	
26	滚动轴承	2		30215 GB/T 297—1994
25	调节垫片	2组	08F	
24	透盖	1	HT200	
23	键	1	45	18×90 GB 1096—1979
22	齿轮轴	1	38SiMnMo	$mz=4\times30$
21	毡封油圈	1	半粗羊毛毡	FJ145—1979
20	闷盖	1	HT200	
19	螺栓	24	Q235	M12×30 GB 5782A—2000
18	滚动轴承	2		30220 GB/T 297—1994
17	轴	1	38SiMnMo	
16	键	1	45	28×100 GB 1096—1979
15	大齿轮	1	35SiMn	$mz=4\times118$
14	油标尺	1		组合件
13	密封垫片	1	耐油橡胶	
12	螺塞	1	Q235	G3/4A JB/ZQ4451—1986
11	垫圈	2	65Mn	16 GB 93—1987
10	螺母	3	Q235	M16 GB/T 6171—2000
9	螺栓	3	Q235	M16×70 GB 5782A—2000
8	圆锥销	2	35	12×65 GB 117—1986
7	通气器	1	Q235	
6	视孔盖	1	Q215	
5	垫片	1	石棉橡胶纸	
4	机盖	1	HT200	
3	闷盖	1	HT200	
2	起盖螺钉	1	Q235	M12×40 GB/T 6171—2000
1	机座	1	HT200	
序号	名称	数量	材料	备　注

标题栏

齿轮减速器（之二）

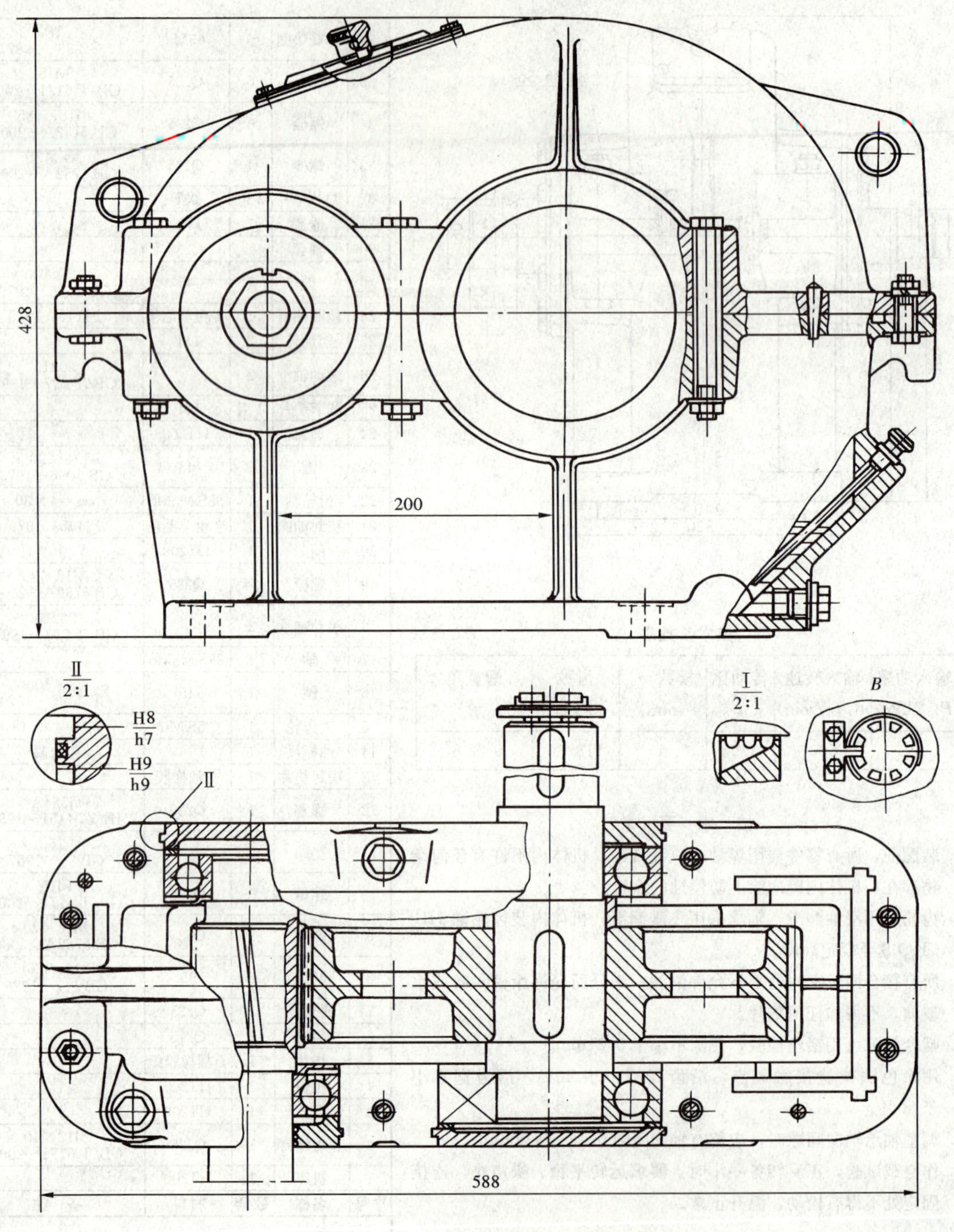

附图 8.3 单级圆柱

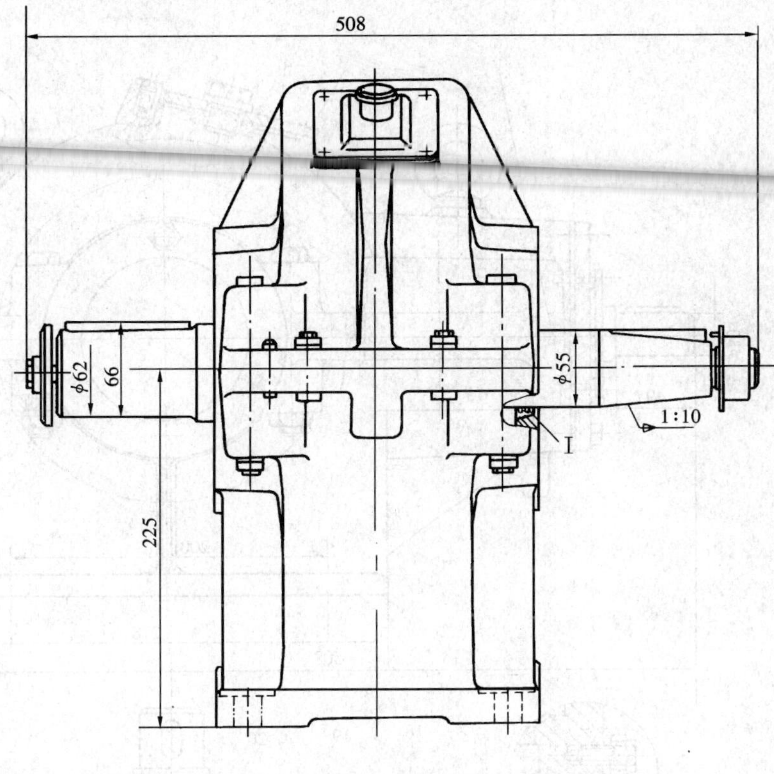

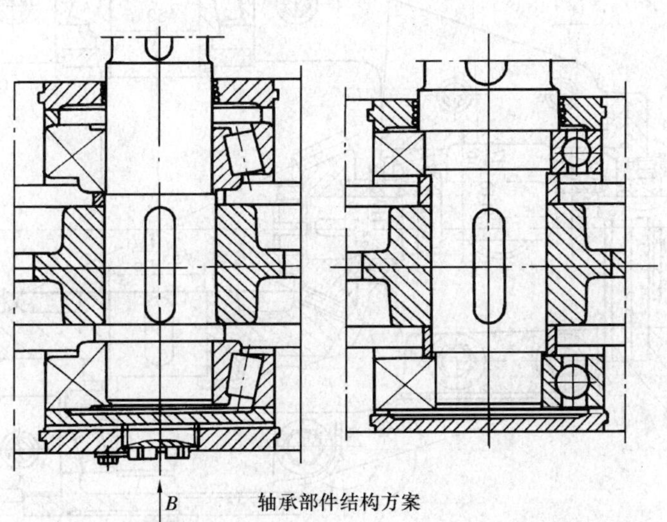

轴承部件结构方案

齿轮减速器（之三）

1
2
3
4
5
ϕ30r9
49
200
278
508
17
18
19
20
ϕ110 H7/h6
ϕ50k6
A
a : b
ϕ90H7
ϕ40r6
ϕ35 H7/r6
ϕ55 H7/r6
16
15
14
13
12
11
10
9
8
7
6

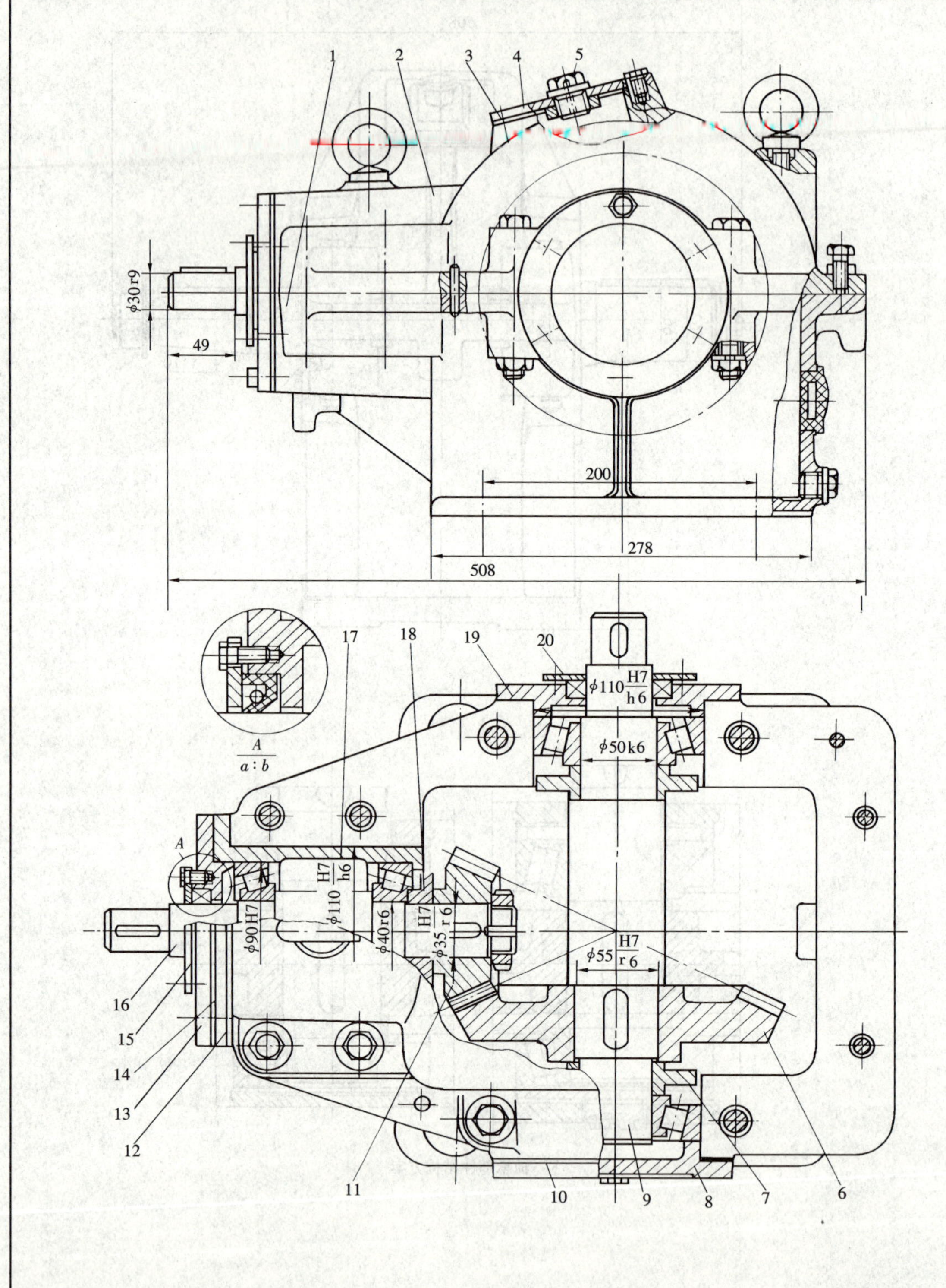

附图 8.4 单级锥

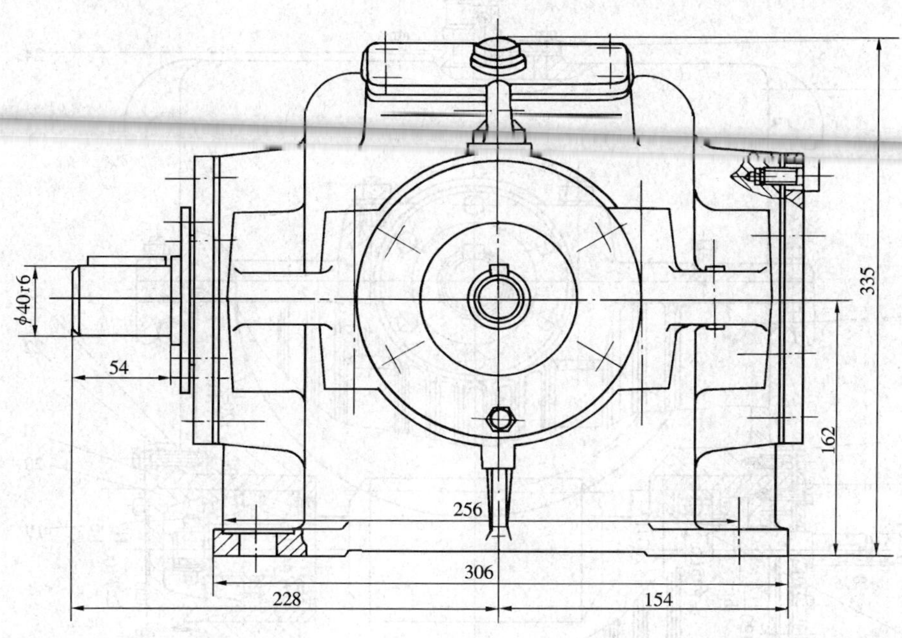

技术参数表

功率（kW）	高速轴转速（r/min）	传动比
4.5	420	2∶1

技　术　要　求

1. 装配前，所有零件进行清洗，箱体内壁涂耐油油漆。
2. 啮合侧隙之大小用铅丝来检验，保证侧隙不小于0.17mm，所用铅丝直径不得大于最小侧隙的2倍。
3. 用涂色法检验齿面接触斑点，按齿高和齿长接触斑点都不少于50%。
4. 调整轴承轴向间隙，高速轴为0.04～0.07mm，低速轴为0.05～0.1mm。
5. 减速器剖分面、各接触面及密封处均不许漏油，剖分面允许涂密封胶或水玻璃。
6. 减速器内装50号工业齿轮油至规定高度。
7. 减速器表面涂灰色油漆。

20	密封盖	1	Q215A	
19	轴承端盖	1	HT150	
18	挡油环	1	Q235A	
17	套杯	1	HT150	
16	轴	1	45	
15	密封盖板	1	Q215A	
14	调整垫片	1组	08F	
13	轴承端盖	1	HT150	
12	调整垫片	1组	08F	
11	小锥齿轮	1	45	$m=5$，$z=20$
10	调整垫片	2组	08F	
9	轴	1	45	

8	轴承端盖	1	HT150	
7	挡油环	2	Q235A	
6	大锥齿轮	1	40	$m=5$，$z=42$
5	通气器	1	Q235A	
4	窥视孔盖	1	Q235A	组件
3	垫片	1	压纸板	
2	箱盖	1	HT150	
1	箱座	1	HT150	
序号	名称	数量	材　料	备　注

（标题栏）

齿轮减速器

1
2
24
3
4
23
22
5
21
6
20
ϕ28r6
7
8
ϕ45k6
ϕ100H7
ϕ120 H7/h6
ϕ45k6
ϕ100 H7/h6
19
8
9
18
370
478
600
17
ϕ100 H7/h6
ϕ55k6
16
15
45
14
ϕ260 H7/r6
505
ϕ58 H7/r6
13
12
11
10
60
14
ϕ45r6

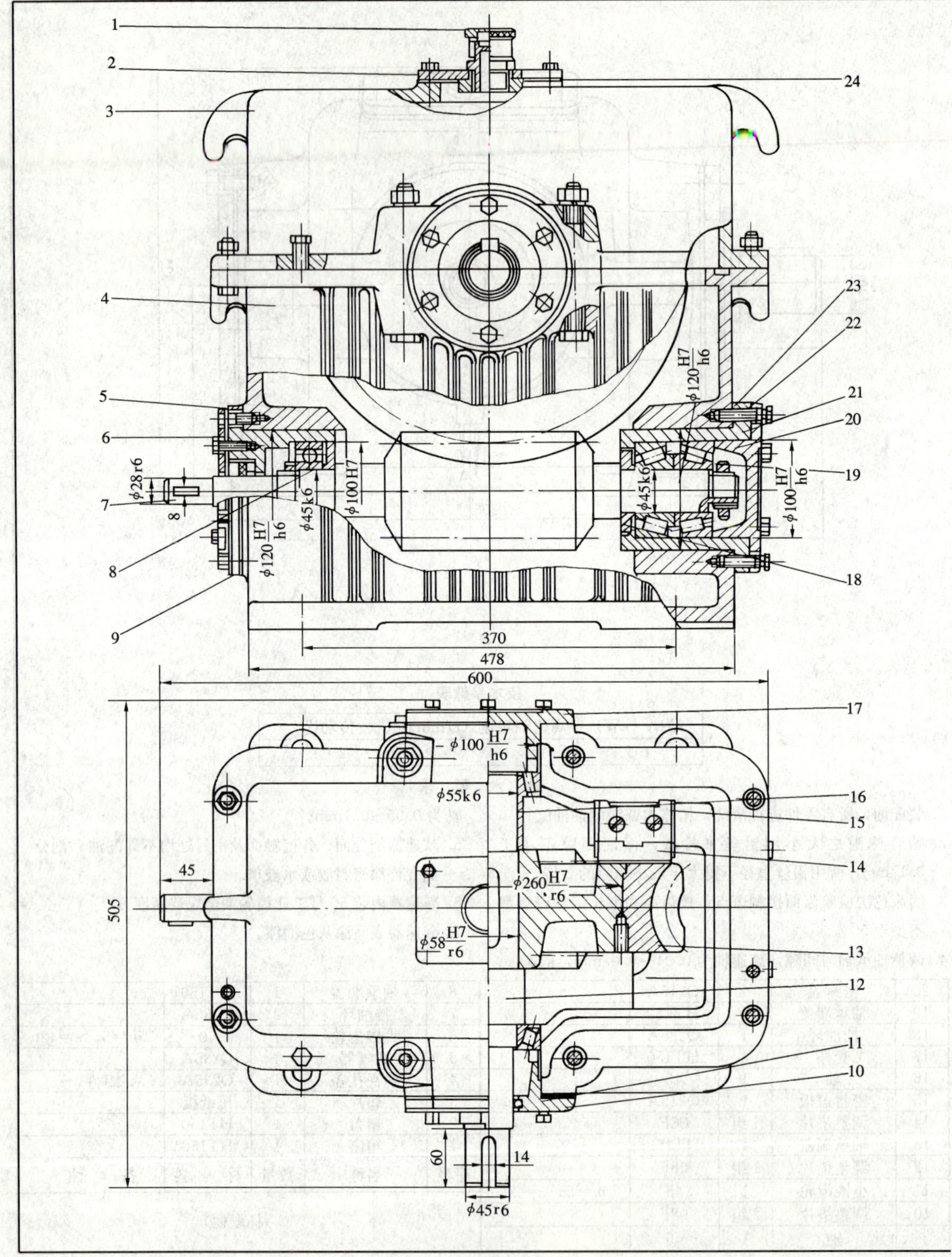

附图 8.5 单级蜗杆

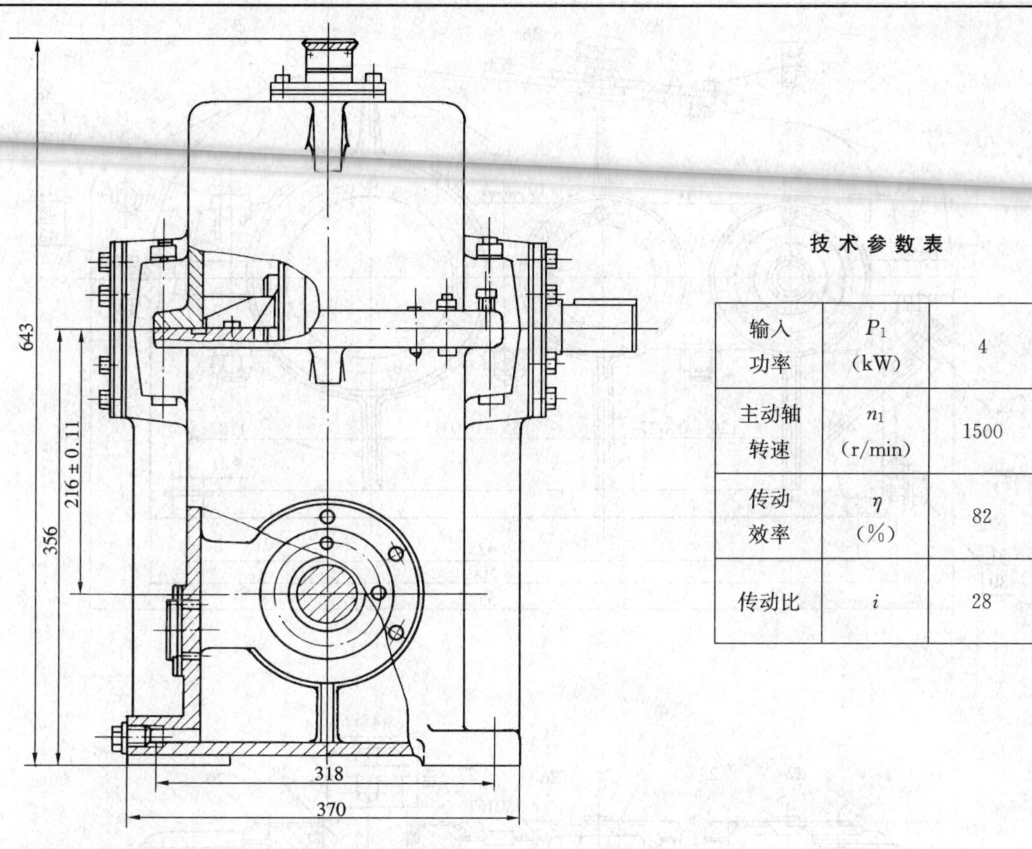

技术参数表

输入功率	P_1 (kW)	4
主动轴转速	n_1 (r/min)	1500
传动效率	η (%)	82
传动比	i	28

技　术　要　求

1. 装配前所有零件均用煤油清洗，滚动轴承用汽油清洗。
2. 各配合处、密封处、螺钉连接处用润滑脂润滑。
3. 保证啮合侧隙不小于 0.19mm。
4. 接触斑点按齿高不得小于 50%，按齿长不得小于 50%。
5. 蜗杆轴承的轴向间隙为 0.04～0.07mm，蜗轮轴承的轴向间隙为 0.05～0.1mm。
6. 箱内装 SH 0094—1991 蜗轮蜗杆油 680 号至规定高度。
7. 未加工外表面涂灰色油漆，内表面涂红色耐油漆。

序号	名　称	数量	材　料	备注
24	垫片	1	石棉橡胶纸	
23	调整垫片	1 组	08F	
22	调整垫片	1 组	08F	
21	套杯	3	HT150	
20	轴承端盖	1	HT150	
19	挡圈	1	Q235A	
18	挡油环	1	Q235A	
17	轴承端盖	1	HT150	
16	套筒	1	Q235A	
15	油盘	1	Q235A	
14	刮油板	1	Q235A	
13	蜗轮	1		组件
12	轴	1	45	
11	调整垫片	2 组	08F	
10	轴承端盖	1	HT150	
9	密封垫片	1	08F	
8	挡油环	1	Q235A	
7	蜗杆轴	1	45	
6	压板	1	Q235A	
5	套杯端盖	1	HT150	
4	箱座	1	HT200	
3	箱盖	1	HT200	
2	窥视孔盖	1	Q235A	组件
1	通气器	1		组件

(标题栏)

传动减速器（下置式）

34
33
35
36
37
38
39
40
41
42
43
32
120 ± 0.027
155 ± 0.0315
110
44
φ21
31
30
425
500
552
φ45r6
80
21
22
23
24
25
26
φ80H7
27
28
29
20
φ72H7
φ120 H7
19
18
φ45 H7/r6
17
φ60 H7/r6
16
φ45 H7/r6
15
φ35k6
φ40k6
φ55k6
50
φ28r6
14
13
11
12
10
9
8
7
6
5
4
3
2
1

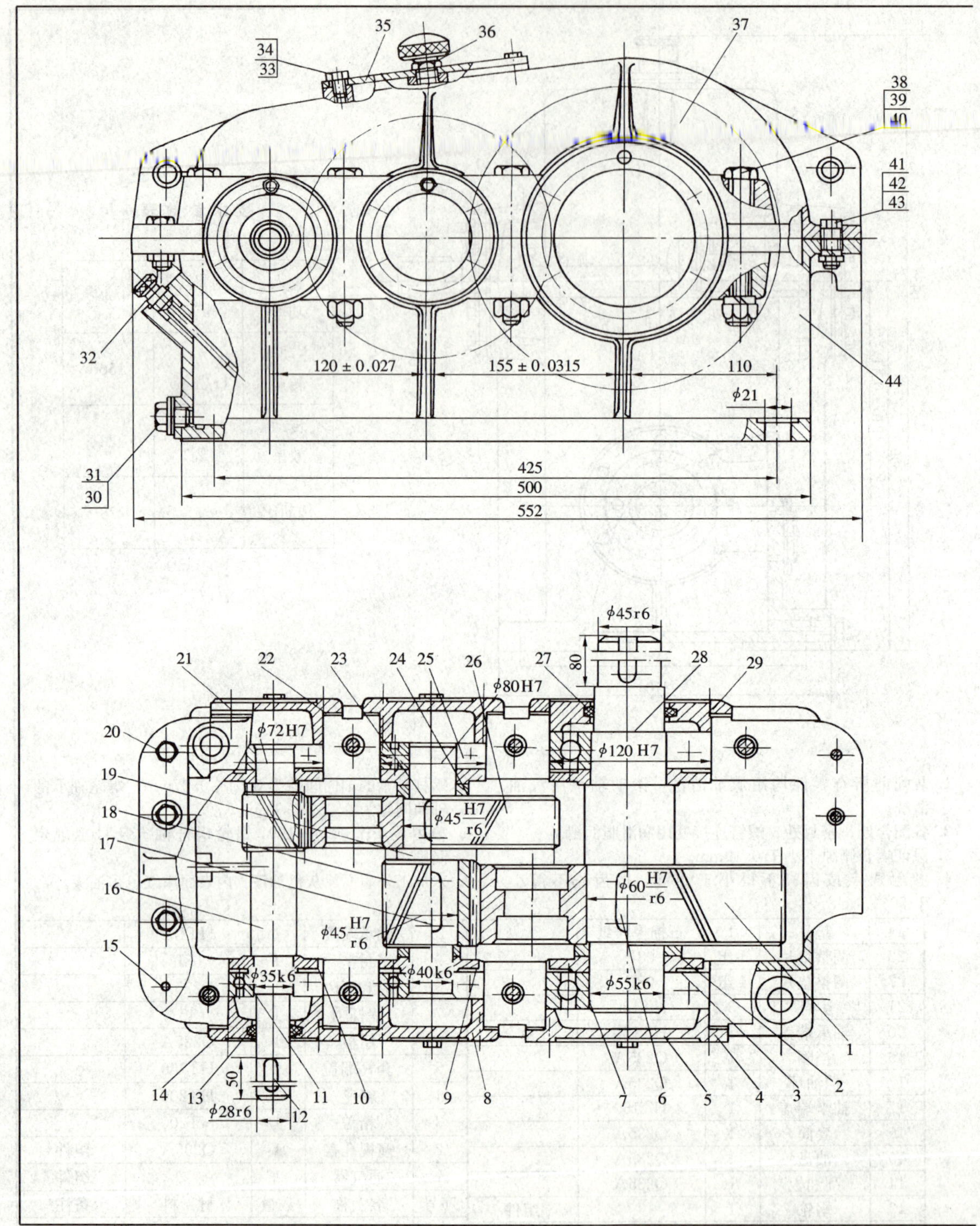

附图 8.6 两级圆柱齿轮

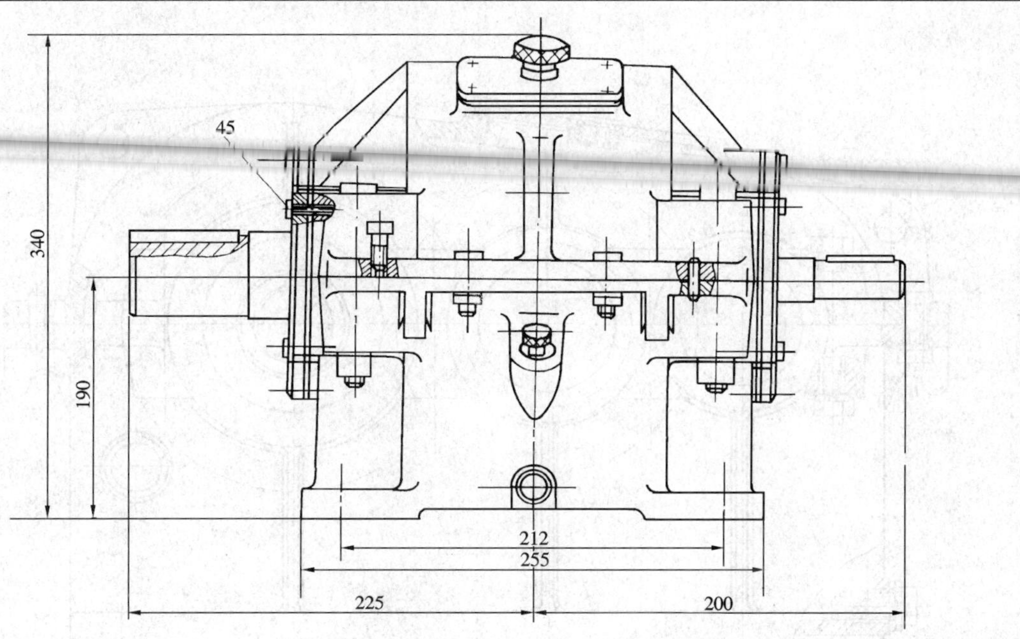

技术参数表

输入功率(kW)	输入转速(r/min)	效率 η	总传动比 i	级别	m_n	z_1	z_2	β
5.58	1450	0.87	11	高速	1.5	30	114	10°56′33″
				低速	3.0	26	76	9°12′51″

技 术 要 求

1. 在装配前所有零件用煤油清洗，滚动轴承用汽油清洗，箱体内不允许有任何杂物存在。
2. 调整、固定轴承时应留轴向间隙，Δ＝0.25～0.4mm。
3. 箱体内装全损耗系统用油 L-AN68 至规定高度。
4. 减速器剖分面、各接触面及密封处均不允许漏油，剖分面允许涂以密封胶或水玻璃，不允许使用垫片。
5. 接触斑点沿齿高不小于 45%，沿齿长不小于 60%。
6. 减速器外表面涂灰色油漆。

序号	名 称	数量	材料	标准	备注
…	…				
16	高速轴	1	45		
15	销 A8×30	2	35	GB/T 117—2000	
14	透盖	1	HT150		
13	毡圈油封	1	半粗羊毛毡		
12	键 8×56	1	45	GB/T 1096—1979（90）	
11	滚动轴承 7207C	2		GB/T 292—1994	成对使用
10	挡油环	2	Q235A		
9	挡油环	2	Q235A		
8	端盖	2	HT150		
7	滚动轴承 7311C	2		GB/T 292—1994	成对使用
6	键 18×56	1	45	GB/T 1096—1979（90）	
5	端盖	1	HT150		
4	调整垫片	2	08F		成组使用
3	挡油环	2	Q235A		
2	套筒	1	Q235A		
1	齿轮	1	45		

减速器（展开式之一）

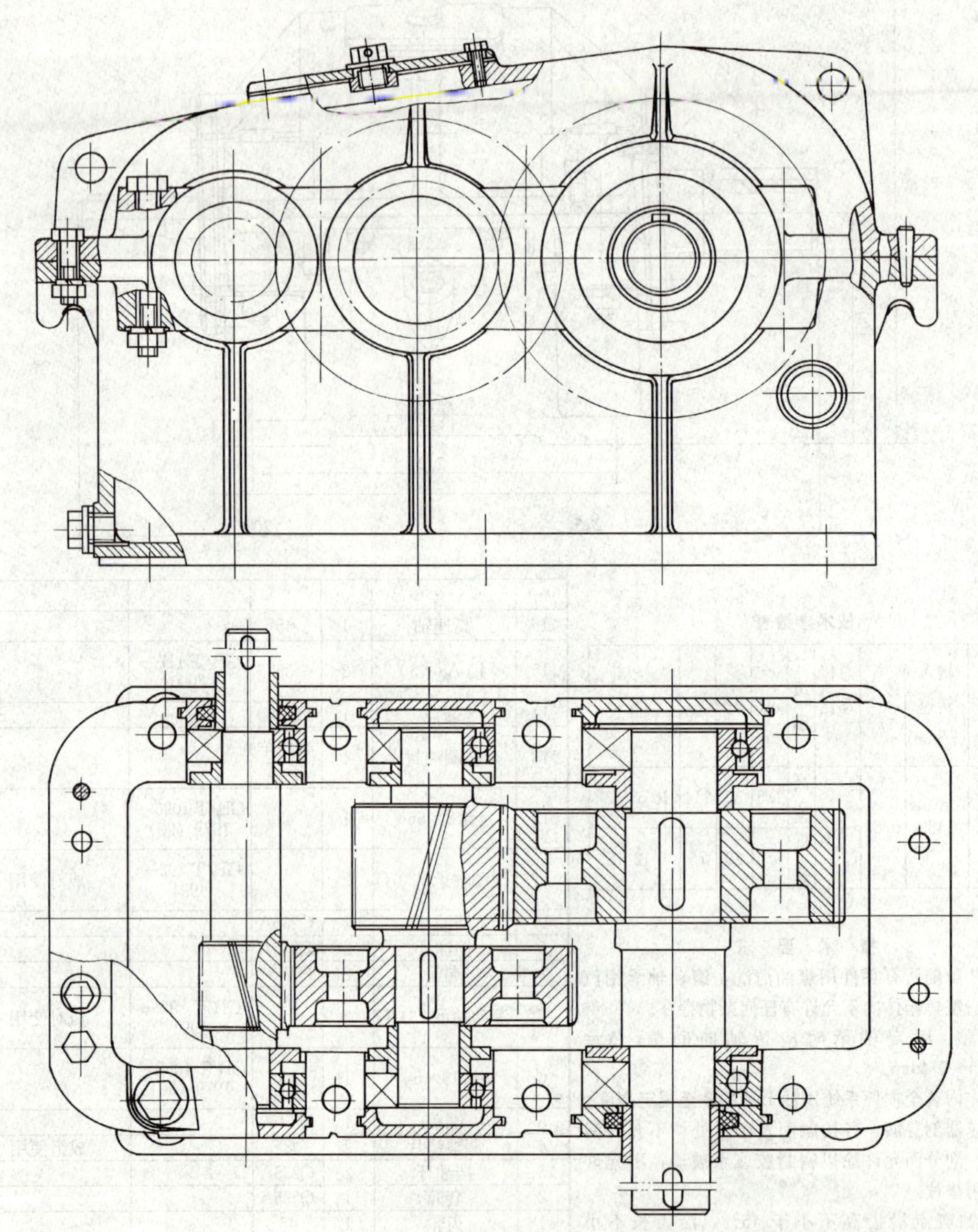

附图 8.7 两级圆柱齿轮

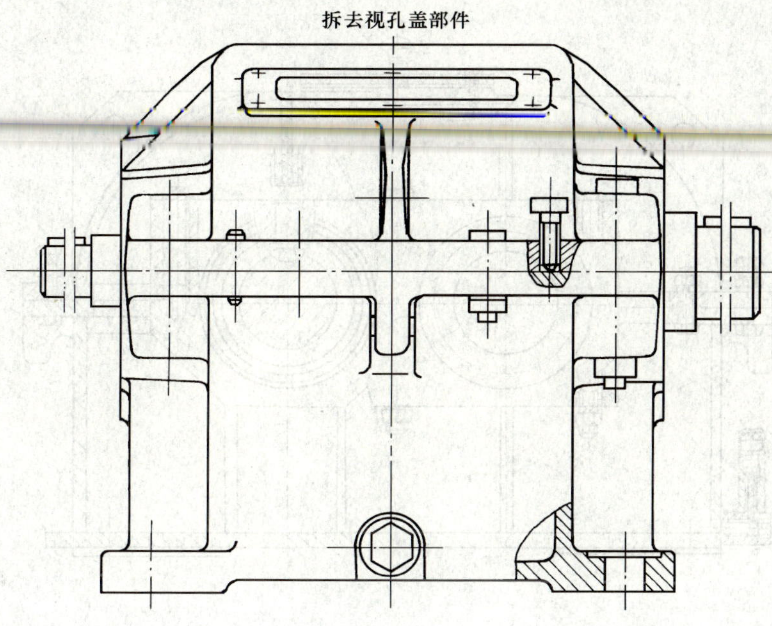

减速器（展开式之二）

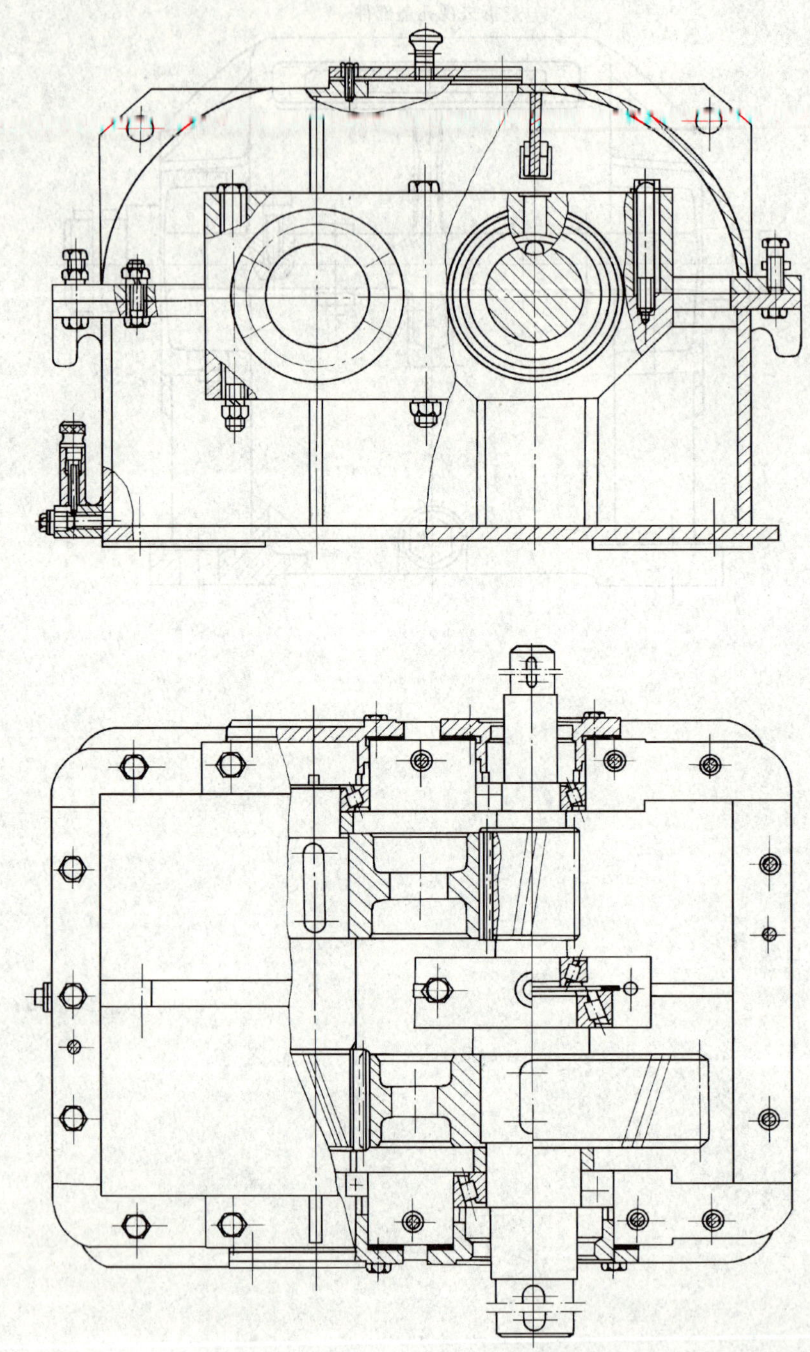

附图 8.8 两级圆柱齿轮

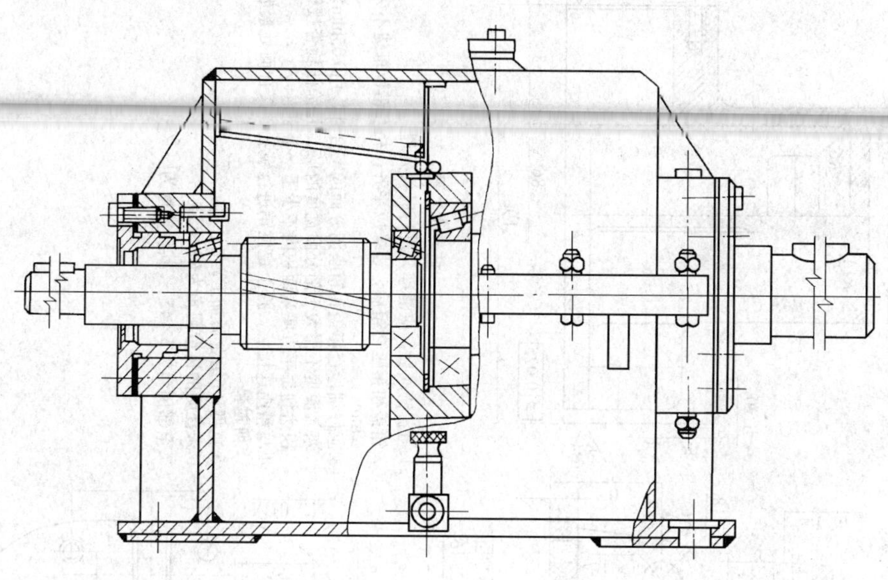

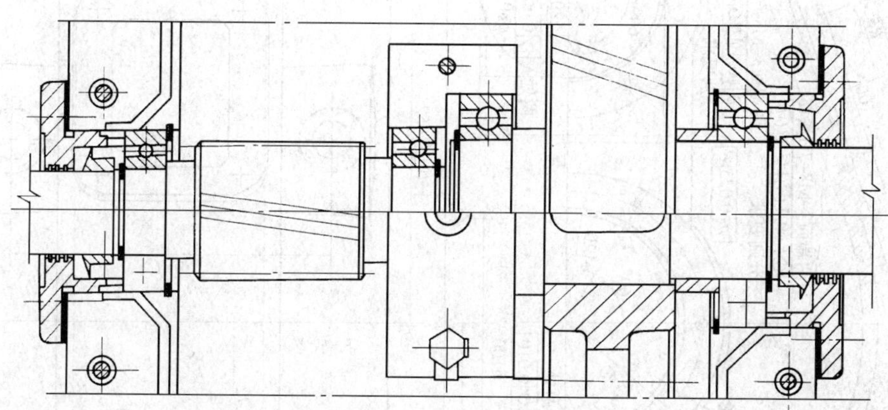

减速器（同轴式）

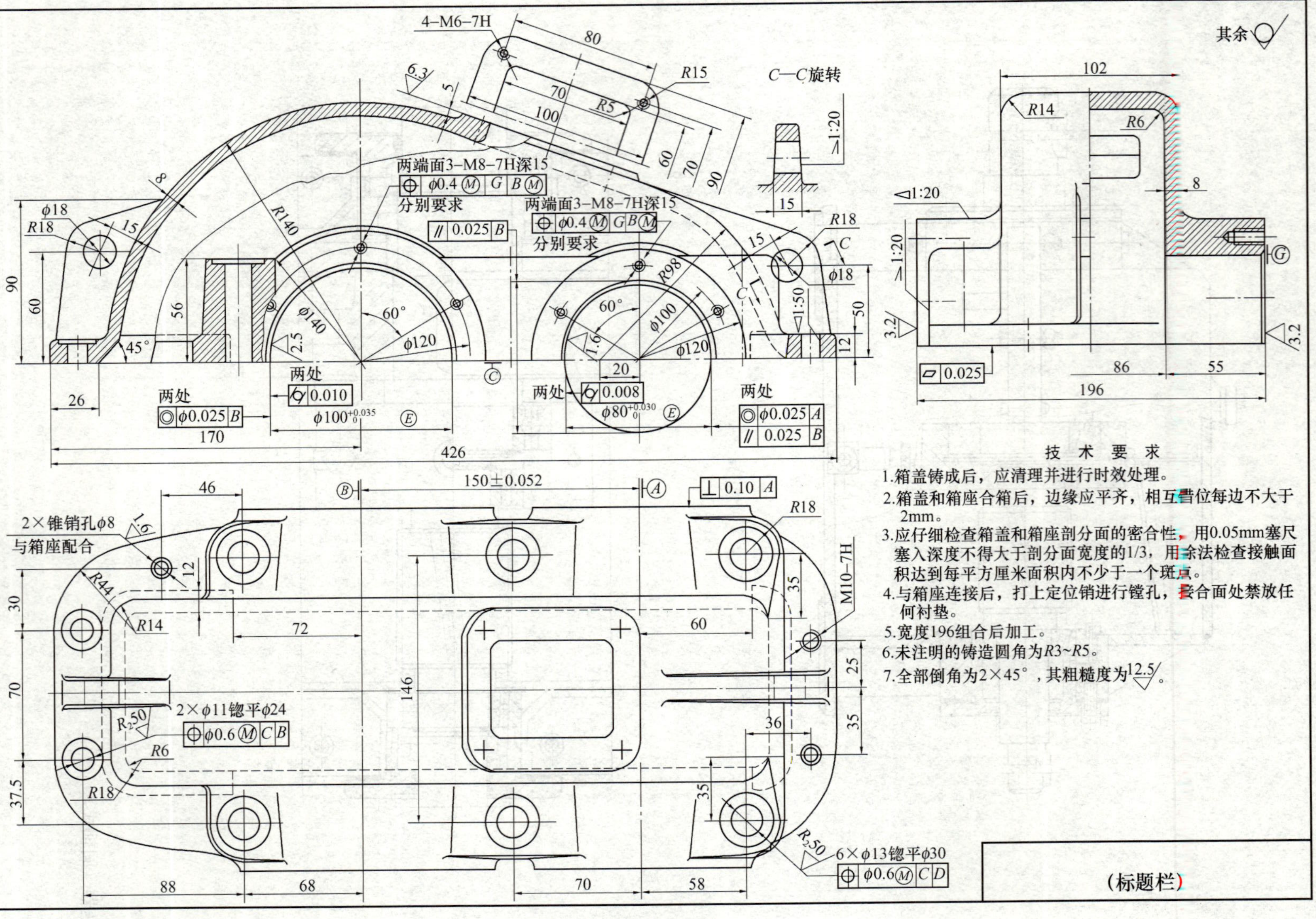

其余
4-M6-7H
C—C旋转
两端面3-M8-7H深15
分别要求
两处
2×锥销孔φ8
与箱座配合
2×φ11锪平φ24
M10-7H
6×φ13锪平φ30
技术要求
1.箱盖铸成后，应清理并进行时效处理。
2.箱盖和箱座合箱后，边缘应平齐，相互错位每边不大于2mm。
3.应仔细检查箱盖和箱座剖分面的密合性，用0.05mm塞尺塞入深度不得大于剖分面宽度的1/3，用涂色法检查接触面积达到每平方厘米面积内不少于一个斑点。
4.与箱座连接后，打上定位销进行镗孔，接合面处禁放任何衬垫。
5.宽度196组合后加工。
6.未注明的铸造圆角为R3~R5。
7.全部倒角为2×45°，其粗糙度为12.5。
(标题栏)

附图 8.9 箱盖

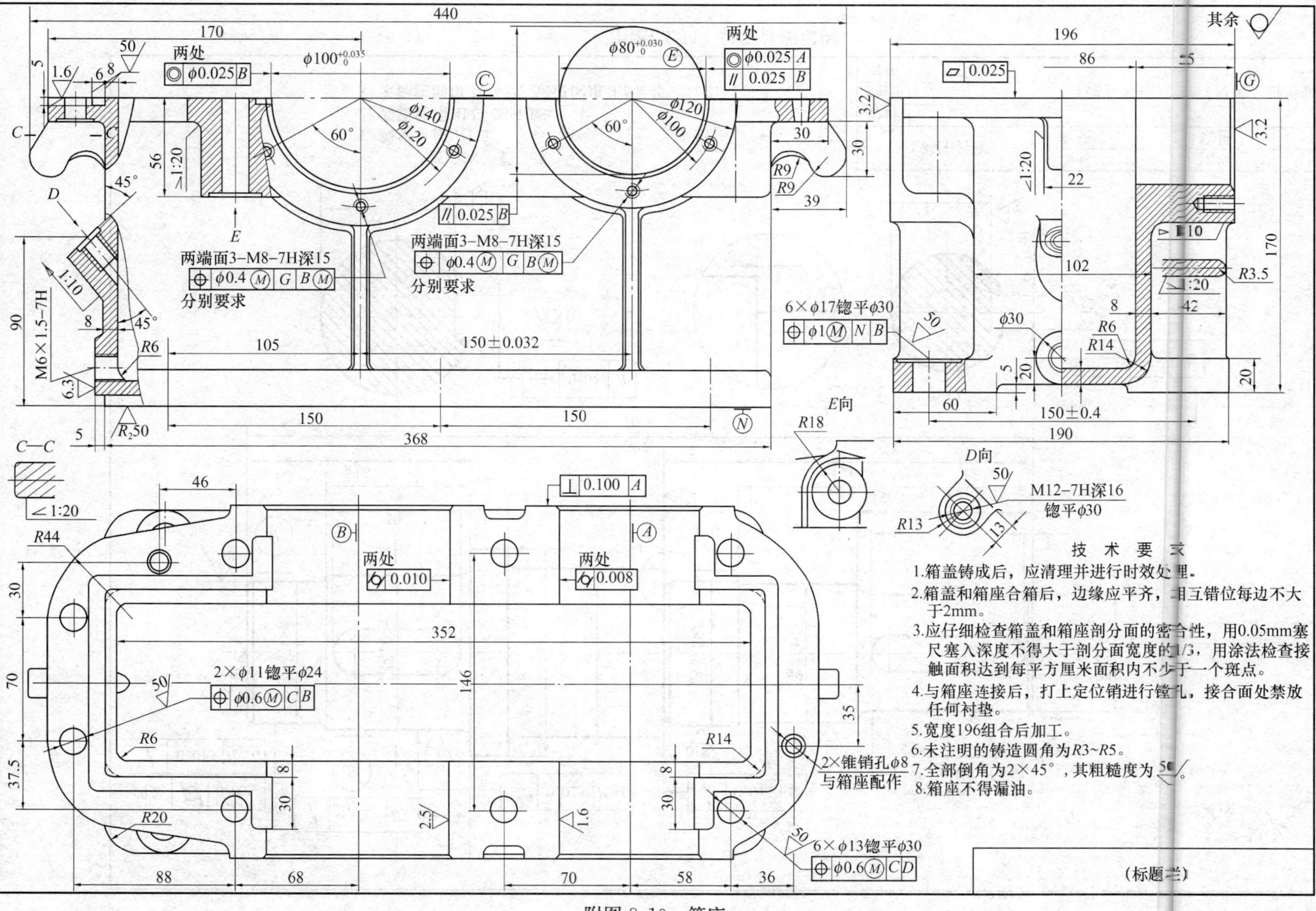
其余
两处
C—C
E向
D向
M12-7H深16
锪平φ30
6×φ17锪平φ30
2×φ11锪平φ24
6×φ13锪平φ30
2×锥销孔φ8
与箱座配作
两端面3-M8-7H深15
分别要求
M6×1.5-7H
技 术 要 求
1.箱盖铸成后，应清理并进行时效处理。
2.箱盖和箱座合箱后，边缘应平齐，相互错位每边不大于2mm。
3.应仔细检查箱盖和箱座剖分面的密合性，用0.05mm塞尺塞入深度不得大于剖分面宽度的1/3，用涂法检查接触面积达到每平方厘米面积内不少于一个斑点。
4.与箱座连接后，打上定位销进行镗孔，接合面处禁放任何衬垫。
5.宽度196组合后加工。
6.未注明的铸造圆角为R3~R5。
7.全部倒角为2×45°，其粗糙度为50。
8.箱座不得漏油。
（标题栏）

附图 8.10　箱座

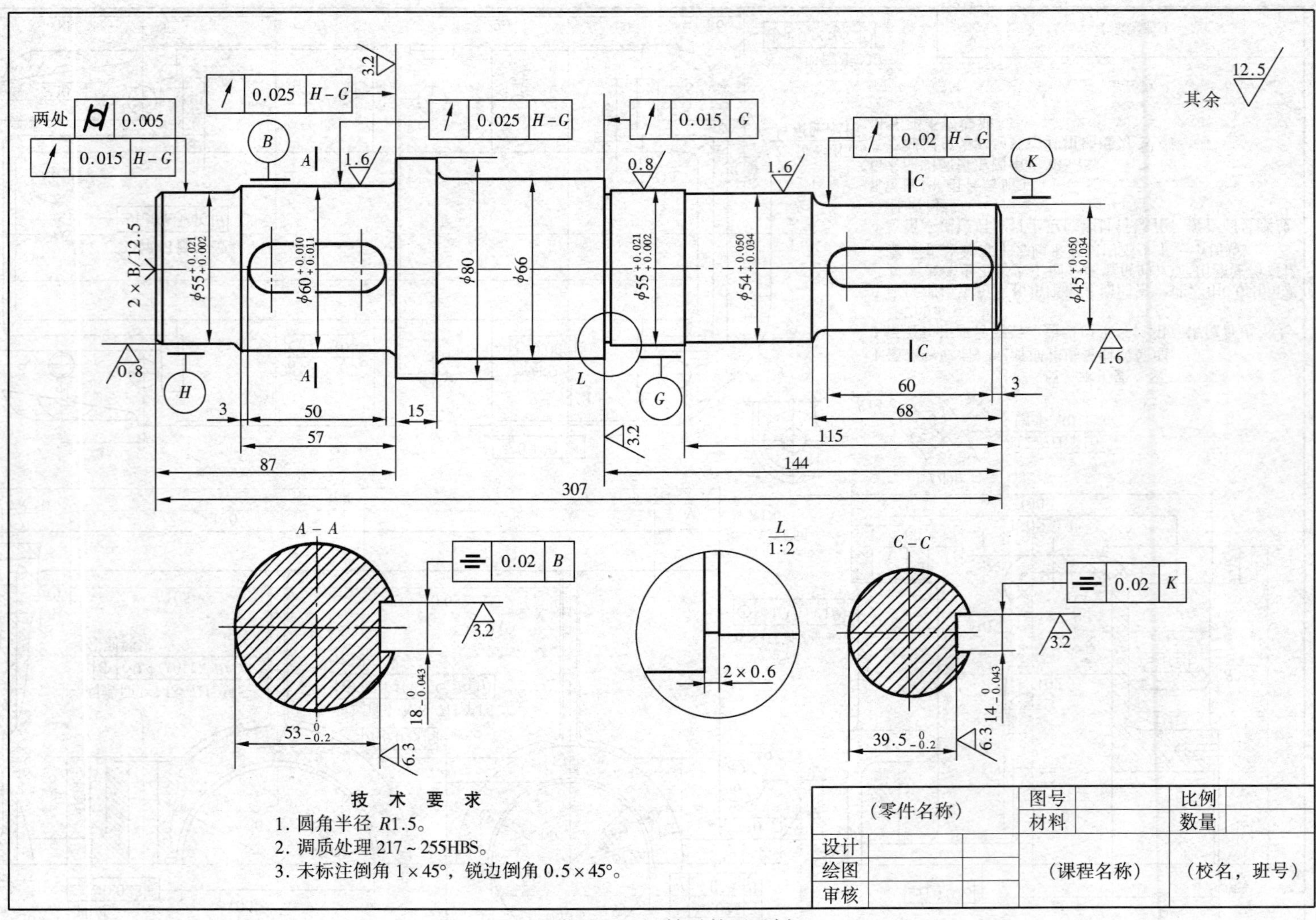

附图 8.11 轴零件图示例

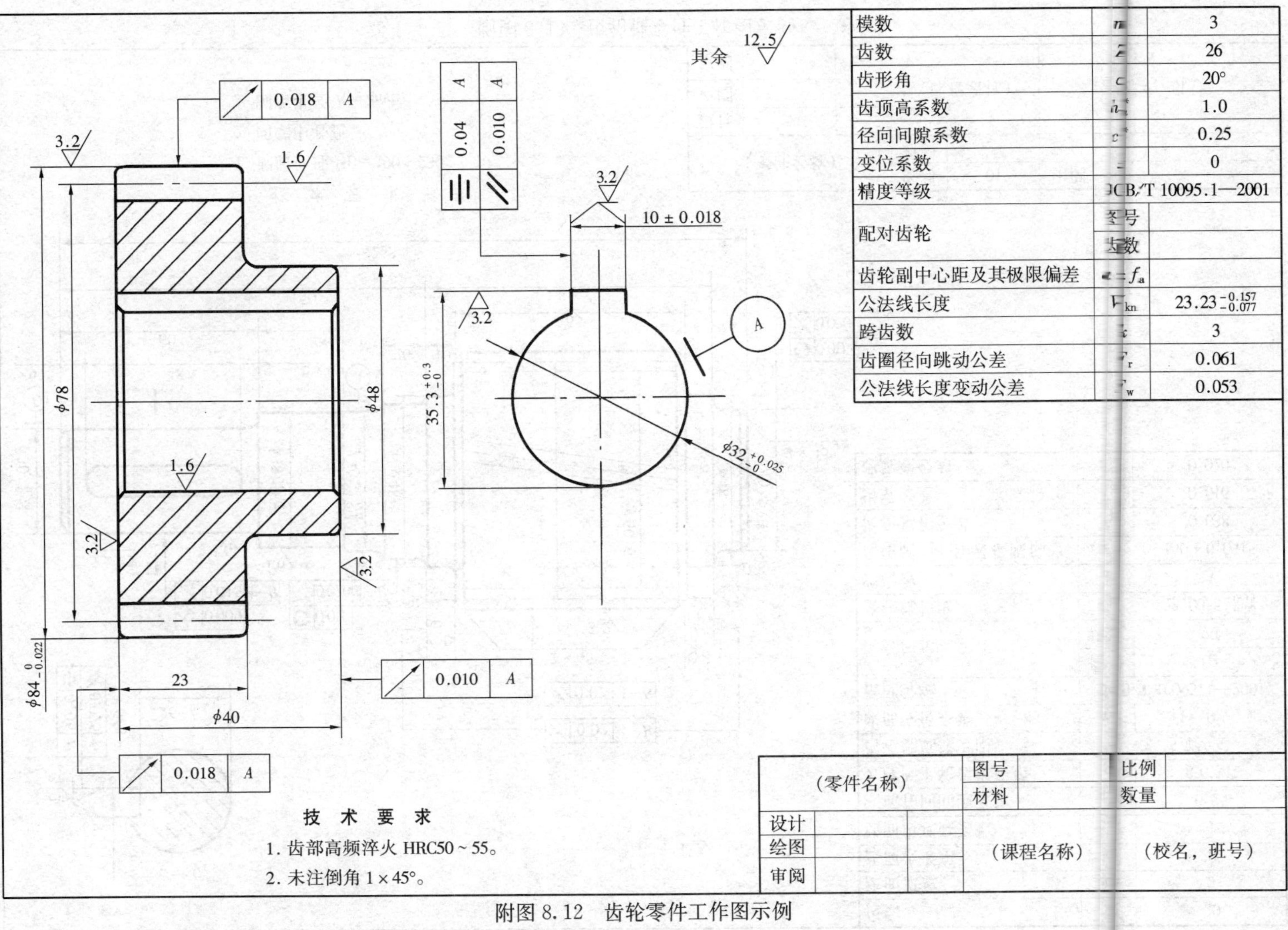

附图 8.12 齿轮零件工作图示例

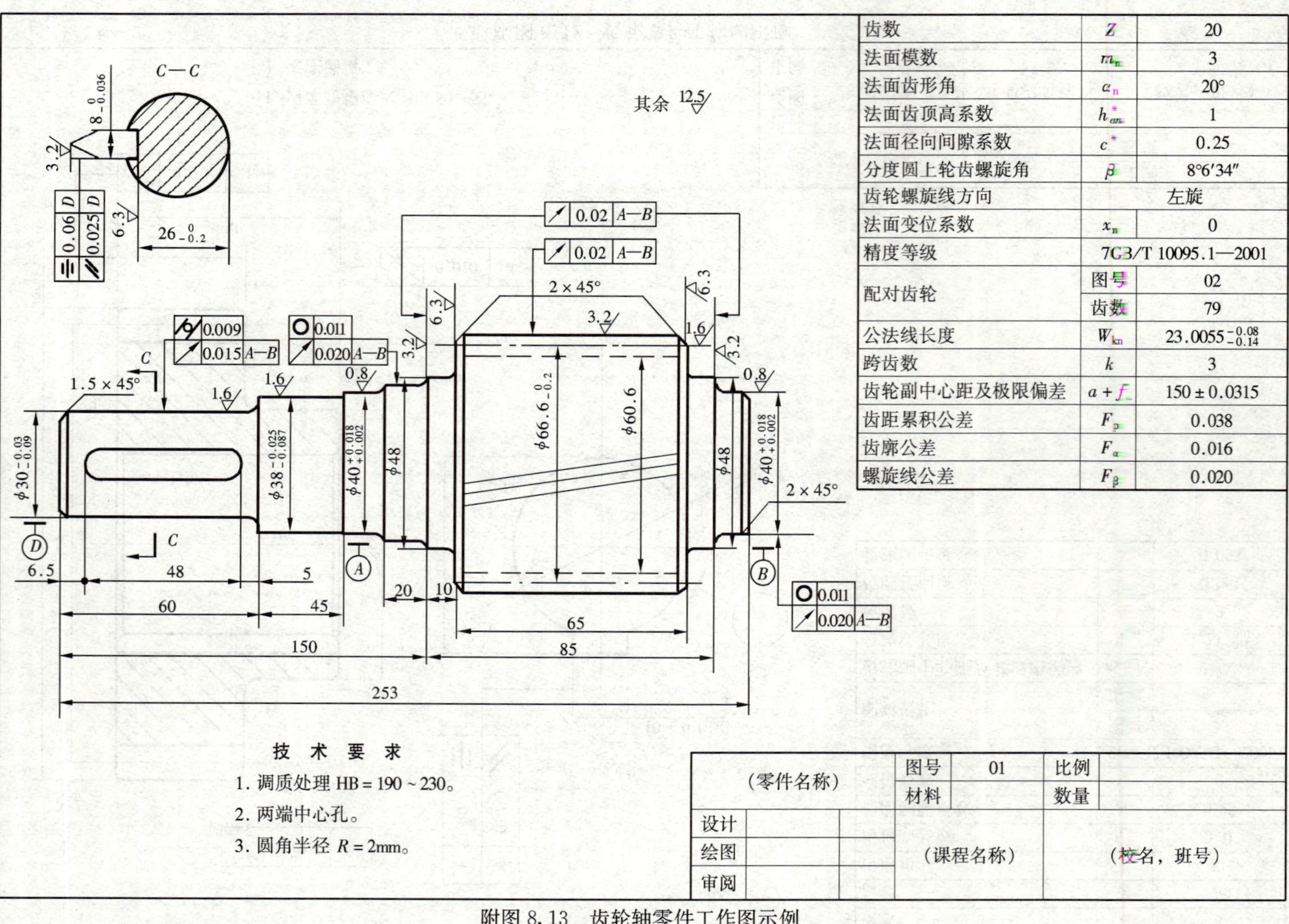

附图 8.13 齿轮轴零件工作图示例

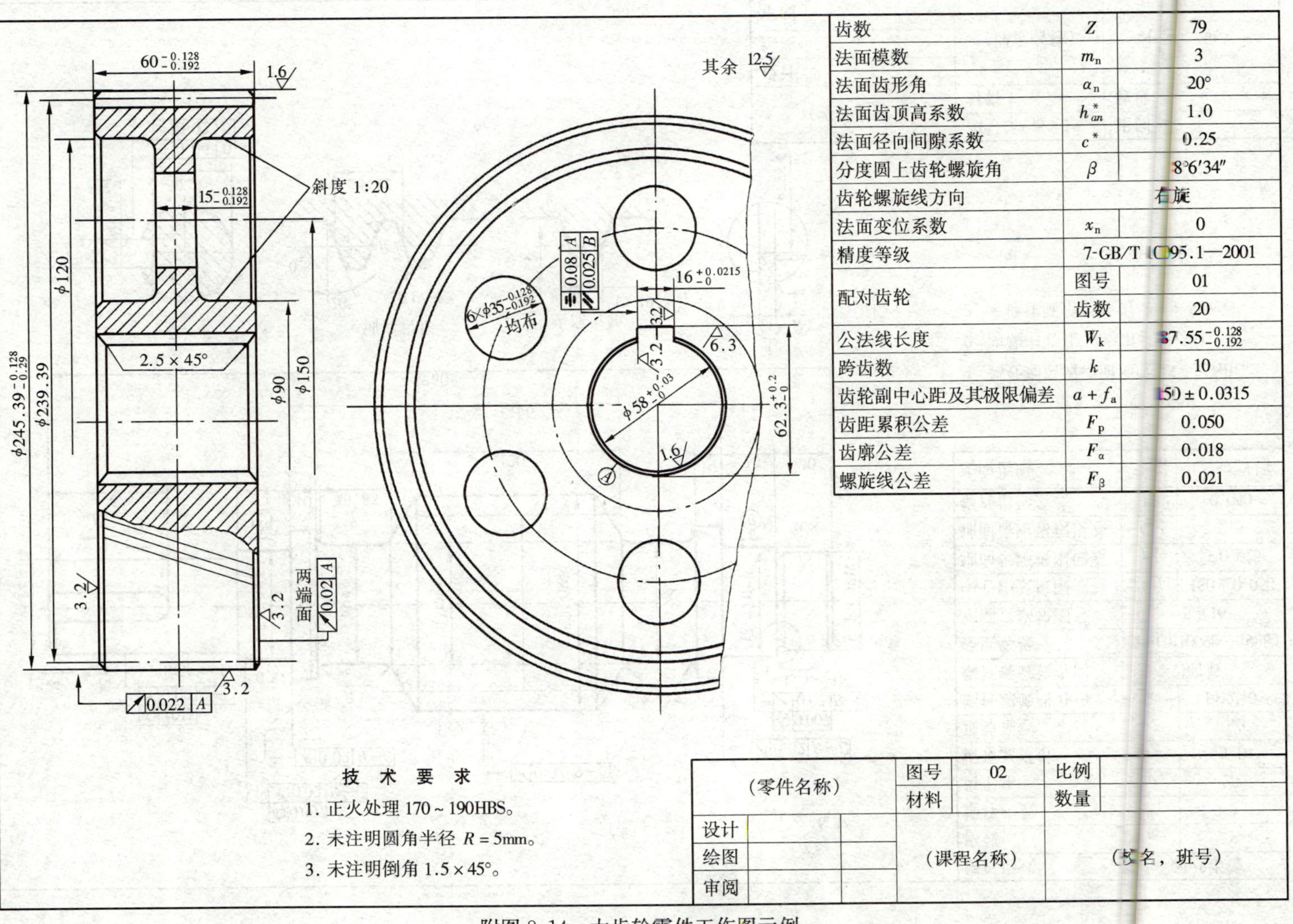

齿数	Z	79
法面模数	m_n	3
法面齿形角	α_n	20°
法面齿顶高系数	h_{an}^*	1.0
法面径向间隙系数	c^*	0.25
分度圆上齿轮螺旋角	β	8°6′34″
齿轮螺旋线方向		右旋
法面变位系数	x_n	0
精度等级		7-GB/T 10095.1—2001
配对齿轮	图号	01
	齿数	20
公法线长度	W_k	87.55$_{-0.192}^{-0.128}$
跨齿数	k	10
齿轮副中心距及其极限偏差	$a+f_a$	150 ± 0.0315
齿距累积公差	F_p	0.050
齿廓公差	F_α	0.018
螺旋线公差	F_β	0.021

技 术 要 求

1. 正火处理 170～190HBS。
2. 未注明圆角半径 $R=5$mm。
3. 未注明倒角 1.5×45°。

(零件名称)		图号	02	比例	
		材料		数量	
设计		(课程名称)		(校名，班号)	
绘图					
审阅					

附图 8.14　大齿轮零件工作图示例

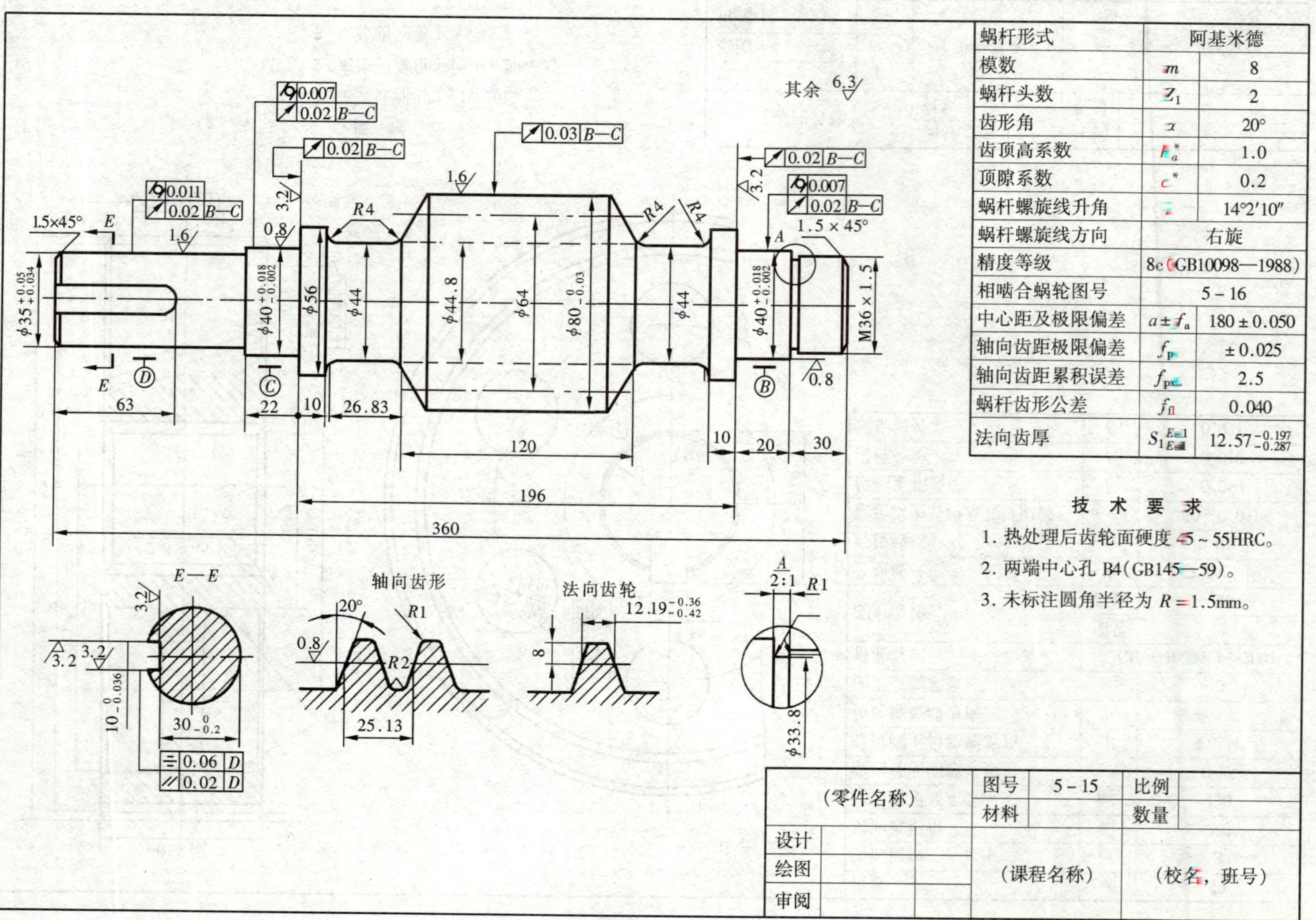

附图 8.15 蜗杆工作图示例

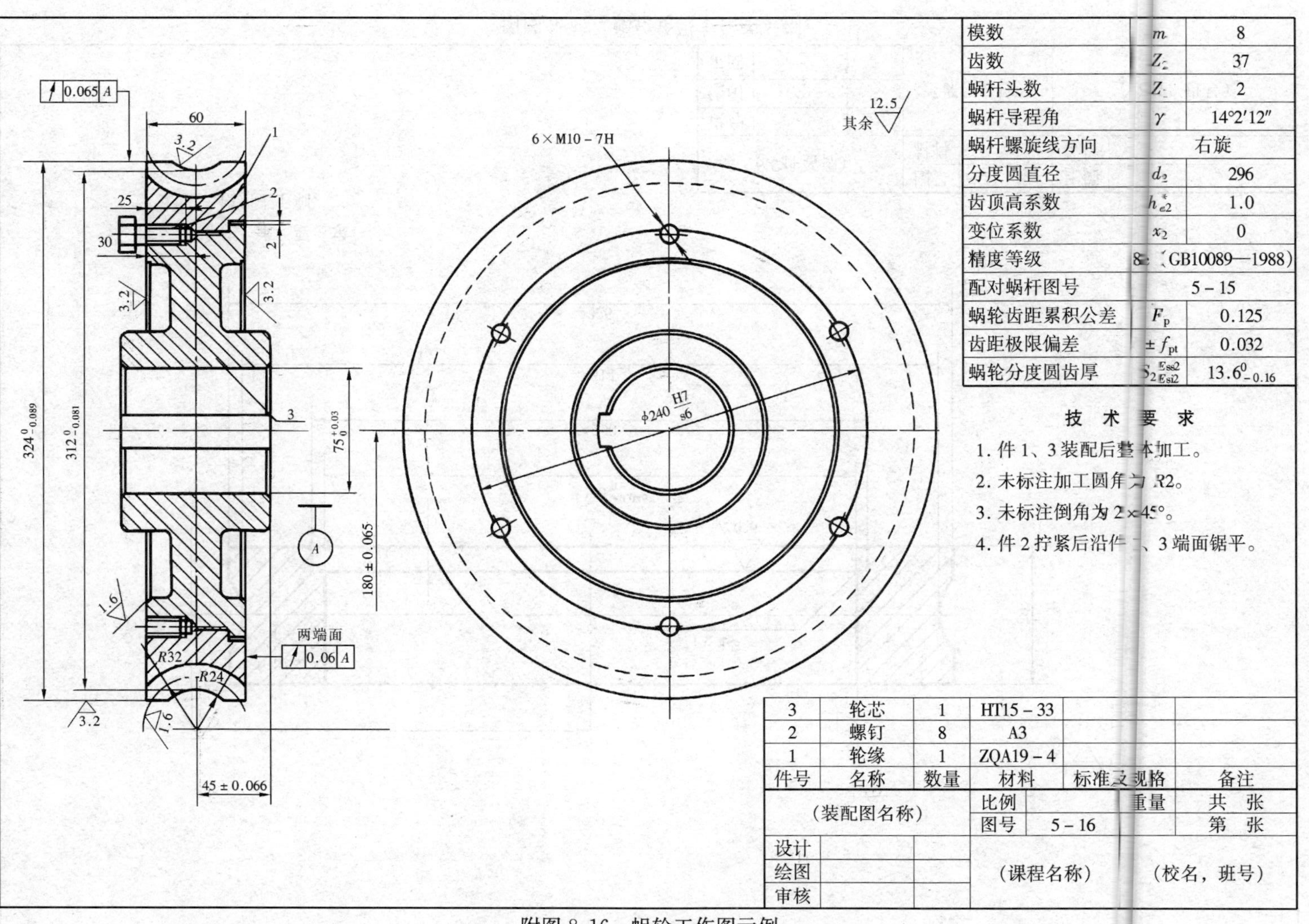

附图 8.16 蜗轮工作图示例

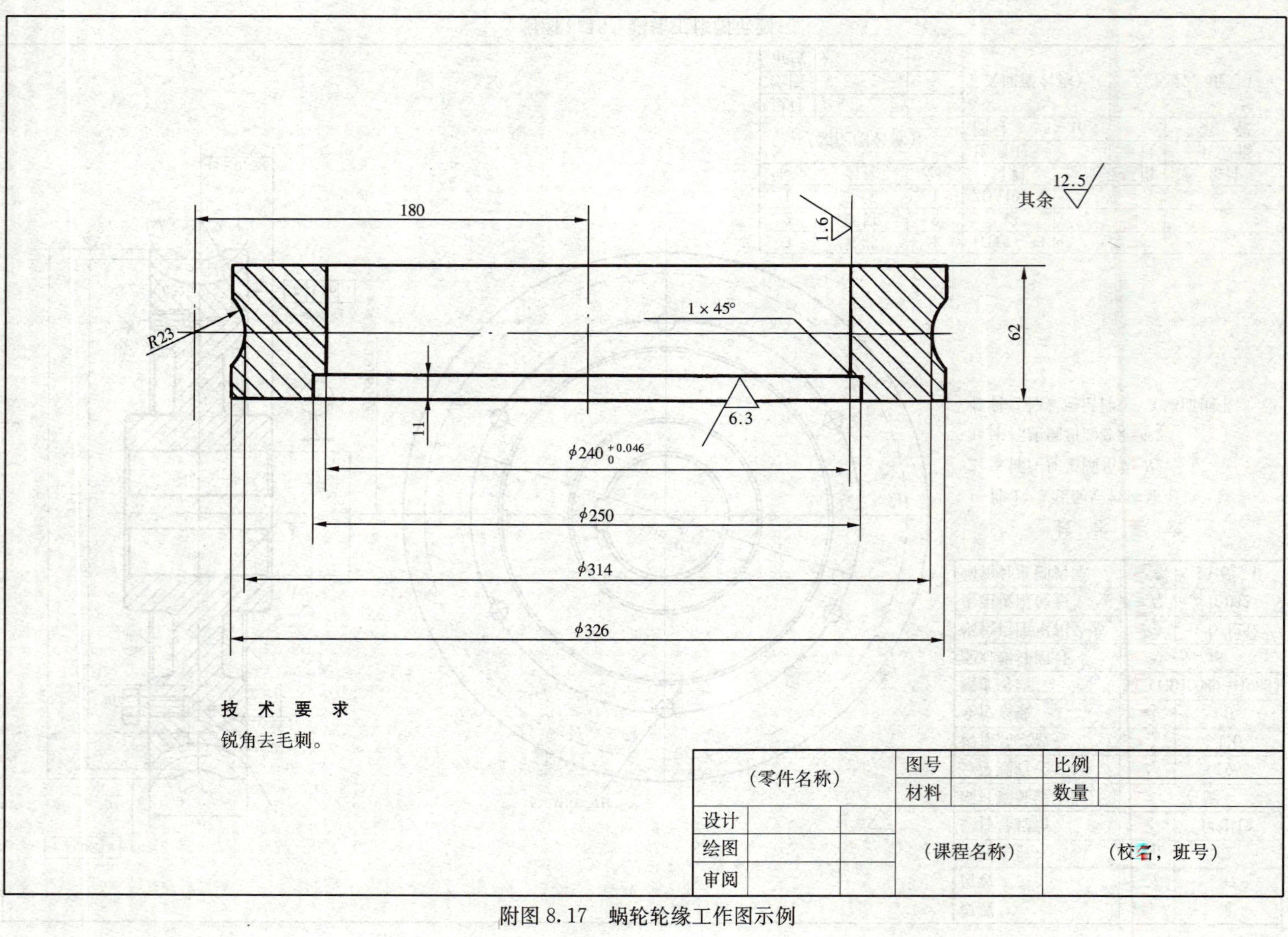

附图 8.17　蜗轮轮缘工作图示例

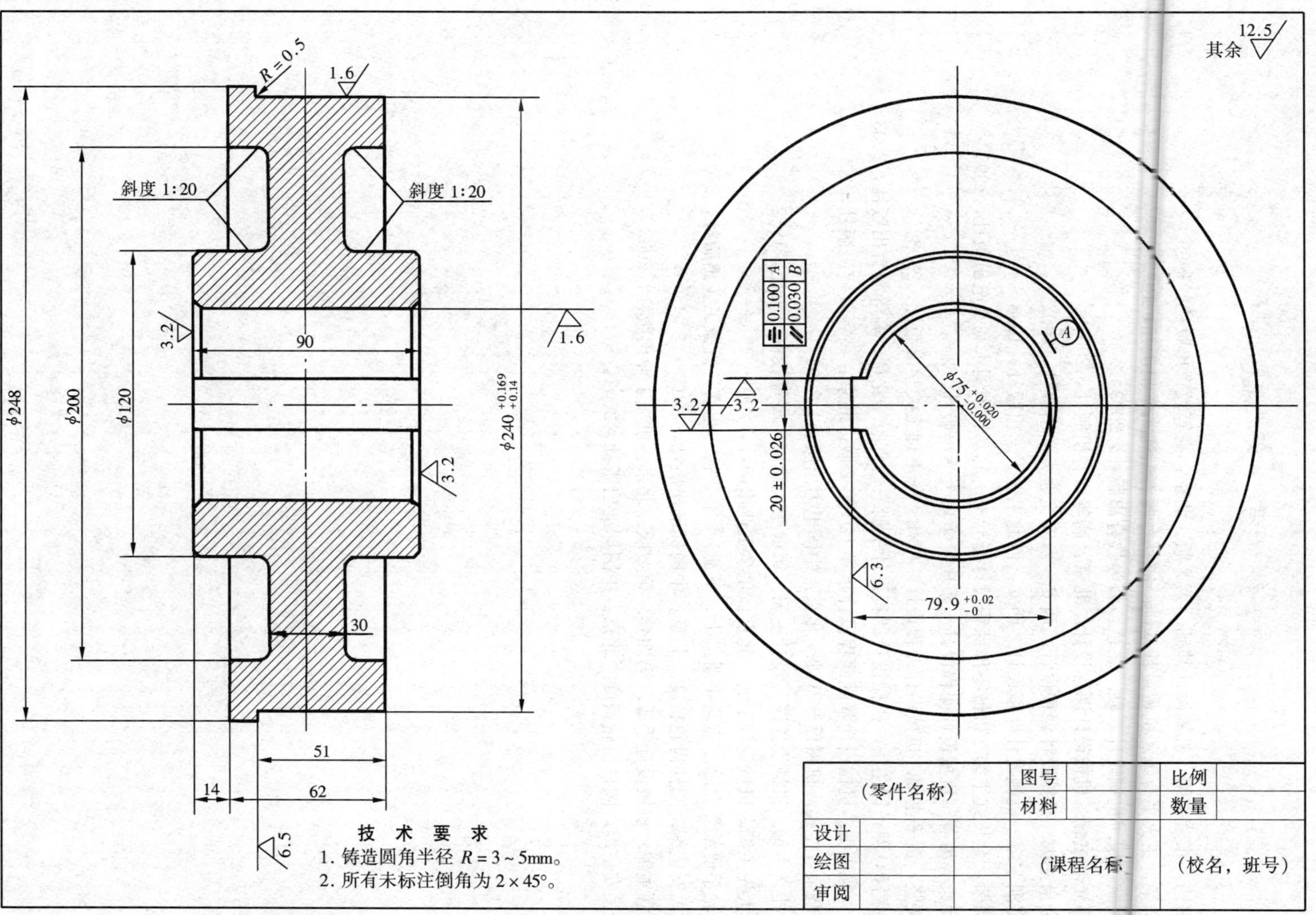

附图 8.18　蜗轮轮芯工作图示例

参 考 文 献

1 邓昭铭，张莹主编．机械设计基础．第 2 版．北京：高等教育出版社，1999
2 黄晓荣，王火平合编．机械设计基础．成都：西南交通大学出版社，1999
3 石固欧主编．机械设计基础．北京：高等教育出版社，2003
4 席伟光等主编．机械设计课程设计．北京：高等教育出版社，2002
5 任金泉主编．机械设计课程设计．西安：西安交通大学出版社，2002
6 张富洲主编．机械设计课程设计．西安：西北工业大学出版社，1998
7 黄晓荣，金长虹主编．机械零件课程设计指导书．北京：中国水利水电出版社，1995
8 周元康等编著．机械设计课程设计．重庆：重庆大学出版社，2000
9 朱文坚，黄平主编．机械设计课程设计．广州：华南理工大学出版社，2003
10 吴宗泽，罗圣国主编．机械设计课程设计手册．修订版．北京：高等教育出版社，2003
11 陈立德主编．机械设计基础课程设计指导书．第 2 版．北京：高等教育出版社，2002
12 黄晓荣等主编．机械设计基础．北京：中国电力出版社，2005
13 龚桂义主编．机械设计课程设计图册．第 3 版．北京：高等教育出版社，1989
14 成大先主编．机械设计手册．北京：化学工业出版社，2001
15 齿轮手册编委会编．齿轮手册（上、下册）．第 2 版．北京：机械工业出版社，2000
16 张民安主编．圆柱齿轮精度．北京：中国标准出版社，2002
17 徐灏主编．机械设计手册．第四卷．第 2 版．北京：机械工业出版社，2003
18 张民安主编．圆柱齿轮精度．北京：中国标准出版社，2002